高等职业教育"互联网+"新形态一体化系列教材

智能制造领域高素质技术技能型人才培养教材

Jixie Zhitu Ji Jisuanji Huitu

机械制图
及计算机绘图

主　编 ◎ 郭艳艳　王鋈辉　邢月先

副主编 ◎ 田肖祝　谢小园　施　诗

华中科技大学出版社

http://press.hust.edu.cn

中国·武汉

内 容 简 介

　　本书除绪论外共有 9 个项目,内容包括:平面图形的绘制、简单形体三视图的绘制、切割体三视图和轴测图的绘制、组合体三视图的绘制与识读、机件的图样画法、常用零件的特殊表示法、零件图的绘制与识读、装配图的绘制与识读、零部件测绘等。

　　本书可作为高职高专院校机械类、机电类和近机械类各专业的教学用书,也可供有关工程技术人员参考。

图书在版编目(CIP)数据

机械制图及计算机绘图/郭艳艳,王鋆辉,邢月先主编.—武汉:华中科技大学出版社,2023.5
ISBN 978-7-5680-9453-5

Ⅰ.①机…　Ⅱ.①郭…　②王…　③邢…　Ⅲ.①机械制图　②计算机制图　Ⅳ.①TH126

中国国家版本馆 CIP 数据核字(2023)第 075741 号

机械制图及计算机绘图
Jixie Zhitu ji Jisuanji Huitu

郭艳艳　王鋆辉　邢月先　主编

策划编辑:张　毅
责任编辑:狄宝珠
封面设计:孢　子
责任监印:朱　玢
出版发行:华中科技大学出版社(中国·武汉)　　电话:(027)81321913
　　　　　武汉市东湖新技术开发区华工科技园　　邮编:430223
录　　排:武汉三月禾文化传播有限公司
印　　刷:武汉科源印刷设计有限公司
开　　本:787mm×1092mm　1/16
印　　张:19.75
字　　数:502 千字
版　　次:2023 年 5 月第 1 版第 1 次印刷
定　　价:52.00 元

近年来,我国基础研究和原始创新不断加强,一些关键核心技术实现突破,战略性新兴产业发展壮大,我国稳步进入创新型国家行列。教育、科技、人才是全面建设社会主义现代化国家的基础性、战略性支撑。必须坚持科技是第一生产力、人才是第一资源、创新是第一动力,深入实施科教兴国战略、人才强国战略、创新驱动发展战略,开辟发展新领域新赛道,不断塑造发展新动能新优势。这对机械制图及计算机绘图技术人员提出了更高的要求。

本书是根据教育部"高职高专机械制图课程教学基本要求"和"十四五"职业教育国家规划教材建设要求,以"培养具有高素质技术技能人才"为目标,坚持"学生的全面发展和可持续发展相结合"的教育理念,以"符合人才培养需求,体现教学改革成果,确保教材质量,形式新颖创新"为指导思想,进一步突出以学生为中心,围绕学生学习成果而编写的项目化教材。本书具有如下特点:

(1)从编写体例上打破了传统按章节逐一讲授知识和原理的模式,直接从应用的角度出发,引出相应的知识和原理,使学生明白为什么要学习该知识,并通过学习知识和原理去解决实际问题,目的性更强。

(2)采用项目编写方式,使学生更加清楚当前的学习任务。每个项目的具体任务都是最具代表性的,其难易程度不仅符合高职学生的认知水平,也符合机械行业的一般应用。通过解决实际工程问题,不仅提高了学生的学习能力,也使学生的专业技能得到全面提升。对应的课后练习有配套的习题集,方便提交、保存,便于交流。

(3)通过扫描二维码,重要知识点以教学视频的方式呈现,学生学习的方式更加灵活,适合翻转课堂教学的实施。结合精品课程建设,配套的动画资源也以二维码的形式同步到教材中,扫码即可观看。

(4)融入课程思政,积极引导学生树立正确的人生观、世界观、价值观、文化观。

(5)将《机械制图》与《计算机绘图》进行融合,两者不再孤立,相辅相成,使课堂教学的效率得到大幅提升,学以致用体现得更加夯实。

(6)可以有效开展"以学生为主体、教师引导为辅"的教学模式,翻转课堂能够得以实施。

本书由武汉铁路职业技术学院郭艳艳、王鋆辉、邢月先担任主编,田肖祝、谢小园、施诗担任副主编。具体分工如下:绪论、项目1、项目2、项目6、项目9由郭艳艳编写,项目7由王鋆辉编写,项目8由邢月先编写,项目3由田肖祝编写,项目4由施诗编写,项目5由谢小园编写。与本书配套的《机械制图及计算机绘图习题集》将同步出版,习题集的编排顺序与本书保持一致。本书由郭艳艳统稿和全面审核。

本书在编写过程中,得到了华中科技大学出版社的大力支持,并参考了国内外先进教材的编写经验,在此表示诚挚的谢意。

限于编者的能力和水平,书中可能还存在缺点和错误,欢迎使用本书的读者提出宝贵意见。

编　者

绪论

一、课程的性质与作用

根据投影原理、国家标准及有关规定,表示工程对象,并有必要的技术要求的图,称为图样。图样是传递和交流技术信息和思想的媒介和工具,是工程界通用的技术语言。设计者通过图样表达设计意图;制造者通过图样了解设计要求,组织制造和指导生产;使用者通过图样了解机器设备的结构和性能,进行操作、维修和保养。作为生产、管理第一线的工程和技术人员,必须学会并掌握这种语言,具备识读和绘制工程图样的基本能力。

本课程是一门学习识读和绘制机械图样的原理和方法的技术基础课。通过本课程的学习,可为后继的机械基础和专业课程以及自身的职业能力打下必要的基础。

二、课程的主要内容及培养目标

为了满足后继课程和职业发展对识图与绘图能力的要求,课程内容按照九个项目设置,包括平面图形的绘制、简单形体三视图的绘制、切割体三视图和轴测图的绘制、组合体三视图的绘制与识读、机件的图样画法、常用零件的特殊表示法、零件图的绘制与识读、装配图的绘制与识读、零部件测绘。主要培养学生的制图基础技能和识图与绘制机械图样的能力。

1. 素质目标

(1) 坚定理想信念,增强"四个自信";

(2) 厚植爱国主义情怀,树牢"四个意识";

(3) 加强品德修养,具备良好的职业道德;

(4) 具备独立分析问题、解决问题的能力;

(5) 具备爱岗敬业、认真负责、精益求精的工作态度和认真、细心、严谨的工作作风;

(6) 增强综合素质,具有发现问题、分析问题和归纳总结问题的能力;

(7) 具备良好的团队协作能力。

2. 知识目标

(1) 熟悉制图基本知识,掌握制图基本技能;

(2) 掌握正投影法的基本理论和投影作图的方法;

(3) 熟悉机件常用表达方法;

(4) 熟悉标准件和常用件的表达方法;

(5) 熟悉零件图和装配图的绘制与阅读方法;

(6) 掌握 AutoCAD 常用绘图和编辑方法。

3. 能力目标(或技能目标)

(1) 初步具备查阅资料的能力,能认真执行机械制图国家标准的有关规定;

(2) 能够利用正投影法绘制和识读物体三视图;

(3) 能够根据机件结构特点选择合适的表达方法进行绘图;

(4) 能够识读与绘制标准件和常用件;

(5) 能够识读与绘制零件图和装配图等机械图样;

(6) 能够熟练运用 AutoCAD 绘制各种机械图样。

三、本课程学习方法提示

(1) 本课程是一门既有理论,又有很强实践性的技术基础课,在学习中应重视制图规律和基本知识的学习,密切联系实际。只有通过一定数量的画图、读图练习,反复实践,才能掌握本课程的基本原理和基本方法。

(2)本课程的核心内容是如何用二维平面图形来表达三维空间形体,以及由二维平面图形想象三维空间物体的形状。因此,学习本课程的重要方法是自始至终把物体的投影与物体的空间形状紧密联系起来,不断地由物画图和由图想物,逐步提高空间想象和思维能力。

(3)要充分利用教材资源、网络资源进行预习、学习、练习和复习,认真听课,积极思考,独立完成作业。

(4)要重视实践,树立理论联系实际的学风。在零部件测绘阶段,应综合运用基础理论,表达和识读工程实际中的零部件,既要用理论指导画图,又要通过画图实践加深对基础理论和作图方法的理解,以利于工程意识和工程素质的培养。

(5)要确立对生产负责的观点,画图时严格遵守《技术制图》和《机械制图》国家标准中的有关规定,认真细致,一丝不苟。

四、迅速建立空间概念

学习本课程的核心内容是必须学会由物体画三视图,并且要掌握由给出的三视图想象物体形状。这是我们学习该课程过程中反复在进行的。一般的同学感觉"由物到图"不难,但对于"由图到物"感到十分困难,空间概念建立不起来,缺乏应有的空间想象能力。

为此,我们可以从最易操作的软件(如 SolidWorks),演示几何体的建模过程和方法,对照生成的三视图,初步认识空间形体与平面图形的对应关系,再通过几何体的简单叠加或切割来观察形体图形的变化,进一步认识三维空间形体与二维平面图形之间的变化规律,逐步建立空间概念。

项目 1

平面图形的绘制

机件的轮廓形状是多种多样的,但在技术图样中,表达它们各部分结构形状的图形都是由直线、圆、圆弧以及一些其他的曲线所组成的平面图形,掌握平面图形的看图和画图是机械制图的一项基本技能。本项目的主要任务是学会读平面图形的方法和步骤,以及用尺规和 AutoCAD 绘图软件绘制各种平面图形的方法。

项目要求

(1) 学习国家标准关于制图的一般规定;

(2) 掌握平面图形的分析和绘图方法;

(3) 学习绘图软件 AutoCAD 的绘图界面、基本绘图和修改命令的使用、尺寸标注等;

(4) 能够利用尺规和 AutoCAD 软件绘制各种平面图形;

(5) 能够正确标注平面图形的尺寸。

项目思政

不以规矩,无以方圆

"不以规矩,无以方圆",告诉我们无论是在学习还是在工作中,必须遵守一定的准则和法度。

在学习平面图形的画法时,无论是画图还是标注尺寸,都必须严格按照国家标准进行,遵守职业规范。规矩与我们的生活息息相关,同学们不仅要努力学好专业知识,更要在生活中、在学习中、在以后的工作中,遵纪守法,在加强品德修养上下功夫,培养认真负责的工作态度;一丝不苟、严谨细致的工作作风和良好的职业道德。

◀ 任务 1   手工绘制平面图形 ▶

【任务单】

任务名称	手工绘制平面图形		
任务描述	用 A4 图纸,绘制如图 1-1 所示手柄轮廓平面图形,比例为 1:1,并标注尺寸,填写标题栏 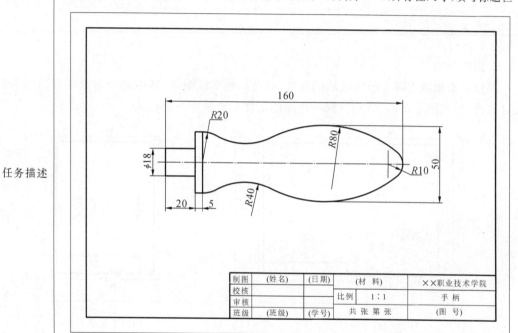 图 1-1 手柄轮廓图		
任务分析	要绘制手柄平面图形,首先要分析尺寸和线段的关系,明确作图顺序和作图方法;其次,必须遵守制图国家标准的相关规定,正确绘制图框、标题栏,正确标注尺寸		
任务提交	每位同学提交一张用 A4 图纸完成的手柄平面图形一张		

【知识储备】

1.1.1   国家标准的基本规定

一、图纸幅面和图框格式(根据 GB/T14689—2008)

1. 图纸幅面

图纸幅面是指图纸宽度 B 和长度 L 所组成的图面。为了便于图纸的使用和管理,国家标准《技术制图》中规定了图样的幅面尺寸。绘图时应优先采用表 1-1 中所规定的基本幅面和图框尺寸。

表 1-1　图纸幅面尺寸和图框尺寸

幅面代号	A0	A1	A2	A3	A4
$B \times L$	841×1189	594×841	420×594	297×420	210×297
e	20			10	
c	10			5	
a	25				

2. 图框格式

图框是指图纸上限定绘图区域的线框,必须用粗实线画出,其格式分为留装订边和不留装订边两种[见图 1-2(a)、(b)]。同一产品的图样只能采用一种格式。

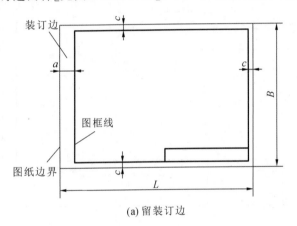

(a) 留装订边

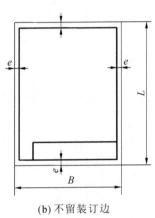

(b) 不留装订边

图 1-2　图框格式

3. 标题栏(根据 GB/T 10609.1—2008)

每张图纸都必须有标题栏。标题栏位于图框的右下角,国家标准对标题栏的内容、格式及尺寸做了统一规定[见图 1-3(a)],在学习零件图、装配图之前可采用简化标题栏[见图 1-3(b)]。

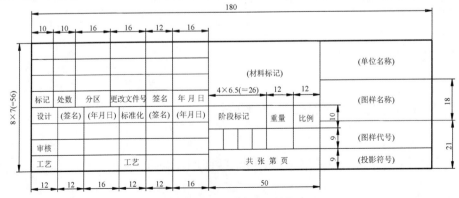

(a) 国家标准规定的标题栏格式

图 1-3　标题栏

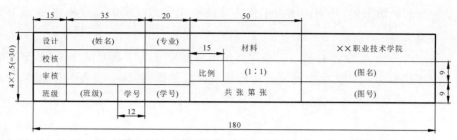

(b) 学生用简化标题栏格式

续图 1-3

二、比例(根据 GB/T 14690—1993)

比例是指图样中图形与其实物相应要素的线性尺寸之比。绘图时,应从表 1-2 规定的系列中选取比例。

表 1-2　常用比例(摘自 GB/T 14690—1993)

种　　类	比　　例
原值比例	1:1
放大比例	2:1　　2.5:1　　4:1　　5:1　　10:1
缩小比例	1:1.5　　1:2　　1:2.5　　1:3　　1:5

为了从图样上直接反映实物大小,绘图时应优先采用原值比例。若实物太大或太小,可采用缩小或放大比例绘图。选用比例的原则是有利于图形的清晰表达和图纸幅面的有效利用。必须注意,不论采用何种比例绘图,图形中所标注的尺寸数值必须是实物的实际大小,与图形的比例无关(见图 1-4)。

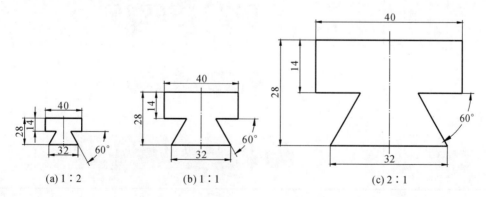

图 1-4　图形比例与尺寸数值

三、字体(根据 GB/T 14691—1993)

图样中书写的汉字、数字和字母,必须做到"字体工整、笔画清楚、间隔均匀、排列整齐"。字体的号数即字高 h,分为 8 种:20、14、10、7、5、3.5、2.5、1.8(单位:mm)。

汉字应写成长仿宋体,并采用国家正式公布的简化字。汉字的高度不应小于 3.5 mm,其宽度一般为字高的 $1/\sqrt{2}$。

数字和字母分为 A 型和 B 型。A 型字体的笔画宽度 d 为字高 h 的 1/14;B 型字体的笔画宽度 d 为字高 h 的 1/10。数字和字母可写成直体或斜体,斜体字字头向右倾斜,与水平基准线成 75°。字体示例见表 1-3。

表 1-3　字体

字 体		示 例
长仿宋体汉字	10 号	字体工整 笔画清楚 间隔均匀 排列整齐
	7 号	横平竖直 注意起落 结构均匀 填满方格
	5 号	技术制图机械电子石油化工汽车船舶土木建筑
拉丁字母	大写斜体	*ABCDEFGHIJKLMNO* *PQRSTUVWXYZ*
	小写斜体	*abcdefghijklmn* *opqrstuvwxyz*
阿拉伯数字	直体	0123456789
	斜体	*0123456789*
罗马数字		I II III IV V VI VII VIII IX X

四、图线(根据 GB/T 4457.4—2002)

1. 图线的型式与应用

国家标准中规定了 15 种基本线型,根据基本线型及其变形,机械图样中规定了 9 种图线,其名称、型式、宽度以及一般应用见表 1-4 和图 1-5。

视频:
图样中的线型

表 1-4　图线的线型与应用(根据 GB/T 4457.4－2002)

图线名称	图线型式	图线宽度	一般应用
粗实线	——————	d(粗)	可见轮廓线
细实线	———————	$d/2$(细)	尺寸线、尺寸界线 剖面线 重合断面的轮廓线 过渡线
细虚线	- - - - - - -	$d/2$(细)	不可见轮廓线
细点画线	— · — · — · —	$d/2$(细)	轴线 对称中心线
粗点画线	▬ · ▬ · ▬ · ▬	d(粗)	限定范围表示线
细双点画线	— ·· — ·· —	$d/2$(细)	相邻辅助零件的轮廓线 轨迹线 极限位置的轮廓线 中断线
波浪线	～～～～	$d/2$(细)	断裂处的边界线 视图与剖视图的分界线
双折线	—／\—／\—	$d/2$(细)	同波浪线
粗虚线	▬ ▬ ▬ ▬ ▬	d(粗)	允许表面处理的表示线

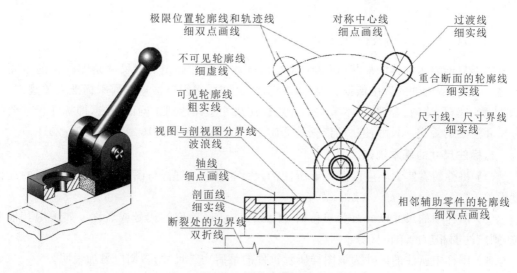

图 1-5　图线应用示例

2. 图线宽度

机械图样中采用粗细两种图线宽度,它们的比例关系为 2∶1。图线的宽度(d)应按图样的类型和尺寸大小,在下列数系中选取:0.13、0.18、0.25、0.35、0.5、0.7、1.0、1.4、2(单位:mm)。粗实线通常采用 0.5 mm 或 0.7 mm。为了保证图样清晰,便于复制,图样上尽量避免出现线宽小于 0.18 mm 的图线。

3. 图线画法注意事项

(1) 同一图样中同类图线的宽度应基本一致。细虚线、细点画线和细双点画线的线段长度和间隔应各自大致相同;

(2) 两条平行线之间的距离应不小于粗实线的两倍,其最小距离不得小于 0.7 mm;

(3) 绘制圆的对称中心线时,圆心应为画线的交点,且超出图形的轮廓约 3 mm;

(4) 在较小的图形上绘制细点画线和细双点画线有困难时,可用细实线代替;

(5) 细虚线、细点画线与其他线相交时,都应以线相交。当细虚线处在粗实线的延长线上时,细虚线与粗实线之间应有空隙,如图 1-6 所示。

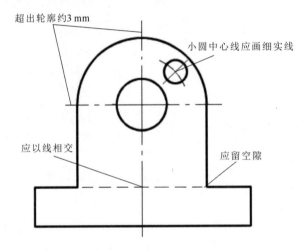

图 1-6   图线画法注意事项

五、尺寸注法(根据 GB/T 4458.4—2003)

图形只能表示物体的形状,而其大小是由标注的尺寸确定的。尺寸是图样中的重要内容之一,是制造机件的直接依据。因此,在标注尺寸时,必须严格遵守国家标准有关规定,做到"正确、完整、清晰、合理"。本节主要介绍标注尺寸怎样达到正确的要求,即标注尺寸要符合尺寸注法的规定。尺寸注法的依据是 GB/T 4458.4—2003、GB/T 16675.2—2012。

1. 标注尺寸的基本规则

(1) 机件的真实大小应以图样上所注的尺寸数值为依据,与图形的比例及绘图的准确度无关。

(2) 图样中的尺寸以 mm 为单位时,不必标注计量单位的代号或名称。如采用其他单位,则应注明相应的单位代号。

(3) 图样中所注的尺寸为该图样所示机件的最后完工尺寸,否则应另加说明。

(4) 机件的每一尺寸一般只注一次,并应标注在表示该结构最清晰的图形上。

(5) 标注尺寸时,尽可能使用符号或缩写词(见表1-5)。

表1-5 常用符号和缩写词

名称	符号或缩写词	名称	符号或缩写词	名称	符号或缩写词
直径	ϕ	厚度	t	沉孔或锪平	⊔
半径	R	正方形	□	埋头孔	∨
球直径	$S\phi$	45°倒角	C	均布	EQS
球半径	SR	深度	↧		

2. 尺寸组成

在机械图样中标注的尺寸由尺寸界线、尺寸线、尺寸终端(箭头或小圆点)和尺寸数字组成,如图1-7所示。尺寸界线和尺寸线画成细实线。箭头的形式如图1-8(a)所示,当没有足够的地方画箭头时,可用小圆点代替箭头[见图1-8(b)]。尺寸数值一般注写在尺寸线的上方。

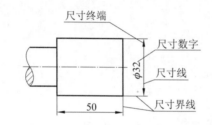

图1-7 尺寸的组成

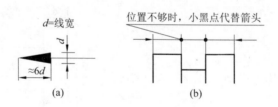

图1-8 箭头的画法

3. 尺寸标注示例

尺寸注法示例见表1-6。

表1-6 尺寸注法示例

项目	说　明	图　例
尺寸界线	(1) 尺寸界线应由图形的轮廓线、轴线或对称中心线引出,也可利用轮廓线、轴线或对称中心线作尺寸界线 (2) 尺寸界线一般应与尺寸线垂直,并超出尺寸线2～3 mm;当尺寸界线过于贴近轮廓线时,允许倾斜画出	

项目	说　明	图　例
尺寸线	（1）尺寸线不能用其他图线代替，一般也不得与其他图线重合或画在其他图线的延长线上 （2）尺寸线应平行于被标注的线段，其间隔及两平行的尺寸线间的间隔以 5～7 mm 为宜 （3）尺寸线间或尺寸线与尺寸界线之间应尽量避免相交	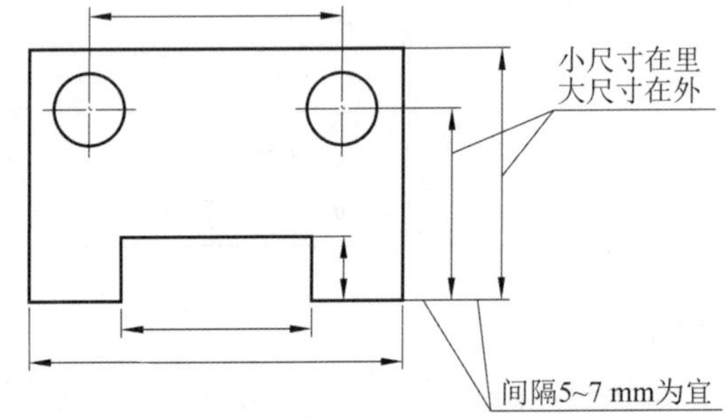 小尺寸在里 大尺寸在外 间隔5~7 mm为宜
尺寸数字	（1）尺寸数字一般写在尺寸线的上方或中断处 （2）尺寸数字的注写方向如图（a）所示，并尽量避免在30°范围内标注尺寸，当无法避免时，可按图（b）所示的形式标注 （3）尺寸数字不能被图样上的任何图线所通过，当不可避免时，必须将图线断开，如图（c）所示	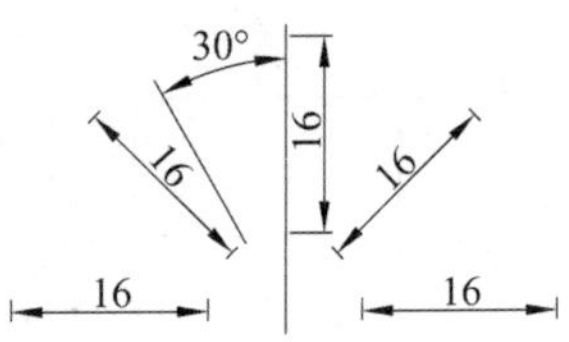 (a) 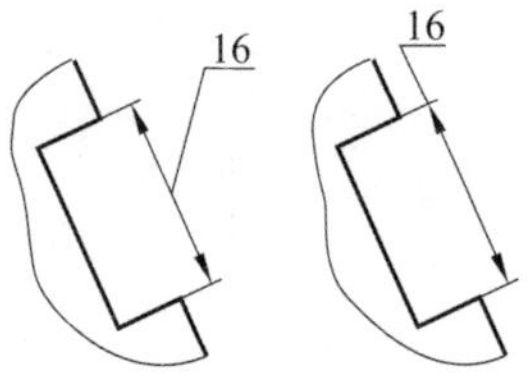 (b) 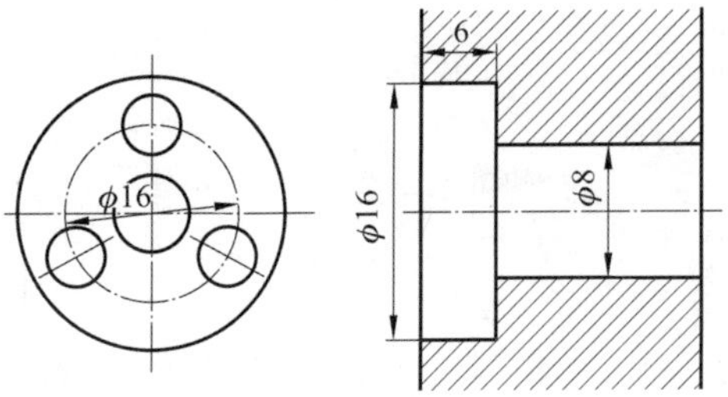 (c)
直径和半径	（1）标注直径时，在尺寸数字前加注符号"ϕ"，标注半径时，在尺寸数字前加注符号"R"，其尺寸线应通过圆心［图（a）］ （2）当圆弧半径过大或在图纸范围内无法标出其圆心位置时，可按图（b）的形式标注	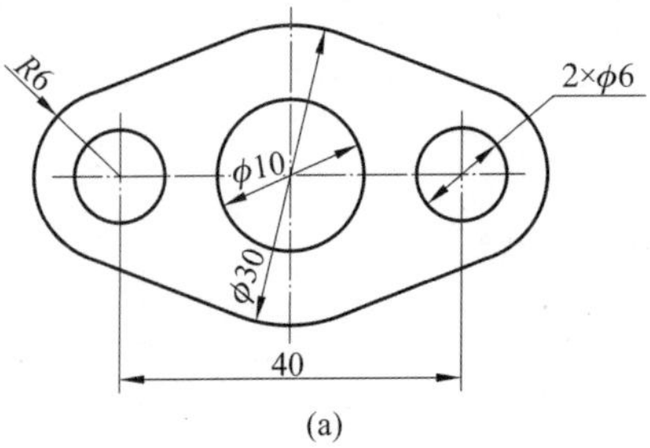 (a) 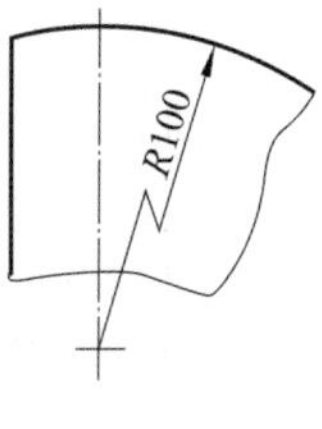 (b)

12

续表

项目	说 明	图 例
小尺寸	无足够位置注写小尺寸时,箭头可外移或用小圆点代替两个箭头;尺寸数字也可写在尺寸界线外或引出标注	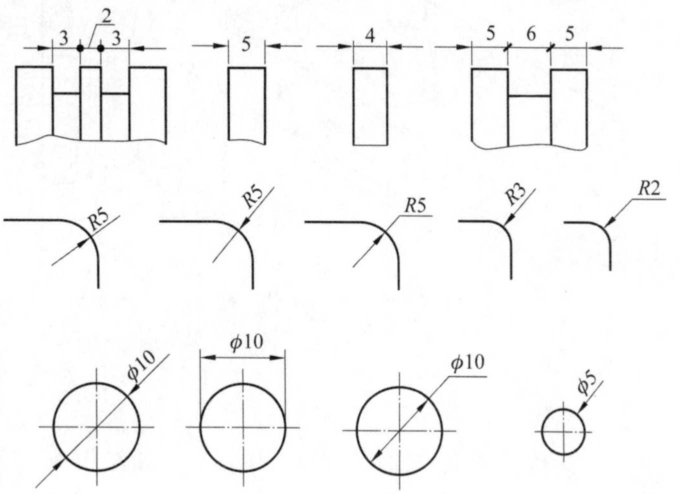
角度	(1)角度数字一律水平书写 (2)角度数字应写在尺寸线的中断处,必要时允许写在外面或引出标注 (3)角度的尺寸界线必须沿径向引出	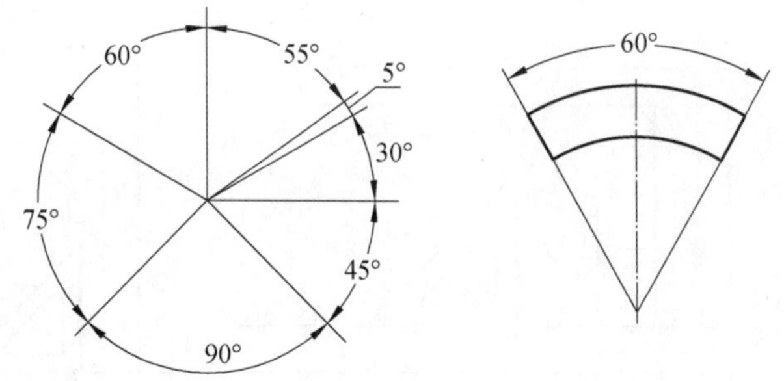

1.1.2 绘图工具、仪器和用品

尺规绘图是指用铅笔、丁字尺、三角板和圆规等绘图工具和用品来绘制图样。虽然目前技术图样已经逐步由计算机绘制,但尺规绘图仍是工程技术人员必备的基本技能,同时也是学习和巩固图示理论知识不可忽视的训练方法。正确地使用绘图工具,是保证图纸质量和加快绘图速度的一个重要方面。

一、常用绘图工具、仪器

1.图板和丁字尺

图板是供铺放、固定图纸用的矩形木板,板面平整光滑。丁字尺由尺头和尺身组成,主要用来画水平线[见图 1-9(a)]。画图时,将丁字尺头部紧靠图板左边,推动丁字尺上、下移动到画线位置,自左向右画水平线[见图 1-9(b)]。

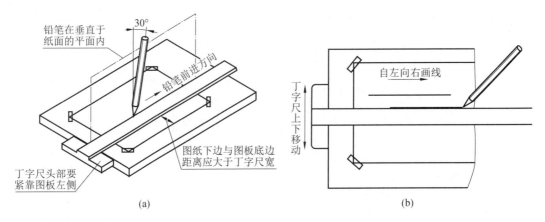

图 1-9　图板和丁字尺

2. 三角板

一副三角板由 45°和 30°(60°)两块直角三角板组成。三角板与丁字尺配合使用可画垂直线[见图 1-10(a)]，还可以画与水平线呈 30°、45°、60°以及 75°、15°的倾斜线[见图 1-10(b)]。

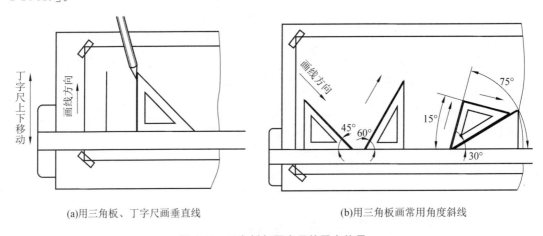

(a)用三角板、丁字尺画垂直线　　　　(b)用三角板画常用角度斜线

图 1-10　三角板与丁字尺的配合使用

两块三角板配合使用，可画任意已知直线的平行线或垂直线(见图 1-11)。

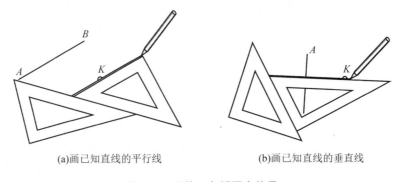

(a)画已知直线的平行线　　　　(b)画已知直线的垂直线

图 1-11　两块三角板配合使用

3. 圆规

圆规主要用来画圆和圆弧。画图时,圆规的钢针应使用有台阶的一端,并使台阶与铅芯尖平齐,笔尖与纸面垂直(见图 1-12)。

4. 分规

分规是用来截取尺寸、等分线段和圆周的工具。分规的两个针尖并拢时应对齐(见图1-13)。

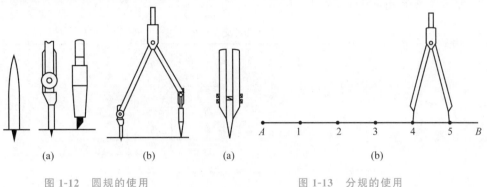

| (a) | (b) | (a) | (b) |

图 1-12　圆规的使用　　　　　　　　图 1-13　分规的使用

二、常用绘图用品

1. 铅笔

铅笔的铅芯用"B"和"H"代表软硬程度。"B"表示软性铅笔,B 前面的数字越大,表示铅芯越软(黑);"H"代表硬性铅笔,H 前面的数字越大,表示铅芯越硬(淡);"HB"表示铅芯软硬适中。绘制底稿时建议用 2H 铅笔,并削成圆锥形[见图 1-14(a)];描黑底稿时,建议采用 B 或 2B 铅笔,开削成扁铲形[见图 1-14(b)]。画圆或圆弧时,圆规插脚中的铅芯应比画直线的铅芯软 1~2 挡。

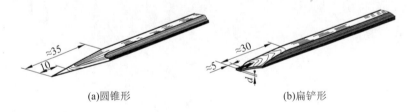

(a)圆锥形　　　　　　　　　　　　(b)扁铲形

图 1-14　铅笔削法

2. 绘图纸

绘图纸质地坚实,用橡皮擦拭不易起毛。画图时,将丁字尺尺头靠紧图板,以丁字尺上缘为准,将图纸摆正,然后用胶带纸将其固定在图板上。

3. 橡皮

应选用白色软橡皮。

4. 砂纸

用于修磨铅芯头。

5. 擦图片

用于修改图线时遮盖不需要擦掉的图线。

1.1.3　几何作图

一、等分圆周及作正多边形

等分圆周及作正多边形如表 1-7 所示。

视频：圆的三等分　视频：
和六等分画法　　五等分圆周

表 1-7　等分圆周及作正多边形

圆周四、八等分	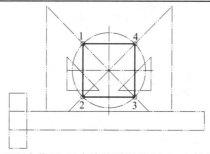
	用 45°三角板和丁字尺配合作图,可直接将圆周进行四、八等分。将各等分点依次连接,即可分别作出圆的内接四边形或内接八边形
圆周三、六等分	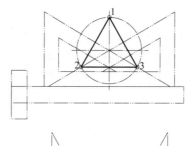
	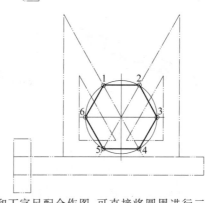
	用 30°(60°)三角板和丁字尺配合作图,可直接将圆周进行三或六等分。将各等分点依次连接,即可分别作出圆的内接正三边形或内接正六边形
	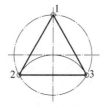 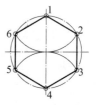
	用圆规等分圆周作圆的内接正三边形或内接正六边形

续表

圆周五等分	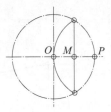	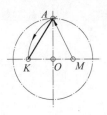	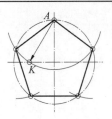
	（1）作半径 OP 的中点 M	（2）以 M 为圆心，MA 为半径画弧交于 K，AK 即为圆内接正五边形的边长	（3）以 AK 为边长五等分圆周，依次连接五个等分点，即得圆内接五边形

二、斜度和锥度

1. 斜度

斜度是指一直线（或平面）对另一直线（或平面）的倾斜程度。在图样上通常以 $1:n$ 的形式标注，并在前面加注斜度符号。

2. 锥度

锥度是正圆锥底面圆直径与锥高之比。在图样上通常以 $1:n$ 的形式标注，并在前面加注锥度符号。

斜度和锥度的画法见表 1-8。

视频：
锥度和斜度

表 1-8 斜度和锥度的画法

种类	斜度	锥度
图例	[图：斜度图例，标注 1:5，20，60]	[图：锥度图例，标注 1:3，$\phi 20$，30]
作图步骤	[图：斜度作图步骤，标注 A，20，1等份，O，5等份，60，B] （1）按照 OA 为 20 和 OB 为 60，作 $OA \perp OB$；在 OA 上取 1 等份，在 OB 上取 5 等份，连接即得 $1:5$ 的斜度参考线	[图：锥度作图步骤，标注 A，$\phi 20$，O，C，3等份，B，1等份，30] （1）按照已知尺寸 30 定出两底圆距离 30，大圆直径 20，得 A、B、O 点；以 O 点为对称中心点在 AB 上取 1 等份，在 OC 上取 3 等份；连接即得 $1:3$ 的锥度参考线

续表

种类	斜度	锥度
作图步骤	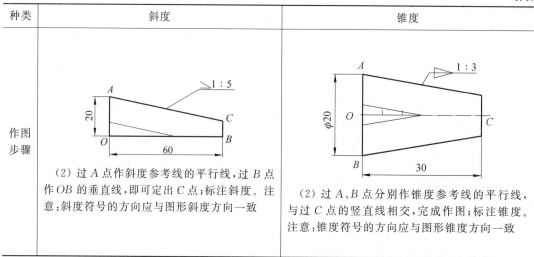 （2）过 A 点作斜度参考线的平行线,过 B 点作 OB 的垂直线,即可定出 C 点;标注斜度。注意:斜度符号的方向应与图形斜度方向一致	（2）过 A、B 点分别作锥度参考线的平行线,与过 C 点的竖直线相交,完成作图;标注锥度。注意:锥度符号的方向应与图形锥度方向一致

三、圆弧连接

用一段圆弧光滑连接相邻两已知线段(直线或圆弧)的作图方法称为圆弧连接。圆弧连接在机件轮廓图中经常可见,图 1-15 所示为扳手的轮廓图。

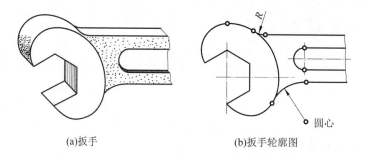

(a)扳手　　　　　　　　(b)扳手轮廓图

图 1-15　圆弧连接示例

1.圆弧连接的作图原理

圆弧连接的作图,可归结为求连接圆弧的圆心和切点。其作图原理如表 1-9 所示。

表 1-9　圆弧连接的作图原理

圆弧与直线相切	圆弧与圆弧相外切	圆弧与圆弧相内切

续表

圆弧与直线相切	圆弧与圆弧相外切	圆弧与圆弧相内切
（1）连接圆弧圆心的轨迹为一平行于已知直线的直线，两直线间的垂直距离为连接圆弧的半径 R （2）由圆心向已知直线作垂线，其垂足即为切点	（1）连接圆弧圆心的轨迹为一与已知圆弧同心的圆，该圆的半径为两圆弧半径之和（R_1+R） （2）两圆心的连线与已知圆弧的交点即为切点	（1）连接圆弧圆心的轨迹为一与已知圆弧同心的圆，该圆的半径为两圆弧半径之差（R_1-R）或（$R-R_1$），即用大半径减小半径 （2）两圆心的连线的延长线与已知圆弧的交点即为切点

视频：
使用圆弧平滑连接两已知直线

视频：
使用圆弧平滑连接直线和圆弧

视频：
使用圆弧外平滑连接两已知圆

2. 圆弧连接的作图举例

圆弧连接的作图举例见表 1-10。

表 1-10 圆弧连接的作图举例

已知条件	作图方法和步骤		
	（1）求连接弧圆心	（2）求切点	（3）画连接弧
圆弧连接两已知直线			
圆弧连接已知直线和圆弧			
圆弧外切连接两已知圆弧			

已 知 条 件	作图方法和步骤		
	（1）求连接弧圆心	（2）求切点	（3）画连接弧
圆弧内切连接两已知圆弧 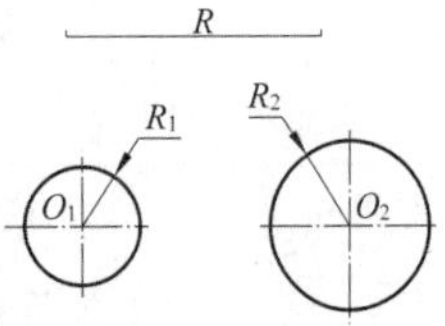 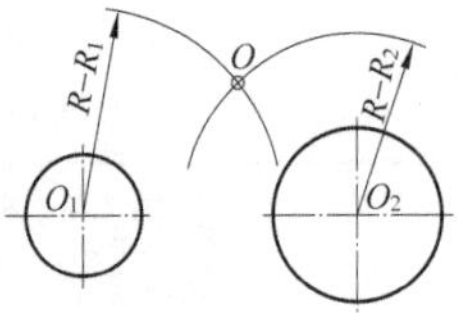 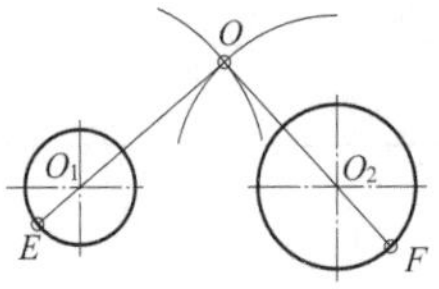 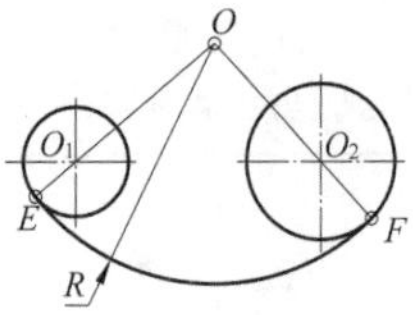			
圆弧分别内外切连接两已知圆弧 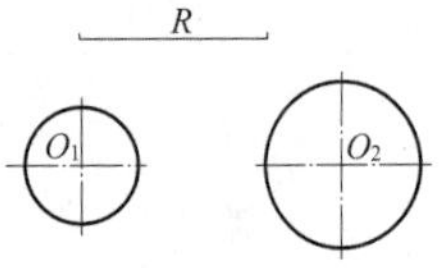 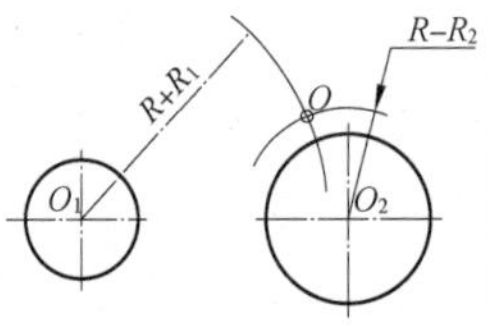 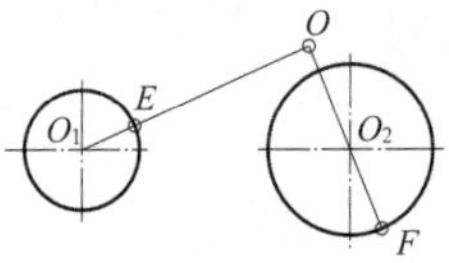 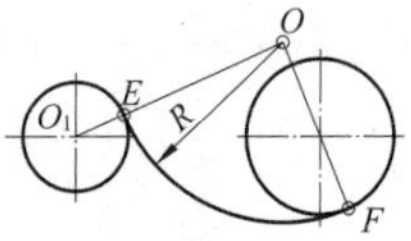			

【任务实施】

任务实施方法和步骤见表 1-11。

表 1-11　手工绘制平面图形实施方法和步骤

方法和步骤		图　　示
尺寸分析	（1）定形尺寸：确定图形中各线段形状大小的尺寸。如右图中的 $\phi18$、20、5、$R20$、$R40$、$R80$、$R10$	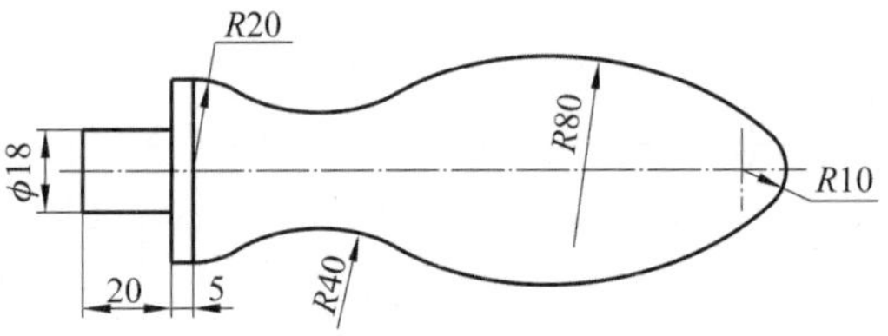
	（2）定位尺寸：确定图形中各线段位置的尺寸。如右图中 160、50	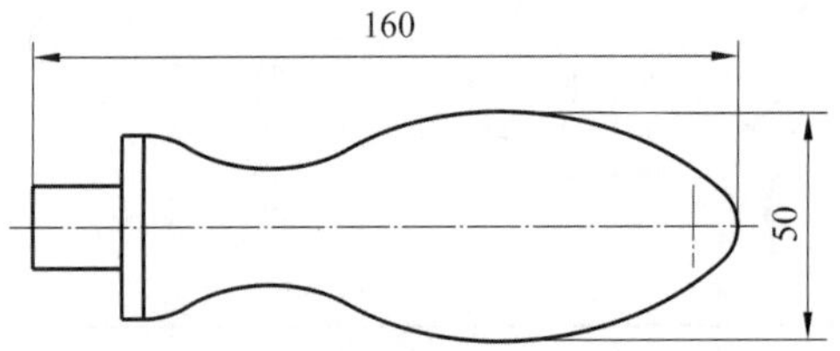

方法和步骤	图 示
尺寸分析 (3)尺寸基准:定位尺寸通常以图形的对称线、圆的中心线以及其他线段作为标注尺寸的起点,这些起点称为尺寸基准。如右图中的长度和高度尺寸基准	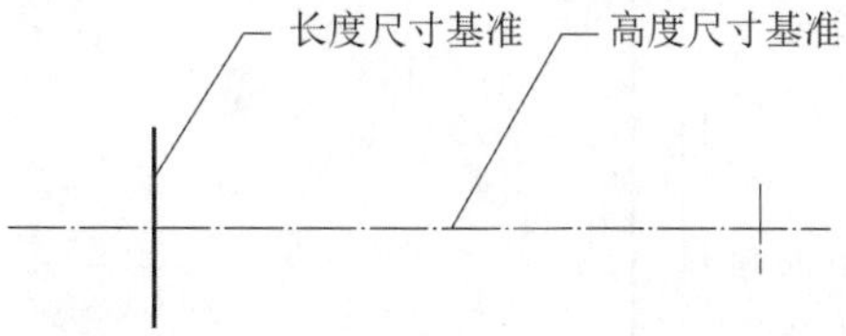 长度尺寸基准 高度尺寸基准
线段分析 (1)已知线段:定形、定位尺寸齐全,根据给定的定形尺寸可直接画出的线段。如右图中的直线段、R20、R10	R20 R10 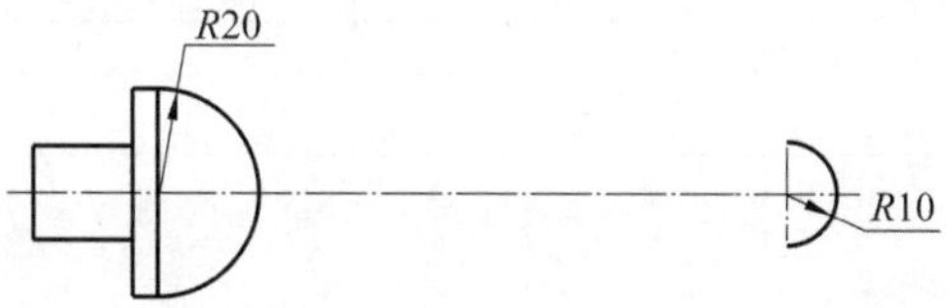
(2)中间线段:注出定形尺寸和一个方向的定位尺寸,必须依靠相邻线段间的连接关系才能画出的线段。如右图中的 R80	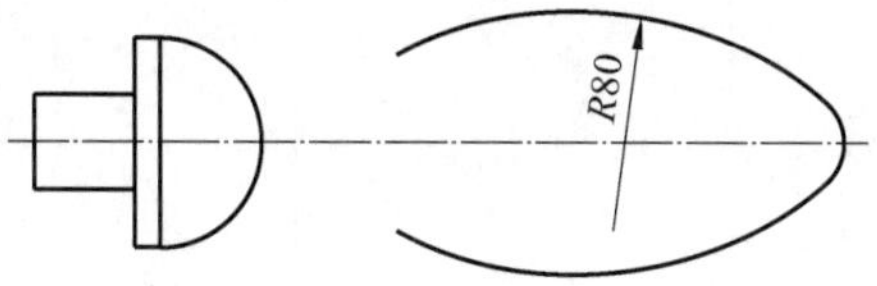 R80
(3)连接线段:必须依靠与相邻两线段的连接关系才能画出的线段。如 R40	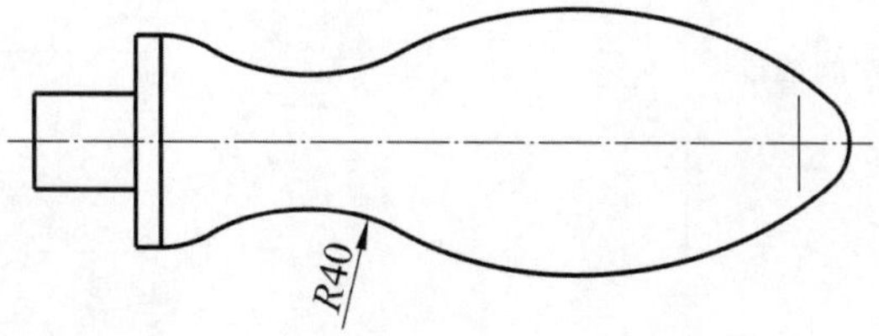 R40

方法和步骤	图　示

<table>
<tr><td rowspan="4">绘制图形</td><td>（1）绘制图框和标题栏，确定有效作图的区域</td><td>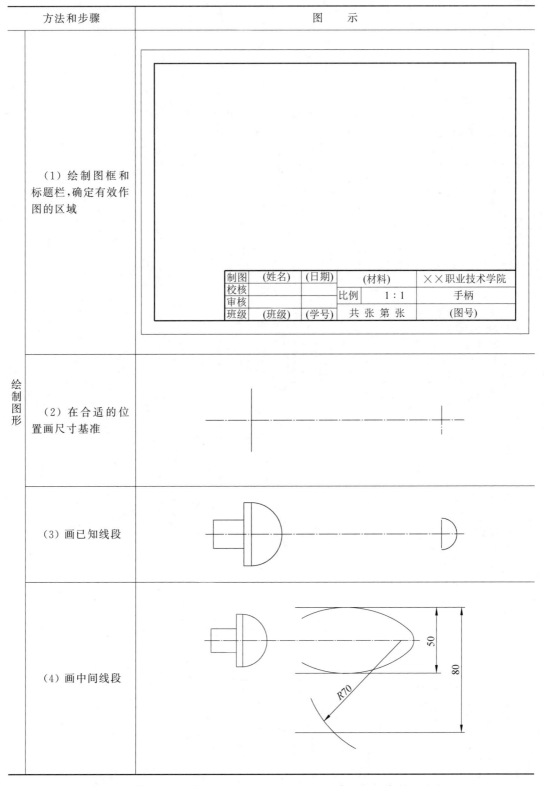</td></tr>
<tr><td>（2）在合适的位置画尺寸基准</td><td></td></tr>
<tr><td>（3）画已知线段</td><td></td></tr>
<tr><td>（4）画中间线段</td><td></td></tr>
</table>

制图 | (姓名) | (日期) | (材料) | ××职业技术学院
校核 | | | 比例 | 1：1 | 手柄
审核 | | |
班级 | (班级) | (学号) | 共 张 第 张 | (图号)

续表

方法和步骤		图示
绘制图形	（5）画连接线段	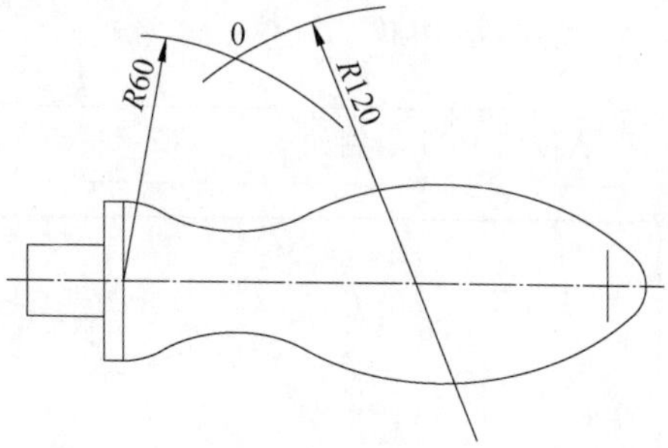0 R60 R120
	（6）检查描深，擦去多余图线，标注尺寸，填写标题栏	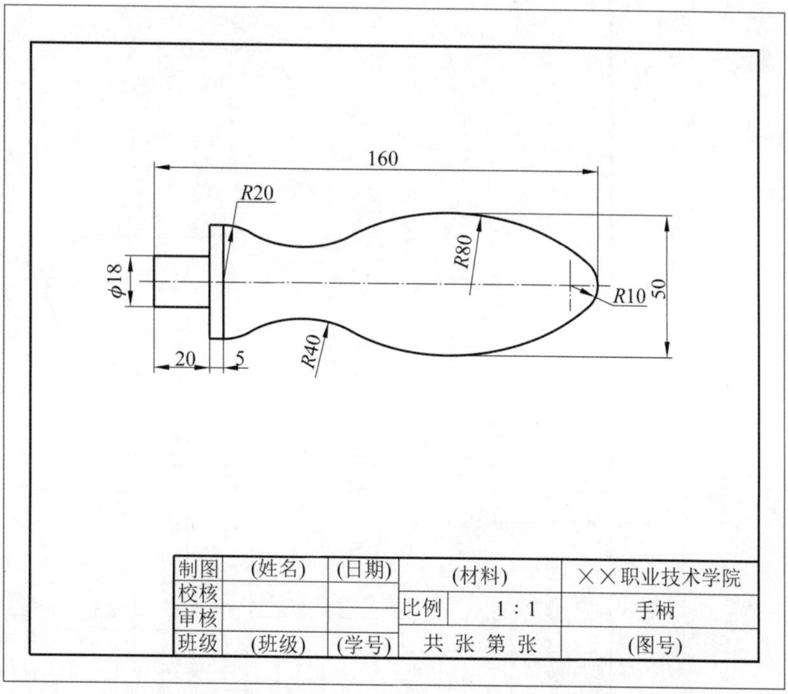160 R20 R80 φ18 R10 50 R40 20 5 制图 (姓名) (日期) (材料) ××职业技术学院 校核 审核 比例 1 : 1 手柄 班级 (班级) (学号) 共 张 第 张 (图号)

任务 2 应用 AutoCAD 绘制平面图形

【任务单】

任务名称	用 AutoCAD 绘制平面图形
任务描述	创建 A4 图纸,按照 1:1 绘制如图 1-16 所示吊钩平面图形,并标注尺寸 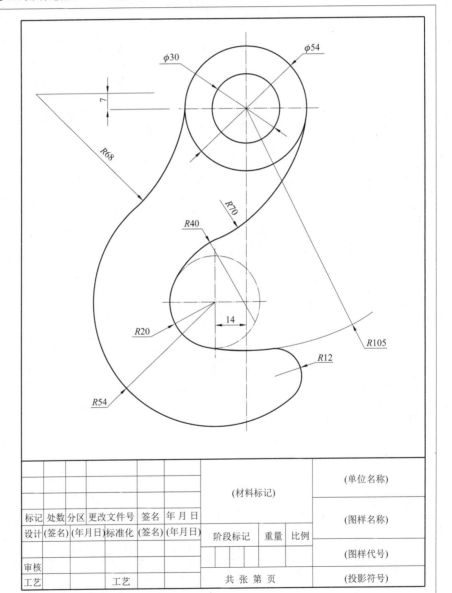 图 1-16 吊钩平面图形

续表

任务分析	要利用 AutoCAD 绘制平面图形,首先要熟悉绘图软件的相关知识、常用绘图与修改命令的使用、尺寸标注样式的设置以及尺寸标注命令的使用
任务提交	每位同学完成吊钩平面图形的绘制,并按要求保存文件

【知识储备】

1.2.1　AutoCAD 绘图基本知识与操作

在绘制图形的时候,除了尺规绘图外,还可以利用计算机进行绘图。常用的二维绘图软件有 AutoCAD、清华天河、浩辰机械、CAXA 等软件。本教材以目前最常用的 Auto-CAD2018 进行介绍。

一、AutoCAD 基本操作

微课:AutoCAD 界面基本介绍　　微课:AutoCAD 的基本操作

1. AutoCAD 的启动

(1)双击电脑桌面上生成的 AutoCAD2018 快捷图标 **A**,进入如图 1-17 所示【Auto-CAD2018 开始】界面。

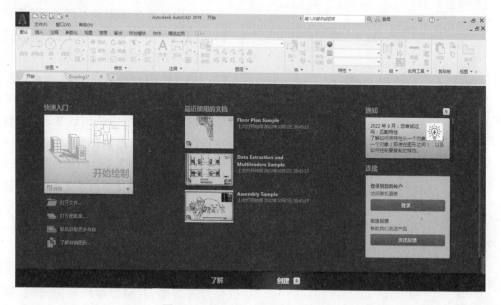

图 1-17　【AutoCAD2018 开始】界面

(2)单击【开始绘制】,即可进入如图 1-18 所示用户操作界面。该界面由标题栏、菜单栏、工具栏、绘图窗口、命令栏、状态栏等组成。

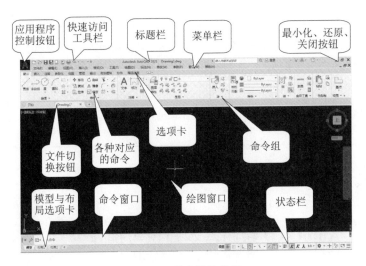

图 1-18　用户操作界面

2. 界面基本介绍

1) 标题栏

标题栏出现在屏幕的顶部，如图 1-18 所示，用来显示当前正在运行的程序名及当前打开的图形文件名。若刚启动 AutoCAD2018，也没有打开任何其他图形文件，则显示图形文件名为"Drawing1.dwg"。

图 1-19　应用程序控制按钮对应的下拉菜单

标题栏的最左侧是应用程序控制按钮 A，单击该按钮，会打开如图1-19所示下拉菜单。通过该菜单可以进行【新建】、【打开】、【保存】、【另存为】、【输入】、【输出】、【发布】、【打印】、【图形实用工具】、【关闭】等操作。单击图 1-19 所示【选项】按钮，可以打开如图 1-20 所示【选项】对话框，可以进行系统参数的设置，该对话框包括【文件】、【显示】、【打开和保存】、【打印和发布】、【系统】、【用户系统配置】、【绘图】、【三维建模】、【选择集】、【配置】、【联机】11 个选项卡。其中在【显示】选项卡中可以设置窗口的配色方案、颜色、字体等，还可以设置显示精度、十字光标大小等；在【打开和保存】选项卡中，可以设置文件保存的类型、自动保存的间隔时间、最近打开和使用的文件数等；在【绘图】选项卡中可以设置自动捕捉标记大小和靶框大小等；在【选择集】选项卡中可以设置拾取框大小、夹点尺寸和夹点颜色等。

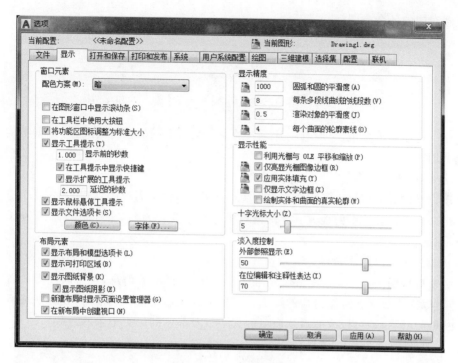

图 1-20 【选项】对话框

在应用程序控制按钮右侧是快速访问工具栏,如图 1-19 所示,该工具栏包括【新建】、【打开】、【保存】、【另存为...】、【打印】等命令,该工具栏右边的下拉按钮 ▼,单击后在打开的菜单中可对该工具栏的内容进行增减操作。上方标题栏最右侧的三个按钮依次为:最小化按钮 ▭、还原窗口按钮 ▣、关闭应用程序按钮 ✕。

2)菜单栏

菜单栏通常位于在标题栏的下方,如图 1-18 所示,当隐藏时可以通过单击快速访问工具栏右边的下拉按钮 ▼,在弹出的菜单中单击【显示菜单栏】,即可打开如图 1-21 所示菜单栏。在菜单栏中包括【文件】、【编辑】、【视图】、【插入】、【格式】、【工具】、【绘图】、【标注】、【修改】、【参数】、【窗口】、【帮助】等菜单,单击相关的菜单后将展开该菜单的下拉菜单。在菜单中包含了 AutoCAD 程序所有的操作命令。

图 1-21 菜单栏

在展开的菜单中呈灰色的菜单命令将不能使用。在菜单命令中某些按钮右侧有一个黑色三角符号,表示该菜单还有子菜单,将光标移至带有黑色三角符号的按钮上,便会出现其子菜单。

3)工具栏

工具栏通常位于菜单栏下面,在工作空间为【草图与注释】时,包括【默认】、【插入】、【注释】、【参数化】、【视图】、【管理】、【输出】、【附加模块】、【A360】、【精选应用】等选项卡,每一个选项卡下对应有不同的命令组。例如,单击【默认】选项卡,对应的显示面板如图 1-22 所示,包括【绘图】、【修改】、【注释】、【图层】、【块】、【特性】、【组】、【实用工具】、【剪贴板】、【视图】等命令组和对应的各命令图标。

图 1-22 【默认】工具栏对应的选项卡、命令组以及命令图标

在任一选项卡上单击,可以看到其下方的命令组是不同的,在操作时可根据不同要求进行相应调用。

4)绘图窗口

在用户操作界面中最大的空白窗口即为绘图窗口,也称为视图窗口,如图 1-18 所示,它是用户用来完成设计绘图的地方。绘图窗口中有十字光标、用户坐标系图标、ViewCube(检视方块)图标、导航栏图标。

5)命令窗口

命令窗口如图 1-23 所示,用来输入命令、显示命令提示和信息,它可以浮动放置在任意位置,也可以固定放置在绘图窗口的边上。当鼠标放在命令窗口边沿时,光标变成双箭头符号,按住鼠标左键拖动可以改变命令窗口的大小以及显示的历史记录的行数。

图 1-23 命令窗口

6)模型与布局选项卡

在绘图窗口的左下角是模型与布局选项卡,如图 1-18 所示,默认情况下,【模型】选项卡是启用的,表示当前的绘图环境是模型空间,用户在这里一般按实际尺寸绘制二维或三维图形。当单击【布局 1】或【布局 2】选项卡时,将切换至图纸空间,用户可以将图纸空间想象成一张图纸,可以在这张图纸上将模型空间的图样按不同缩放比例布置在图纸上。

通常在模型空间进行产品设计,在布局中完成图纸的创建。该选项卡右边的 ，单击后可以添加更多的布局。

7) 状态栏

状态栏位于绘图窗口右下方,如图 1-24 所示。

模型 ⊞ ⊞ ▾ ∟ ⊙ ▾ ⊼ ▾ ∠ □ ▾ ⊟ ♀ ⋏ ⋏ 1:1 ▾ ✿ ▾ ✛ ⬚ ◯ ⬚ ☰

图 1-24 状态栏

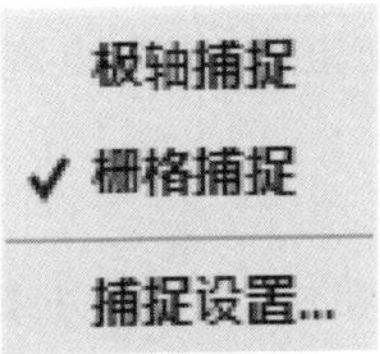

其中,当鼠标在【模型】按钮上单击时,可以使当前窗口绘制的图形在模型或图纸空间进行切换。

⊞ ▾ 为图形栅格和捕捉模式的开关与设置功能按钮,当启用时该按钮为高亮显示,当关闭时该按钮为灰白显示,单击右侧下拉箭头可打开如图 1-25 所示菜单,单击菜单上的【捕捉设置】,则打开如图 1-26 所示【草图设置】对话框,在该对话框的【捕捉和栅格】选项卡中可以进行捕捉间距、栅格间距、捕捉类型等相关的设置,单击【确定】按钮即可

极轴捕捉

✓ 栅格捕捉

捕捉设置...

图 1-25 【栅格和捕捉】菜单

退出该对话框。

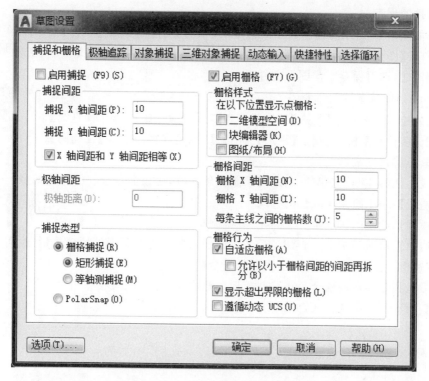

图 1-26 【草图设置】对话框对应的【捕捉和栅格】选项卡

为正交模式启动或者关闭按钮,启用该模式时限制只能在水平与垂直方向上活动。如绘制水平或垂直的直线,或者在水平或垂直的方向上复制、移动图元等。

为极轴追踪功能启用或者关闭按钮,单击右边的下拉箭头,在弹出的快捷选项卡中可以选择要追踪的角度,或者单击【正在追踪设置...】,打开【草图设置】对话框,在【极轴追踪】选项卡中进行【极轴角设置】和【对象捕捉追踪设置】。

需要注意的是,【增量角】设置的角度,可以在该角度以及该角度的整数倍角度上进行追踪;【附加角】设置的角度只能在该角度上追踪。

为等轴测草图启用或者关闭按钮,启用时光标在绘图窗口中变成了等轴测方向,单击右侧的下拉箭头,在弹出的快捷菜单中可以进行等轴测草图切换,从中可以选择不同方向的轴测面,或者直接按键盘上的 F5 键也可以进行轴测面的切换。

为对象追踪和对象捕捉功能启用或者关闭按钮,使用"对象捕捉"功能可以将定点快速、精确地限制在现有对象的确切位置上。使用"对象捕捉追踪"功能,在命令中指定点时,光标可以沿基于其他对象捕捉点的对齐路径进行追踪。单击右侧的下拉箭头,在弹出的快捷菜单中可以进行捕捉对象的设置,其中,前面打钩的为已经启用的对象。在快捷菜单中单击【对象捕捉设置...】,可以打开【草图设置】对话框中的【对象捕捉】选项卡,即可进行对象捕捉模式的设置。

为工作空间切换按钮,单击右侧的下拉箭头,在弹出菜单中选择,可以进行工作空间的切换。

为显示全屏切换按钮,当启用时,绘图窗口全屏显示。

▤ 为自定义工具按钮,可以自定义辅助状态栏上的辅助工具。

3.文件的保存

单击如图 1-18 所示界面上方工具栏中的【保存】按钮或者在【文件】菜单中单击【保存】命令时,打开【图形另存为】对话框,从中设定图形文件保存的目录、文件名、文件类型等,单击【保存】按钮,即可保存当前图形文件。

4.AutoCAD 基本绘图命令

常用的绘图命令位于【绘图】下拉菜单和【绘图】命令组中,包括【直线】、【构造线】、【多段线】、【多边形】、【矩形】、【圆】、【圆弧】、【样条曲线】、【椭圆】、【椭圆弧】、【点】、【图案填充】等。

微课:AutoCAD 基本绘图命令

【直线】:能够在两个确定的点之间绘制一条线段,用该命令绘制的折线是多个图元。

【构造线】:用于绘制无限长的直线。

【多段线】:绘制的折线是一个图元,可绘制直线、圆弧、粗细变化的图线。

【多边形】:可通过指定圆心和半径来绘制圆内接多边形和圆外切多边形,也可通过边长绘制正多边形。该命令绘制的正多边形是一个图元。

【矩形】:指定矩形的两个角点绘制矩形。该命令绘制的矩形是一个图元。

【圆】:有 6 种画圆的方式,如图 1-27 所示。

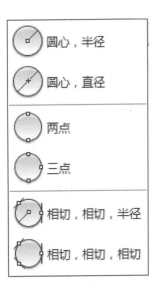

图 1-27　画圆的各种命令

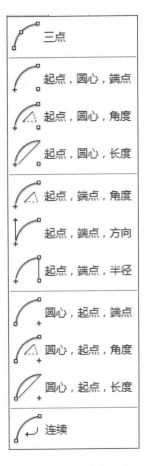

图 1-28　画圆弧的各种命令

【圆弧】：有 11 种画圆弧的方式，如图 1-28 所示，在使用圆弧时，要根据所绘制圆弧的已知条件选择对应的绘制方法，从圆弧的起点到终点沿逆时针方向绘制。

【样条曲线】：可以用该命令绘制波浪线。

【椭圆】：需指定椭圆的圆心、长轴和短轴端点。

【椭圆弧】：需指定椭圆的圆心、长轴和短轴端点、椭圆弧的起始角。

【点】：在命令组中默认的画点命令为【多点】。在【绘图】菜单中，点击【点】，可以看到如图 1-29 所示各种点的命令。

【图案填充】：在实际的绘图和设计工作中，通常需要对一些区域以指定的图案进行填充，如机械图样中的金属与非金属材料的剖面符号。单击【图案填充】命令，会打开如图 1-30 所示【图案填充创建】对话框，可以对图案进行设置，包括图案、角度、比例、关联性等，并通过"拾取点"或者"选择"的方式确定要填充的区域，完成后关闭该对话框即可。

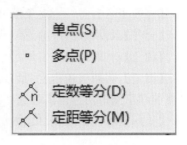

图 1-29　点的命令

图 1-30　【图案填充创建】对话框

5. AutoCAD 基本修改命令

微课：AutoCAD 基本修改命令

常用的修改命令位于【修改】下拉菜单和【修改】命令组中，包括【删除】、【复制】、【镜像】、【偏移】、【矩形阵列】、【环形阵列】、【路径阵列】、【移动】、【旋转】、【缩放】、【拉伸】、【拉长】、【修剪】、【延伸】、【打断】、【打断于点】、【合并】、【圆角】和【倒角】、【分解】等。

【删除】：删除选择的对象。

【复制】：把选定的实体作一次或者多次复制，复制时需指定基点和到点。

【镜像】：把选定的图元按镜像线作对称复制，镜像线需要两点来确定。

【偏移】：将对象用指定的距离复制，复制时沿对象上点的法线方向移动指定的距离。

【矩形阵列】：把选中的实体按照给定的行数和行间距、列数和列间距进行阵列，可以设置多层阵列。

【环形阵列】：把选中的实体按照给定的阵列中心点、项目数、项目之间的角度、填充的角度进行阵列，可以设置多行和多层进行阵列。

【路径阵列】：把选中的实体按照选定路径进行阵列，可以按定数等分，也可以按定距等分，可以设定多行和多层进行阵列。

【移动】：把一个或者多个图元从原来的位置平移到一个新的位置。

【旋转】：把指定的图元绕指定点旋转，旋转对象时需指定基点和旋转角度。

【缩放】：把选定的图元按指定的基点和比例放大或缩小。

【拉伸】：通过窗选或多边形框选的方式拉伸对象。当拉伸窗口部分包围对象时，可进行对象的拉伸;当拉伸窗口完全包含对象或者单独选定对象时,只能移动对象。

【拉长】:修改对象的长度和圆弧的包含角。

【修剪】:用一条或几条边为修剪边,去剪除其他目标的一部分。

【延伸】:将对象指定端沿自身向界限边方向延伸。

【打断】:将一个对象部分擦除形成两个图元。

【打断于点】:将一个对象断开形成两个图元。

【合并】:将两段共线的直线或圆弧连接成一个图元。

【圆角】:将两线用指定的圆角半径连接,有修剪和不修剪两种模式可选择。

【倒角】:将两线用指定的切距倒角,可以选择按"距离"还是按"角度"进行倒角。同样也有修剪和不修剪两种模式可选择。

【分解】:将图案填充、尺寸、图块等组件分解为多个图元。

二、AutoCAD 的基本设置

1. 单位设置

(1)打开菜单栏,单击【格式】|【单位】命令,弹出如图 1-31 所示【图形单位】对话框,在【长度类型】下拉列表中选择【小数】选项,在【长度精度】下拉列表中选择【0.0】选项;在【角度类型】下拉列表中选择【十进制度数】选项,在【角度精度】下拉列表中选择【0】选项。其中,【顺时针】前的复选框不选,表示正角度方向为逆时针,负角度方向为顺时针,此为默认设置;否则相反。插入时的缩放单位选择【毫米】。

(2)单击图 1-31 所示【图形单位】对话框下方的【方向】按钮,打开如图 1-32 所示【方向控制】对话框,选择【基准角度】为【东】,此方向为默认方向,表示角度测量的起始方向,该方向为坐标原点指向右侧的方向。单击【确定】按钮,退出【方向控制】对话框。

(3)单击【图形单位】对话框下方的【确定】按钮,退出【图形单位】对话框,完成图形单位的设置。

图 1-31 【图形单位】对话框

图 1-32 【方向控制】对话框

2. 图层设置

（1）在【默认】选项卡中，找到【图层】命令组，单击【图层特性】按钮，打开如图 1-33 所示【图形特性管理器】对话框，或者在【格式】菜单下单击【图层…】，也可以打开【图形特性管理器】对话框。

图 1-33　【图层特性管理器】对话框

（2）单击【图层特性管理器】对话框中上方的【新建图层】按钮 ，即可新建一个图层。需要创建多个不同的图层时，可以在该按钮上单击若干次。在没有修改图层特性时，各图层除了名称上有区别外，即分别为"图层 1""图层 2""图层 3"……，其余特性均是相同的。

① 修改图层名称。选中某一图层，在图层名上单击，图层的名称变为可编辑状态，输入新的图层名称后，单击对话框中的空白处即可完成图层名称的修改。

② 修改图层颜色。单击图层颜色小方块，弹出【选择颜色】对话框，如图 1-34 所示，选取合适颜色后，单击【确定】按钮。

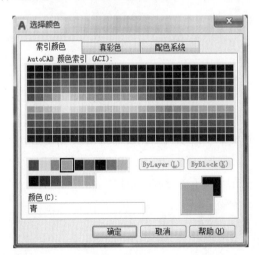

图 1-34　【选择颜色】对话框

图 1-35　【选择线型】对话框

③ 修改图层线型。单击图层线型名，弹出【选择线型】对话框，如图 1-35 所示，选取合适线型，单击【确定】按钮。如没有所需线型，可单击【加载】按钮，弹出【加载或重载线型】对话框，如图 1-36 所示，按住 Ctrl 键不放，选择需要的各种线型，如常用的中心线【Center】、虚线

【Hidden】等，再单击【确定】按钮，完成线型加载。

④ 修改图层线宽。单击该层线宽名，弹出【线宽】对话框，如图 1-37 所示，选取合适线宽后，单击【确定】按钮。由于只有粗实线线宽为 0.5 mm，其余都相同，可设为默认线宽。在 AutoCAD 中，默认线宽为 0.25 mm。

图 1-36 【加载或重载线型】对话框   图 1-37 【线宽】对话框

（3）设置完成后【图层特性管理器】对话框的参考显示如图 1-38 所示，单击左上角的【关闭】按钮，即可退出【图层特性管理器】对话框，完成图层的设置。

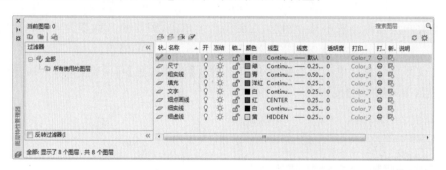

图 1-38 设置后的【图层特性管理器】对话框

（4）单击【图层】命令组中图层特性管理器列表 右边的下拉箭头，即可看到所设置的各图层，如图 1-39 所示，可从中选择某个单击，即可将该图层置为当前图层；在【特性】命令组上显示出当前图层的特性，如图 1-40 所示。用户设置好图层后，可以使用【特性】命令组快速地查看或临时调整所选图层的颜色、线型及线宽。

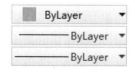

图 1-39 图层特性管理器列表   图 1-40 【特性】工具栏

三、AutoCAD 文字输入与编辑

微课：AutoCAD
文字输入与编辑

为了使所标注的尺寸符合国标要求，在标注尺寸前，先要对尺寸标注的文字样式进行设置。

1.文字样式的设置

在【默认】选项卡中的【注释】命令组按钮上单击，弹出如图 1-41 所示注释工具，该工具中包含【文字样式】、【标注样式】、【多线样式】、【表格样式】等。在【注释】工具中选择【文字样式】命令单击；或者在【格式】菜单下，找到【文字样式...】命令单击，打开如图 1-42 所示【文字样式】对话框。

图 1-41　注释工具

图 1-42　【文字样式】对话框

默认情况下的文字样式为【Standard】，字体为【txt. shx】，高度为 0，宽度为 1，从预览效果可见，该文字样式不符合制图国标要求，需新建新样式。在对话框中单击【新建】按钮，打开【新建文字样式】对话框，如图 1-43 所示，输入文字样式名，默认为"样式 1"，单击【确定】按钮，返回【文字样式】对话框。

图 1-43　【新建文字样式】对话框

在【文字样式】对话框中设置新建文字的【字体】、【高度】、【效果】等，如图 1-44 所示。

单击下方的【应用】按钮，将对文字样式所进行的调整应用于图形。

选中文字样式【样式 1】，单击【置为当前】按钮即可。

单击【关闭】按钮，保存样式设置，退出【文字样式】对话框，完成新建文字样式【样式 1】的创建。

图 1-44　设置字体

2. 文字的输入与编辑

1）单行文字的输入与编辑

单击【注释】命令组中的【文字】，在下拉列表中选择【单行文字】单击；或者选择菜单【绘图】|【文字】|【单行文字】单击，即可启动"单行文字"命令。根据命令行的提示，可设置当前文字的"对正"方式和"文字样式"，并根据提示用鼠标指定文字在窗口中的位置，输入文字的高度和旋转角度，书写文字完成后退出命令。

如果要对所输入的文字进行编辑，只需要在该文字上双击鼠标，然后进行对应修改即可。

2）多行文字的输入与编辑

在 AutoCAD 中除了有"单行文字"命令外，还有"多行文字"命令。打开"多行文字"命令的方法是：单击【注释】命令组中的【文字】按钮，在下拉列表中选择【多行文字】单击；或者选择菜单【绘图】|【文字】|【多行文字】，即可启动【多行文字】命令。

根据命令行的提示，用鼠标在绘图窗口给出多行文字书写的位置，弹出如图 1-45 所示【文字编辑器】工具栏，在此对话框中可设置文字的"样式"、"字体"、"字高"、字的"颜色"、"多行文字对正方式"、"段落对齐方式"、"行距"、"编号"、文字的"倾斜角度"、"字符间距"、"宽度因子"等。在绘图窗口出现如图 1-46 所示文字输入与编辑窗口，该窗口由"标尺"和"文字输入与编辑区"组成，单击【文字编辑器】工具上的【标尺】按钮，将关闭"标尺"。在文字输入与编辑区光标闪烁处直接输入文字内容，并可利用【文字编辑器】工具栏上的相关命令，对所输入的文字进行编辑，如更改字体、字的颜色、字高，还可以修改文字的对正方式等。

在【文字编辑器】工具栏中有【样式】、【格式】、【段落】、【插入】、【拼写检查】、【工具】、【选项】、【关闭】等命令组。

其中，在【样式】命令组中通过上下箭头可以选择文字样式。

图 1-45 【文字编辑器】工具栏

图 1-46 文字输入与编辑窗口

在【格式】命令组中，可以指定新文字的字体、颜色或者更改选定文字的字体、颜色，单击【格式】命令组，格式命令组被展开，如图 1-47 所示，从中可以修改字体的倾斜角度、间距和字体宽度；在【格式】命令组中，利用【堆叠】命令 ᵇₐ，还可以书写堆叠文字。

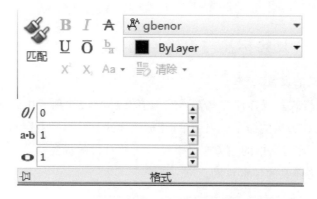

图 1-47 【格式】命令组展开样式

注意：

输入堆叠文字时，首先应输入分别被作为分子和分母的文字，之间使用分隔符隔开，然后选择这部分文字，并单击【堆叠】按钮即可。分隔符有"^""/""♯"三种。如"b^a"对应为"a^b"，"b/a"对应为"$\frac{b}{a}$"，"b♯a"对应为"b/a"。

单击【符号】按钮，弹出如图 1-48 所示特殊字符菜单，在需要书写的内容上单击，即可添加对应的特殊字符。单击特殊字符菜单上的【其他...】命令，弹出如图 1-49 所示【字符映射表】对话框，先在【字符映射表】对话框中选择好要插入的字符，再单击【选择】按钮，该字符即添加到【复制字符】右边的文本框中，选中文本框中的字符，单击【复制】按钮，在输入文字框中插入符号处单击右键，在弹出菜单上选择【粘贴】即可。

单击【关闭】命令组上的【关闭文字编辑器】按钮，即可关闭【文字编辑器】对话框。

如果需要对多行文字进行编辑，只需要在该文字上双击即可。

图 1-48　特殊字符菜单

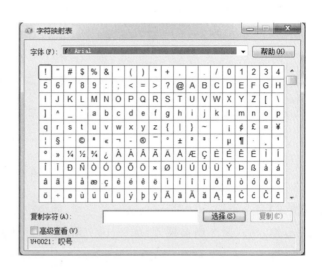

图 1-49　【字符映射表】对话框

四、AutoCAD 尺寸标注与编辑

微课：AutoCAD
尺寸标注与编辑

1. 尺寸标注样式的设置

（1）选择菜单【格式】|【标注样式】命令，或者在【默认】选项卡中选择【注释】命令组单击，在弹出的命令选项中单击【标注样式】命令，打开【标注样式管理器】对话框，如图 1-50 所示。该对话框的左边窗口中显示文件自带的标注样式，如"ISO-25"，从预览窗口可以看到该标注样式的预览效果。

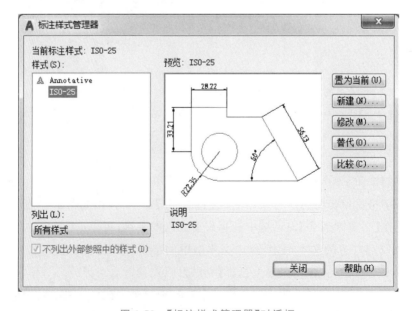

图 1-50　【标注样式管理器】对话框

（2）单击【标注样式管理器】对话框右侧的【新建】按钮，弹出如图 1-51 所示【创建新标注样式】对话框，在该对话框【新样式名】下方的框格中书写新样式名，例如"国标标注"；在【基础样式】下方的下拉列表中可以选择默认样式【ISO-25】；在【用于】下方的下拉列表中选择【所有标注】。

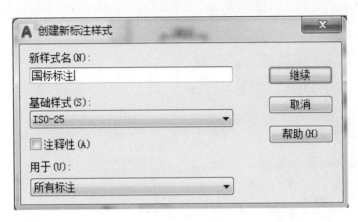

图 1-51　【创建新标注样式】对话框

（3）单击【创建新标注样式】对话框右侧的【继续】按钮，弹出【新建标注样式：国标标注】对话框，该对话框包括【线】、【符号和箭头】、【文字】、【调整】、【主单位】、【换算单位】、【公差】七个选项卡。其中：

【线】选项卡：用于设置尺寸线、尺寸界线的特性以及格式。可对其中【基线间距】、【超出尺寸线】、【起点偏移量】进行修改，具体参考设置如图 1-52 所示。

图 1-52　【新建标注样式：国标标注】对话框【线】选项卡设置

　　【符号和箭头】选项卡：设置箭头样式和大小、圆心标记的格式，折断标注的折断线的长度大小，标注弧长时弧长符号的标注位置，半径折弯标注的折弯角度，线性折弯标注时折弯线的高度大小。各项参考设置如图1-53所示。

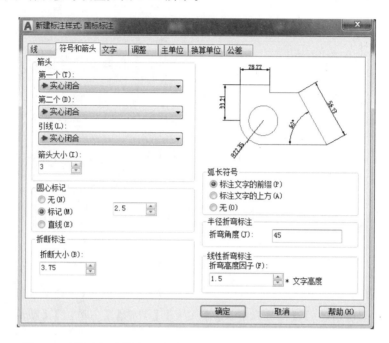

图1-53　【新建标注样式：国标标注】对话框【符号和箭头】选项卡设置

　　【文字】选项卡：有【文字外观】、【文字位置】和【文字对齐】三个选项区域。其中：

　　在【文字外观】选项区域中，可以设置文字的样式、颜色、高度和分数高度比例，以及控制是否绘制文字边框等。在【文字样式】下拉列表中选择之前设置好的文字样式（如"尺寸标注"），如果之前没有设置好文字样式，也可以单击【文字样式】下拉列表框右侧按钮 ，在弹出的【文字样式】对话框中设置文字样式，使文字样式如图1-44所示，并将该样式置为当前；根据该平面图形的实际尺寸给定【文字高度】为5。

　　在【文字位置】选项区域中，可以设置文字的垂直、水平位置以及从尺寸线的偏移量。

　　在【文字对齐】选项区域中，可以设置标注文字是保持水平还是与尺寸线对齐。其中，【ISO标准】是当标注文字在尺寸界线内时，它的方向与尺寸线方向一致，而在尺寸界线之外时将水平放置。参考设置如图1-54所示。

　　【调整】选项卡：用于设置和管理标注文字或箭头的放置规则，设置标注特征比例等。其中：【将标注缩放到布局】的功能是根据当前模型空间视口与图纸空间之间的缩放关系设置比例；【使用全局比例】的功能是对全部尺寸标注设置缩放比例，该比例不改变尺寸的测量值；【手动放置文字】的功能是忽略标注文字的水平设置，在标注时可将标注文字放置在指定的位置；【在尺寸界线之间绘制尺寸线】的功能是：当尺寸箭头放置在尺寸界线之外时，也可在尺寸界线之内绘制出尺寸线。新标注样式用于【所有标注】，此选项卡中的内容基本上可以不变，具体设置如图1-55所示。

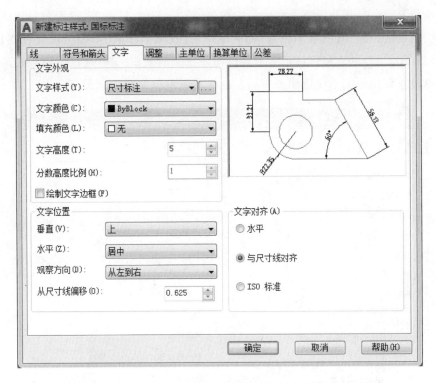

图 1-54 【新建标注样式:图标标注】对话框【文字】选项卡设置

图 1-55 【新建标注样式:图标标注】对话框【调整】选项卡设置

【主单位】选项卡：用于设置线性标注的单位、精度、前缀、后缀等，设置测量比例，角度标注的单位、精度等。其中【测量单位比例】区域中的【比例因子】文本框可以设置测量尺寸的缩放比例，AutoCAD 的实际标注值为测量值与该比例的乘积。选中【仅应用到布局标注】复选框，可以设置该比例关系仅适用于布局。具体参考设置如图 1-56 所示。

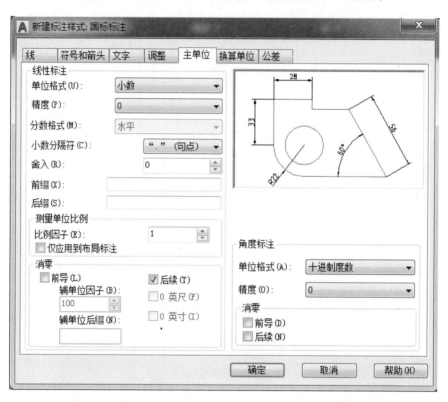

图 1-56 【新建标注样式：图标标注】对话框【主单位】选项卡设置

【换算单位】选项卡：用于设置换算单位的格式、精度、舍入、前缀、后缀和消零等。当【显示换算单位】前的复选框不被勾选时，该选项卡内的所有设置均不可修改。

【公差】选项卡：可以用来设置公差的格式。由于并不是所有尺寸都带有公差要求，因此，在【创建新标注样式】对话框中，当【用于】下拉列表选择【所有标注】时，在【公差格式】中，【方式】所对应的下拉列表可选择设置为【无】；在【垂直位置】对应的下拉列表中，可选择设置【中】为公差放置的位置。具体参考设置如图 1-57 所示。

（4）设置完成后，单击【新建标注样式：国标标注】对话框下方的【确定】按钮，退出该对话框，回到【标注样式管理器】对话框，此时，在【标注样式管理器】对话框的左边窗口中可以看到刚才新建的标注样式，在右边预览窗口显示的是更改了样式的预览效果。由于标注直径、半径时，文字和箭头的位置往往需要根据具体情况进行调整，同时，从预览效果可以看出，新建的【国标标注】样式角度标注样式不符合国标，因此必须对这几种标注样式在新建的【国标标注】的基础上进行样式修改。

选中【国标标注】，单击【新建】按钮，再次打开【创建新标注样式：图标标注】对话框，其

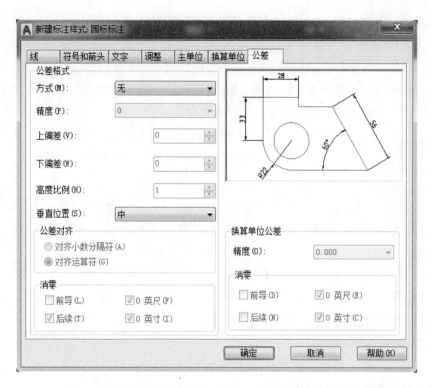

图 1-57 【新建标注样式:图标标注】对话框【公差】选项卡设置

中,【新样式名】和【基础样式】不变,单击【用于】下拉列表,打开如图 1-58 所示列表选项,选择【直径标注】,单击【继续】按钮,打开【新建标注样式:国标标注:直径】对话框,在【文字】选项卡的【文字对齐】区域中选择【ISO 标准】、在【调整】选项卡的【调整选项】区域中选中【文字】单选按钮、在【优化】区域中选中【手动放置文字】复选框。其余选项卡及设置保持不变。

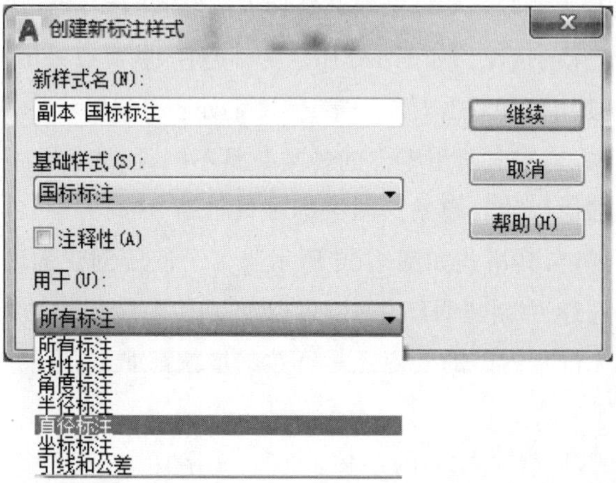

图 1-58 【创建新建标注样式】对话框

单击【确定】按钮,回到【标注样式管理器】对话框,在【样式】框中可以看到【直径】是【国标标注】的子样式。

再次选中【国标标注】,用同样的方法设置基于【国标标注】的【半径】子样式。

设置基于【国标标注】的【角度】子样式。在【新建标注样式:国标标注:角度】对话框中,修改【文字】选项卡中的【文字对齐】为【水平】;在【调整】选项卡的【调整选项】区域中选中【文字始终保持在尺寸界线之间】。单击【确定】按钮回到【标注样式管理器】对话框,在该对话框中可以看到所设置【国标标注】及其对应的子样式如图 1-59 所示。

(5)将所设置的【国标标注】选中,并单击【置为当前】按钮,关闭【标注样式管理】对话框,完成标注样式的创建与设置。

2.尺寸标注命令

尺寸标注命令可以通过【注释】命令组调用,也可以通过【标注】菜单调用。常用的尺寸标注命令有:

【线性】:标注水平与竖直方向直线距离的尺寸;

【对齐】:标注倾斜方向直线距离的尺寸;

图 1-59 【国标标注】及其对应的子样式

【直径】:标注圆的直径大小的尺寸;

【半径】:标注圆或者圆弧的半径大小的尺寸;

【角度】:标注角度大小的尺寸。

当需要修改所标注的尺寸数字时,只需要在数字上双击,即可进入数字编辑状态,修改完成后单击【关闭文字编辑器】按钮。

五、AutoCAD 表格创建

在一张完整的图样中,经常会遇到绘制表格,如标题栏、明细栏等。创建表格有两种基本方法,一种就是根据表格尺寸用直线等命令先画出表格,然后再填写表格。为了能够让所写的内容处在框格的中间位置上,通常需要在表格内绘制一些辅助线,用以确定文字的位置,当表格完成后再删除这些辅助线。这种方法绘制的表格通常适用于表格格式不变,仅书写的内容有少量变化的情况。如图 1-3 所示的标题栏,就可以采用这种方法绘制。当需要修改其中内容时,只需要用鼠标双击对应文字,使文字处于可编辑状态,修改即可。

由于不同的装配体,其构成所用零件的种类数量不同,因此,明细栏的行数就不同,需要根据实际情况进行明细栏行数的增减。国家标准(GB/T 10609.2—2009)对明细栏的内容、格式及尺寸做了统一规定,其格式如图 1-60 所示。为了使所创建的明细栏能够适应不同的装配图,在 AutoCAD2018 中创建明细栏时,可以利用其表格创建功能进行创建,这样创建的表格将来在使用中无论是内容的变更还是行数的增减都非常方便。

具体操作如下:

(1) 设置表格样式,以保证标准的字体、颜色、文字样式、高度等符合要创建的明细栏要求。

① 单击菜单【格式】|【表格样式】命令,或者单击【注释】命令组,在弹出的注释选项卡上单击【表格样式】按钮 ,打开如图 1-61 所示【表格样式】对话框。

② 单击【新建】按钮,弹出【创建新的表格样式】对话框,如图 1-62 所示,在【新样式名

微课:AutoCAD 表格创建

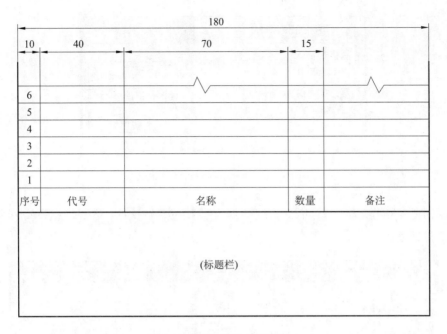

图 1-60　明细栏格式以及尺寸

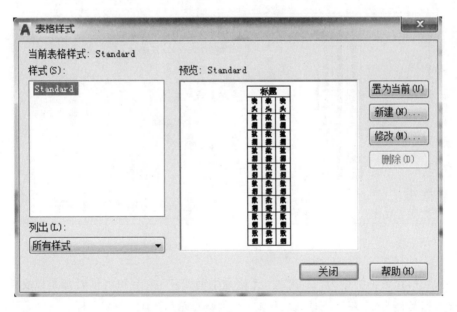

图 1-61　【表格样式】对话框

(N)】中输入新的样式名,如"表格样式1"。

　　③ 单击【继续】按钮;弹出【新建表格样式:表格样式1】对话框,如图1-63所示,其中,左边为表格预览窗口,右边上方有【单元样式】下拉列表,其中包括"标题""表头""数据"等选项,在【单元样式】下拉列表下方对应有【常规】、【文字】、【边框】三个选项。在【单元样式】为"数据"的情况下,设置【常规】选项如图1-64所示,其中,单击【格式】右边的□按钮,打开如

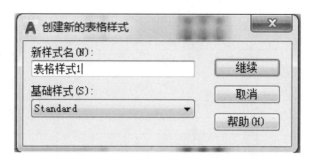

图 1-62 【创建新的表格样式】对话框

图 1-65 所示【表格单元格式】对话框,在【数据类型】中选择"文字"单击,然后单击【确定】按钮退出该对话框。

图 1-63 【新建表格样式:表格样式 1】对话框

需要注意,在数据类型为"文字"时,无论是书写汉字、数字和字母时都是以文字方式出现,如果数据类型为"常规",当输入"1:1"时,则会显示"1:01:00"字样。

设置【文字】选项如图 1-66 所示,【文字样式】可以是之前所设置好的,如"样式 1",也可以单击其后的 按钮,进入【文字样式】对话框进行设置,文字样式"样式 1"为"gbenor,gb-cbig"字体。

设置【边框】选项如图 1-67 所示,单击"所有边框"按钮 ,以保证表格的所有图线为随块的线宽、线型和颜色。

对于【单元样式】下拉列表中,"标题"和"表头"的设置同"数据"设置相同。这里不再赘述。

图 1-64 【新建表格样式：表格样式 1】中【常规】选项的设置

④ 单击【新建表格样式：表格样式 1】右下方的【确定】按钮，返回到【表格样式】对话框，将新建的表格样式置为当前，单击【关闭】按钮，完成表格样式的创建。

（2）创建明细栏表格。

① 在【默认】选项卡下选择【注释】命令组中的【表格】按钮 ▦ 单击，或者单击菜单【绘图】|【表格...】，打开如图 1-68 所示【插入表格】对话框。

② 在该对话框的左上方【表格样式】的下拉列表中，显示当前样式为之前设置好的并置为当前的"表格样式 1"。

需要注意的是，如果在之前未做表格样式设置，可以单击列表框右边的"启动表格样式"对话框按钮 ▤ ，即可打开如图 1-61 所示【表格样式】对话框，从中进行表格样式的设置。

图 1-65 【表格单元格式】对话框

【插入表格】对话框左下方为表格样式的预览窗口。【插入表格】对话框的右上方为插入方式的选择，包括【指定插入点】和【指定窗口】，如按照"指定插入点"方式插入表格时，需要设置表格的列数、列宽、数据行数和行高；如按照"指定窗口"方式插入表格时，只需要设置列

图 1-66 【新建表格样式:表格样式 1】中【文字】选项的设置

图 1-67 【新建表格样式:表格样式 1】中【边框】选项的设置

数和行高,列宽和数据行数为自动。如在创建明细栏时,可以选择"指定插入点"的方式,并设置【列数】为 5,【列宽】为 10,【数据行数】为 8(此数值大小合适即可),【行高】为 1。

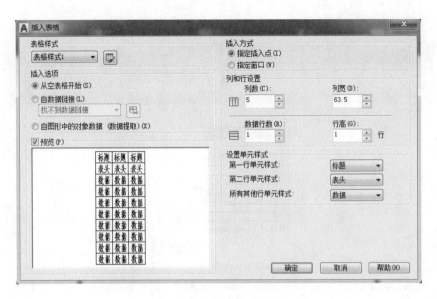

图 1-68 【插入表格】对话框

注意：

"行高"的单位为"行"，至于每行到底是多少毫米，与选择的表格样式有关。

【设置单元样式】中的【第一行单元样式】、【第二行单元样式】、【所有其他行单元样式】全部设置为"数据"，如图 1-69 所示。

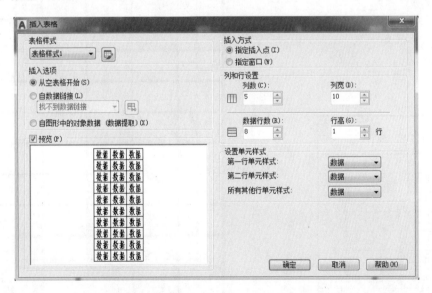

图 1-69 【插入表格】对话框的相关设置

③ 单击图 1-69 右下方的【确定】按钮，退出【插入表格】对话框。根据命令行提示，在绘图窗口合适位置单击一点，确定表格左上角位置，弹出【文字编辑器】工具，同时，所设置的表

格在绘图窗口为可编辑状态,如图 1-70 所示,可在表格中输入文字。

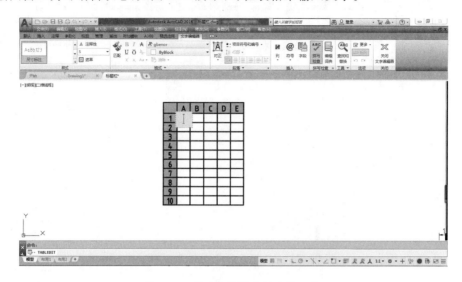

图 1-70　输入和编辑表格中的文字

④ 由于还需对表格做进一步的调整,因此,单击【文字编辑器】工具中的【关闭文字编辑器】按钮,退出表格文字的输入与编辑状态,使表格为一个空表格,如图 1-71 所示。

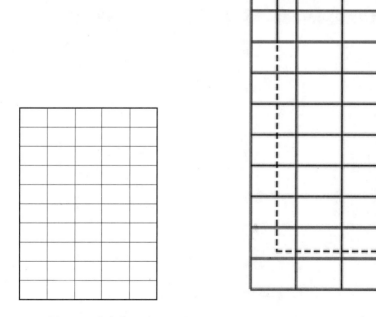

图 1-71　空表格　　　　　　　　　　图 1-72　选取表格

⑤ 按照明细栏尺寸,修改各行、各列的宽度和高度。

（a）选择需要修改行高和列宽的单元格。通过在表格中单击鼠标左键并按住拖动到所需编辑的格子，如图 1-72 所示，呈现一个矩形的虚线框，再松开鼠标左键，这时，之前被矩形虚线框覆盖的表格被选中，如图 1-73 所示。

（b）修改所选单元格的行高、列宽。单击【工具】|【选项板】|【特性】或者在绘图窗口单击鼠标右键，在弹出的快捷菜单中选择【特性】单击，打开如图 1-74 所示【特性】对话框，在该对话框中找到【单元高度】，并设置为被选中的单元格高度值为 7，然后在窗口空白处单击鼠标左键，此时，被选中的单元格高度均改变为 7 mm。

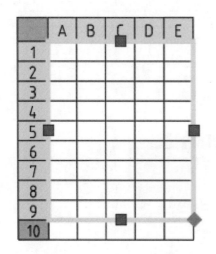

图 1-73　选中的表格呈编辑状态

图 1-74　【特性】对话框

用同样的方法选中其他要修改尺寸的单元格，利用【特性】对话框按照明细栏尺寸修改【单元宽度】和【单元高度】，直至使明细栏的尺寸满足所需要求，关闭【特性】对话框，按 Esc 键退出表格编辑状态，结果如图 1-75 所示。

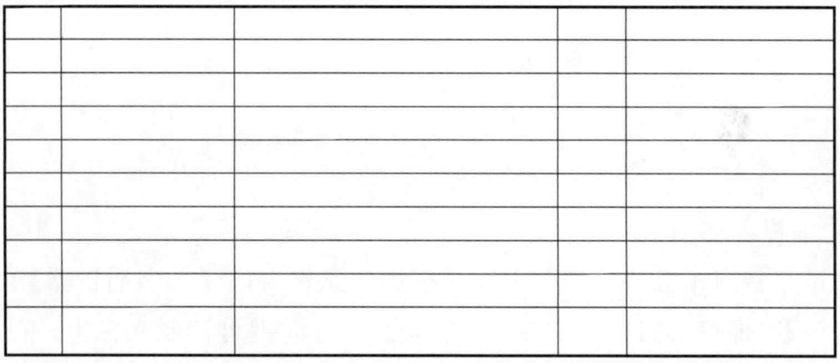

图 1-75　单元格的编辑

⑥ 调整明细栏外框为粗实线。

将表格的所有单元格选中，如图 1-76 所示，单击【表格单元】工具栏中【单元样式】命令组中的【编辑边框】按钮，弹出如图 1-77 所示【单元边框特性】对话框，在【线宽】下拉列表中选择 0.5 mm，单击"边框类型"按钮中的【外边框】按钮▣，单击【确定】按钮后退出【单元边框特性】对话框，按键盘上的 Esc 键即可完成表格外框线宽度的修改。结果如图 1-78 所示。

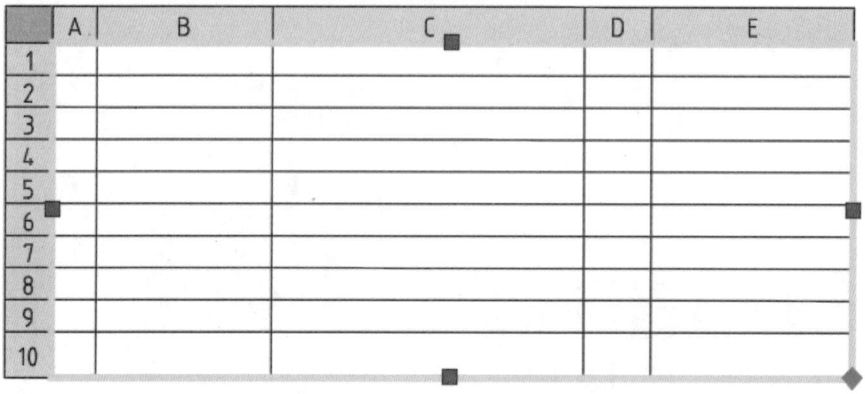

图 1-76 调整表格线条宽度

图 1-77 【单元边框特性】对话框

⑦ 填写明细栏。如图 1-79 所示。

操作方法是直接双击表格中需要书写文字的单元格，打开【文字编辑器】工具栏，同时该单元格中光标闪动，即可书写对应文字，按键盘上的方向键可控制光标上、下、左、右移动位置。由于在"表格样式 1"中已经设置文字的位置为"正中"，所以输入到单元格中的文字都在格子的正中间位置上，不需再进行文字位置的修改。

图 1-78　修改明细栏外框为粗实线

9				
8				
7				
6				
5				
4				
3				
2				
1				
序号	代号	名称	数量	备注

图 1-79　完成明细栏填写

⑧ 明细栏是放置在标题栏的上方的。利用【移动】命令将明细栏移到标题栏上方,结果如图 1-80 所示。

9								
8								
7								
6								
5								
4								
3								
2								
1								
序号	代号				名称	数量	备注	
					(材料标记)		(单位名称)	
标记	处数	分区	更张文件号	签名	年月日		(图样名称)	
设计	(签名)	(年月日)	标准化	(签名)	(年月日)	阶段标记　重量　比例		
审核							(图样代号)	
工艺			工艺			共张第页	(投影符号)	

图 1-80　国标用标题栏和明细栏

六、创建样板文件

对于工程技术人员来说,主要的时间和精力应该放在产品的设计和图形的绘制上。为了避免不必要的重复劳动,节约时间,在利用 AutoCAD 进行绘图时,可以把前面所讲到的单位设置、图层设置、文字样式的设置、标注样式的设置、表格样式等设置好,并创建好标题栏、明细栏后,对文件进行保存,不仅可以保存为".dwg"格式,也可以保存为".dwt"格式(.dwt 格式为图形样板格式,保存在"template"文件夹中)。当我们需要开始绘制一张新图时,只需要打开这个图形样板文件,即可开始绘图。

对于样板文件的内容可以随时进行添加或修改。

【任务实施】

任务实施方法和步骤如表 1-12 所示。

微课:
利用AutoCAD
绘制平面图形

表 1-12　AutoCAD 绘制吊钩平面图形的方法和步骤

方 法 步 骤	图　示
尺寸分析	
(1)定形尺寸:右图中 $\phi30$、$\phi54$、$R105$、$R70$、$R68$、$R40$、$R20$、$R54$、$R12$ 均为定形尺寸	$\phi30$　$\phi54$　$R68$　$R70$　$R40$　$R20$　$R12$　$R105$　$R54$
(2)定位尺寸:右图中尺寸 14 定出了 $R20$ 和 $R54$ 圆心的左右位置,尺寸 7 定出了 $R70$ 圆弧圆心的上下位置,14 和 7 均为定位尺寸	7　$R70$　$R20$　14　$R54$

续表

方法步骤	图　示
尺寸分析	（3）尺寸基准：$\phi30$、$\phi54$ 的圆心定位线即为该图的尺寸基准线
线段分析	（1）已知圆弧和圆：如右图中的 $\phi30$、$\phi54$、$R105$
	（2）中间圆弧：圆心定位只有一个定位尺寸，要将圆心位置完全确定出来，必须依靠该圆弧与其他线段相连接的关系。如右图中的 $R70$、$R20$ 注：$R54$ 这段圆弧在 $R20$ 圆弧的圆心定出后即可画出

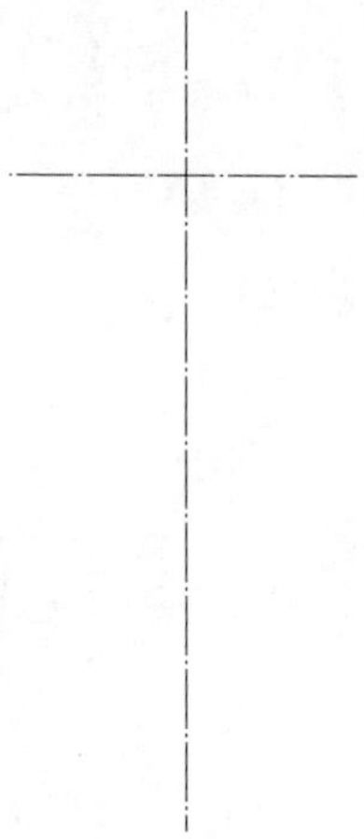

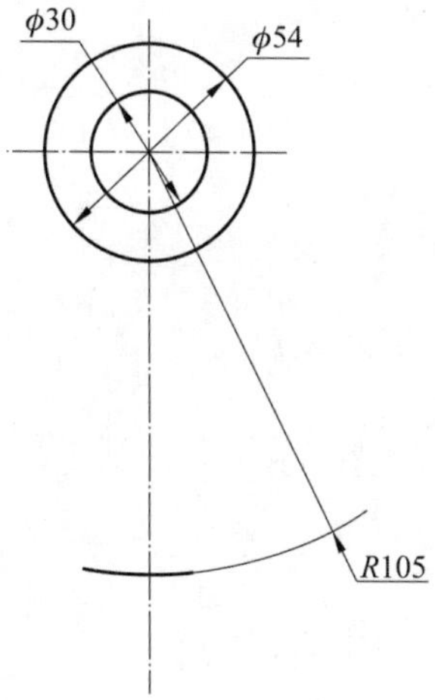

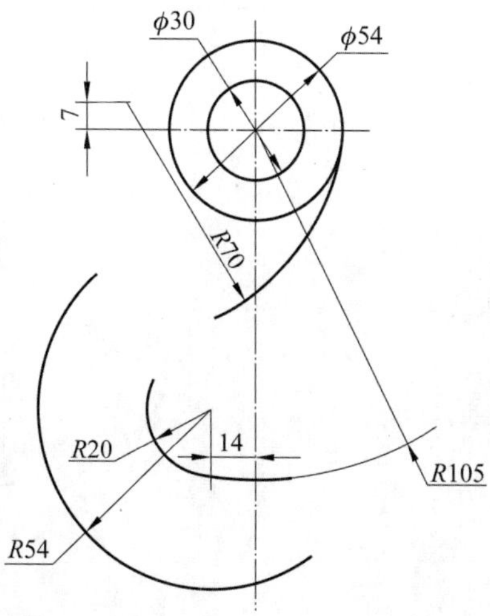

续表

方法步骤		图示
线段分析	（3）连接圆弧：如右图中的 $R68$、$R40$、$R12$	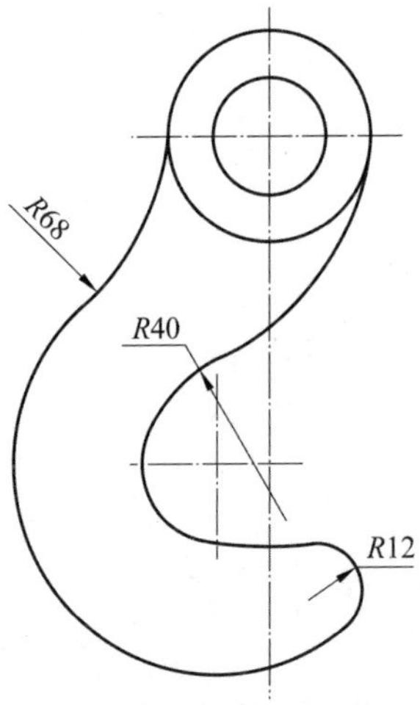
用计算机绘制图形	（1）画出图形的基准线以及定位线	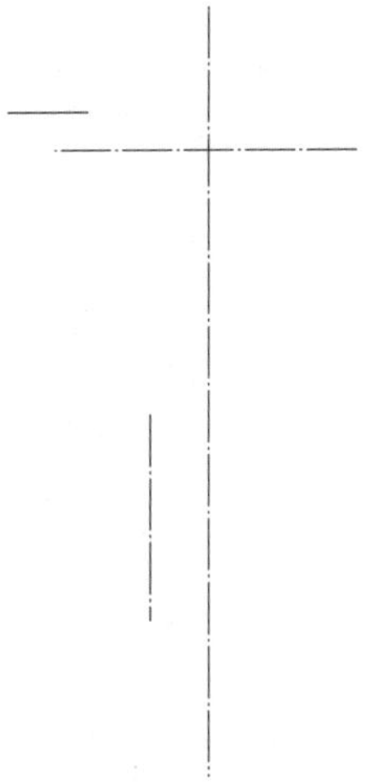
	（2）画已知圆弧 $\phi30$、$\phi54$、$R105$	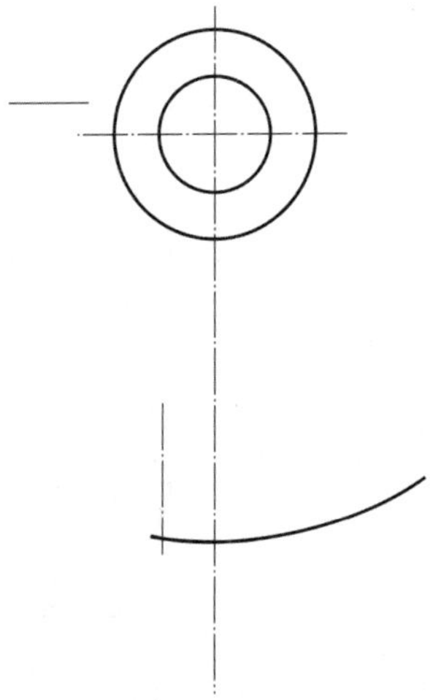

方法步骤	图　示
（3）利用圆弧连接的作图原理画中间圆弧 $R70$。该圆弧与 $\phi54$ 的圆相内切，因此以 $\phi54$ 的圆心为圆心，以两圆半径之差（$70-27=43$）为半径画弧，由此定出 $R70$ 圆弧的圆心	
（4）画中间圆弧 $R20$。该圆弧与 $R105$ 的圆相内切，因此以 $R105$ 的圆心为圆心，以两圆半径之差（$105-20=85$）为半径画弧，由此定出 $R20$ 圆弧的圆心	
（5）画 $R54$ 的圆弧	

用计算机绘制图形

方法步骤	图　示
用计算机绘制图形	

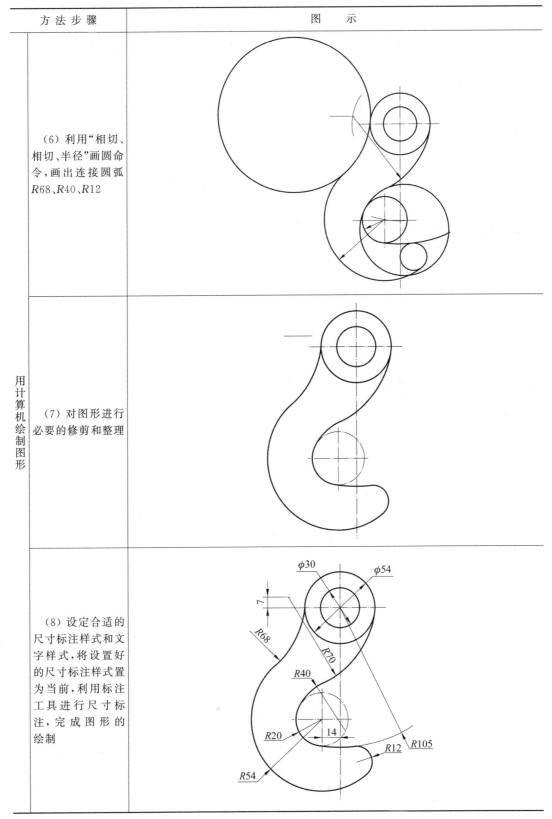

（6）利用"相切、相切、半径"画圆命令，画出连接圆弧$R68$、$R40$、$R12$

（7）对图形进行必要的修剪和整理

（8）设定合适的尺寸标注样式和文字样式，将设置好的尺寸标注样式置为当前，利用标注工具进行尺寸标注，完成图形的绘制

方 法 步 骤	图　示
用计算机绘制图形	（9）画图框，将标题栏插入到图框右下角，完成图形如右图所示	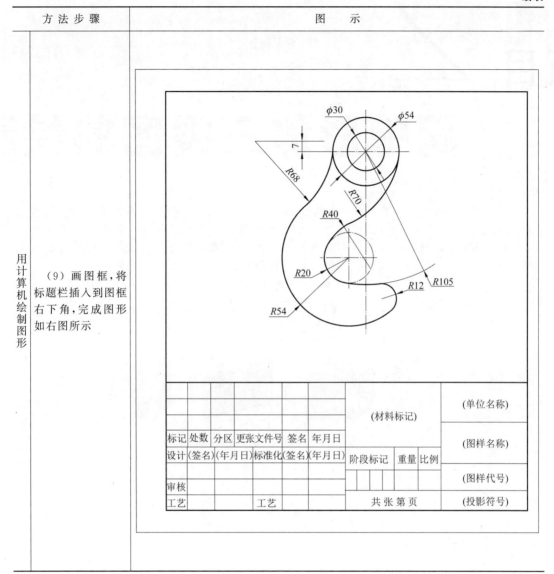

项目 2

简单形体三视图的绘制

如图 2-1 所示,有三个不同形状的物体,它们在投影面上的投影完全相同,这说明,仅从物体的单面投影而不加以说明,往往不能准确表达物体的形状。一般将形体向三个方向投影,就能完整清晰地表达出形体的形状和结构。本项目的主要任务是学习正投影法的基本知识和三视图的形成及投影规律,能够绘制简单形体的三视图。

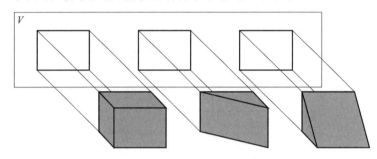

图 2-1 一个视图不能确定物体形状

项目要求

(1) 掌握投影法基本知识;
(2) 掌握三视图的形成及投影规律;
(3) 能够绘制简单形体的三视图。

项目思政

天下大事必作于细,天下难事必作于易

"主视图、俯视图、左视图"三个视图,遵循"长对正、高平齐、宽相等"的原则,三个视图各有表达的重点,三个视图相互关联,是一个有机联系的整体,共同表达物体的形状。

世界也是一个有机的整体,世界上一切事物都处于相互影响、相互作用、相互制约之中。"天下大事必作于细,天下难事必作于易。"作为学生不仅要努力学习专业知识,而且要学会如何做人做事,树立和培养自己的工匠精神。灼灼璞玉,雕琢若不乐此不疲,精益求精,则终难称其为美玉;唯有匠心独运,静心沉淀,才能成其"和氏之璧",绽放其芳华。只有在增强综合素质上下功夫,脚踏实地,从最基本的简单的小事做起,发扬敬业、精益、专注、创新的工匠精神,才能去实现人生价值,拓展幸福空间,打造完美人生。

任务 1 绘制简单形体三视图

【任务单】

任务名称	绘制简单形体三视图	
任务描述	如图 2-2 所示,根据直角弯板模型或者轴测图,绘制其三视图  图 2-2 直角弯板	
任务分析	要绘制物体三视图,首先要熟悉正投影法及其基本性质,要掌握正投影作图的原理和方法。绘制三视图是训练如何将三维实体转换为二维视图的基础练习	
任务提交	每位同学独立完成给定模型的三视图	

【知识储备】

2.1.1 投影法概述

一、投影法分类

1. 中心投影法

投射线汇交于一点的投影法称为中心投影法,如图 2-3 所示。用这种方法所得的投影称为中心投影,也称为透视图。

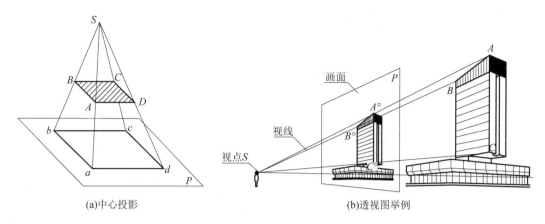

(a)中心投影   (b)透视图举例

图 2-3　中心投影法

2. 平行投影法

投射线相互平行的投影法称为平行投影法。按投射线是否与投影面垂直,平行投影法又分为斜投影法和正投影法。

1) 斜投影法

斜投影法即投射线与投影面倾斜的平行投影法。用斜投影法所得到的投影称为斜投影,如图 2-4(a)所示。

2) 正投影法

正投影法即投射线与投影面垂直的平行投影法。用正投影法所得到的投影称为正投影,如图 2-4(b)所示。

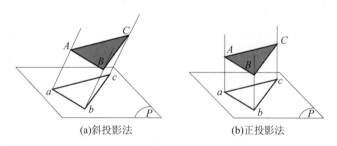

(a)斜投影法   (b)正投影法

图 2-4　平行投影法

由于正投影法所得到的正投影图(简称正投影)能准确反映物体的形状、大小,且度量性好,作图简便,因此,绘制机械图样主要采用正投影法。

二、正投影的基本性质

1. 显实性

当直线或平面与投影面平行时,直线的投影反映实长,平面的投影反映实形,这种投影特性称为显实性,如图 2-5(a)所示。

2. 积聚性

当直线或平面与投影面垂直时,直线的投影积聚成点,平面的投影积聚成一直线,这种投影特性称为积聚性,如图 2-5(b)所示。

3. 类似性

当直线或平面与投影面相倾斜时,直线的投影仍然为直线,但小于实长,平面的投影面积小于实际平面图形,但投影的形状仍与原平面图形相类似(即相应线段间保持边数、平行关系、凹凸关系不变),这种投影特性称为类似性,如图 2-5(c)所示。

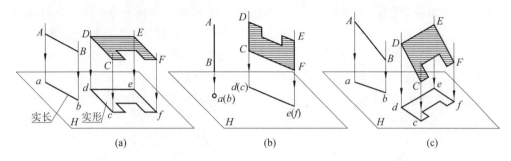

图 2-5 正投影法基本特性

2.1.2 三视图的形成及投影规律

一、三投影面体系

如图 2-6(a)所示,投影面体系由三个互相垂直的投影面组成:正立投影面 V(简称正面)、水平投影面 H(简称水平面)、侧立投影面 W(简称侧面)。在三投影面体系中,两投影面的交线称为投影轴,V 面与 H 面的交线为 OX 轴,H 面与 W 面的交线为 OY 轴,V 面与 W 面的交线为 OZ 轴。三条投影轴的交点为原点,记为 O。图 2-6(b)所示为投影面体系其中的一个角,称为第一角,这也是我们作物体投影的时候常用的一个角。

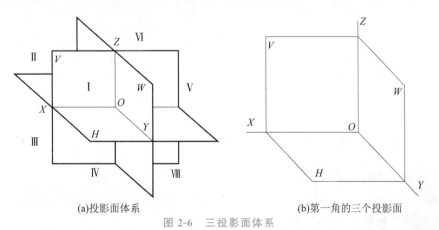

(a)投影面体系   (b)第一角的三个投影面

图 2-6 三投影面体系

二、三视图的形成

视频:三视图的
形成原理

如图 2-7(a)所示,将物体放在三投影面体系中,按正投影法向各投影面投射,即可分别得到物体的正面投影、水平面投影和侧面投影。这三个面的投影规定的名称是：

主视图——由前向后投射，在正面上所得到的视图；

俯视图——由上向下投射，在水平面上所得到的视图；

左视图——由左向右投射，在侧面上所得到的视图。

为了画图和看图方便，需要将互相垂直的三个投影面展开在同一个平面上。规定：V 面保持不动，H 面绕 OX 轴旋转 $90°$，W 面绕 OZ 轴旋转 $90°$，使 H 面、W 面和 V 面在同一个平面上（这个平面就是图纸），如图 2-7（b）所示。在旋转过程中，OY 轴被分为两处，分别用 OY_H（在 H 面上）和 OY_W（在 W 面上）表示，如图 2-7（c）所示。由于投影面的大小范围与视图大小无关，画图时不必画出投影面和投影轴，这样，三视图更为清晰，如图 2-7（d）所示。

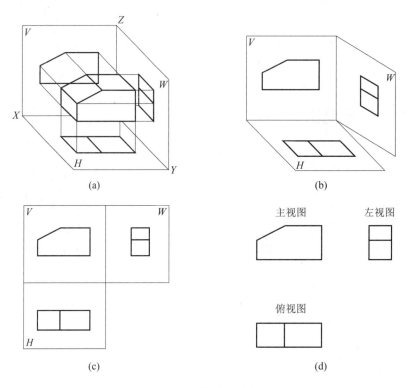

图 2-7　三视图的形成

三、三视图之间的对应关系

1. 三视图之间的位置对应关系

以主视图为准，俯视图在它的正下方，左视图在它的正右方。如图 2-7(d)所示。

2. 三视图之间的投影对应关系

物体有长、宽、高三个方向的尺寸，物体左右间的距离为长度，前后间的距离为宽度，上下间的距离为高度。从三视图的形成过程可以看出（见图 2-8）：

主视图反映物体的长度（X）和高度（Z）；

俯视图反映物体的长度（X）和宽度（Y）；

左视图反映物体的宽度（Y）和高度（Z）。

由此可归纳得出：

主、俯视图长对正（等长）；

主、左视图高平齐（等高）；

俯、左视图宽相等（等宽）。

无论是整个物体还是物体的局部，其三面投影都应符合这种"三等"关系，"三等"关系是三视图的重要特性，也是画图和看图的主要依据。

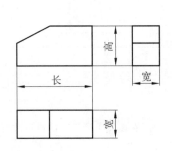

图 2-8　三视图之间的投影关系

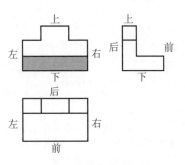

图 2-9　三视图之间的方位关系

3. 三视图与物体方位的对应关系

以绘图（或看图）者面对正面来观察物体为准，看物体的上、下、左、右、前、后六个方位，从图 2-9 可以看出：

主视图——反映物体上、下和左、右；

俯视图——反映物体左、右和前、后；

左视图——反映物体上、下和前、后。

注意：

在俯、左视图中，靠近主视图的边，表示物体的后面，远离主视图的边，则表示物体的前面。

【任务实施】

分析：直角弯板是在 L 形特征拉伸建模形成的主体结构上，通过切角和挖槽而形成的。画三视图时，应先画反映形状特征的视图，再按投影关系画出其他视图。作图步骤如表 2-1 所示。

表 2-1　简单形体三视图画图步骤

1. 确定主视方向，画出各视图的基准，按照基准画直角弯板轮廓的三视图	2. 画方槽的三面投影

3.画右部切角的三面投影	4.完成三视图
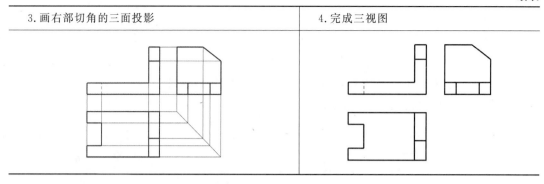	

注意:

在利用 AutoCAD 绘制物体三视图时,主、俯视图长对正和主、左视图高平齐可以利用对象捕捉和对象追踪来实现,对于俯、左视图宽相等可以利用作辅助线来实现。

项目 3

切割体三视图和轴测图的绘制

立体按照其表面是否有曲面可以分为平面立体和曲面立体两类。最基本的平面立体有棱柱、棱锥等;最基本的曲面立体有圆柱、圆锥、圆球等。零件的结构虽然多种多样,但都可以分解成由若干个基本几何体所构成。切割体是在基本几何体的基础上通过平面切割后而形成。要绘制切割体的三视图,应在掌握基本几何体三视图画法的基础上,综合运用点、线、面的投影规律以及在立体表面取点的方法,正确画出这些缺口或凹槽的投影,最终获得切割体三视图。本项目的主要任务是在学习点、直线、平面、几何体的投影以及表面上点的投影的基础上,学习切割体三视图的绘制。轴测图作为一种辅助图样,可以帮助我们想象立体结构,在本项目中一并学习。

项目要求

(1) 掌握点、直线、平面、立体的投影;
(2) 掌握立体表面上点的投影;
(3) 能够熟练绘制各种基本体的三视图;
(4) 熟悉切割体三视图的画法步骤;
(5) 理解轴测图的相关知识,能够徒手绘制立体轴测图;
(6) 能够利用 AutoCAD 绘制切割体的三视图和轴测图。

项目思政

求知若饥,虚心若愚

苹果公司创始人、IT 业最有影响力的人物之一 Steve Jobs,2005 年,在 Stanford 毕业典礼上演讲时,送给年轻人的一句话:"Stay Hungry,Stay Foolish"。这句话意思是指"求知若饥,虚心若愚"。我们要保持求知的欲望,不停地寻找成功之道,不要安于现状而停滞不前。要保持谦逊的态度,对知识要有敬畏之心。

习近平总书记曾经提到过现代人才学中的一个理论,叫"蓄电池理论",意思就是说,现代的人才当中,一辈子只充一次电的时代已经过去了,我们必须要做一块高效能的蓄电池,不间断地、持续地充电,才能够不间断地、持续地释放能量。

人生需要不断学习,才能不断提升自我价值。要不断给自己充电、补充能量,"hungry"和"foolish"是我们成长、进步的动力。

任务1 绘制切割体三视图

【任务单】

任务名称	绘制切割体三视图
任务描述	选择合适比例绘制图 3-1 所示各切割体的三视图 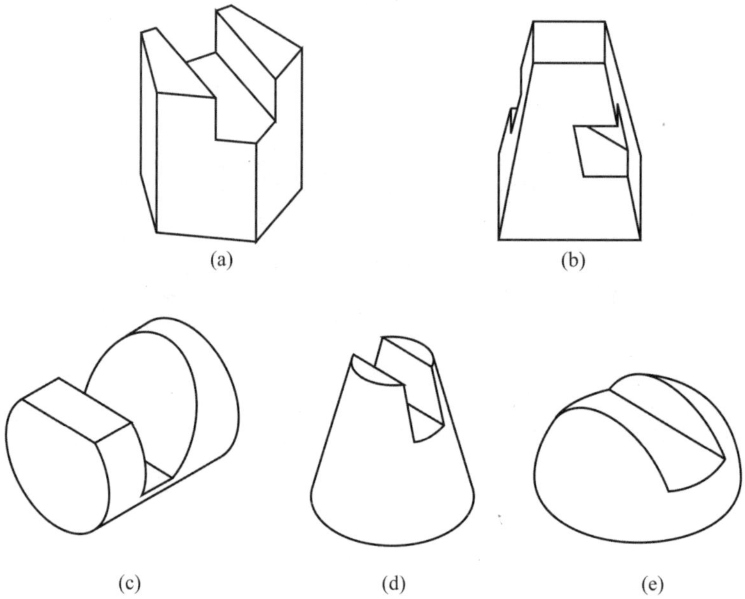 图 3-1　切割体
任务分析	要绘制切割体的三视图,首先应明确该切割体是在什么基本体上切割出来的,是用什么平面切割所得到的,切割产生的表面交线是什么形状。在画图时首先要能够正确绘制基本体的三视图,再绘制切口的投影,最后进行检查和整理
任务提交	每位同学提交用 AutoCAD 或者图纸绘制的切割体三视图

【知识储备】

3.1.1　点、直线、平面的投影

　　项目 2 中已研究了物体与视图之间的对应关系,但为了迅速而准确地表达空间形体,就必须进一步研究构成形体的最基本的几何元素(点、线、面)的投影规律。

一、点的投影

1. 点的投影规律

视频：点的投影规律

过空间点 A 分别作垂直于 H 面、V 面和 W 面的投射线，其垂足 a、a'、a''，即为点 A 在 H 面、V 面和 W 面上的投影。本书规定，空间点用大写字母如 A、B 表示，水平投影用相应的小写字母表示，正面投影用相应小写字母加一撇表示，侧面投影用相应小写字母加两撇表示。a 称为点 A 的水平投影；a' 称为点 A 的正面投影；a'' 称为点 A 的侧面投影。

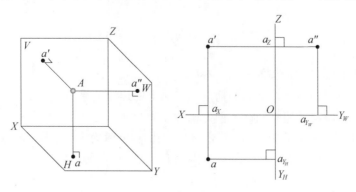

图 3-2　点的三面投影

将三个投影面展平到一个平面上，V 面保持不动，H 面向下旋转 90 度，W 面向后旋转 90 度，得三个投影处于同一平面内，Y 轴随 H 面旋转时以 Y_H 表示，Y 轴随 W 面旋转时以 Y_W 表示，如图 3-2 所示。点的投影具有以下投影规律：

（1）点的两面投影的连线必垂直于投影轴，即

$$a'a \perp OX$$
$$a'a'' \perp OZ$$
$$aa_{Y_H} \perp OY_H \text{、} a''a_{Y_W} \perp OY_W$$

（2）点的投影到投影轴的距离，等于空间点到对应投影面的距离，即：

$$a'a_X = a''a_{Y_W} = \text{点 } A \text{ 到 } H \text{ 面的距离 } Aa$$
$$aa_X = a''a_Z = \text{点 } A \text{ 到 } V \text{ 面的距离 } Aa'$$
$$aa_{Y_H} = a'a_Z = \text{点 } A \text{ 到 } W \text{ 面的距离 } Aa''$$

实际上，上述点的投影规律也体现了三视图的"长对正、高平齐、宽相等"。

2. 点的三面投影与直角坐标系的关系

空间点 A 在三投影面体系中有唯一确定的三个坐标值 (x, y, z)，该坐标值分别反映了点到 W、V、H 面之间的距离，如图 3-3 所示。该空间点的三面投影与点的三个坐标值有以下的对应关系：

点到 W 面的距离 $a''A = a_Za' = a_Ya = Oa_X = x$ 坐标；

点到 V 面的距离 $a'A = a_Xa = a_Za'' = Oa_Y = y$ 坐标；

点到 H 面的距离 $aA = a_Xa' = a_Ya'' = Oa_Z = z$ 坐标。

根据点的投影规律，可由点的坐标画出三面投影，也可根据点的两个投影作出第三投影。

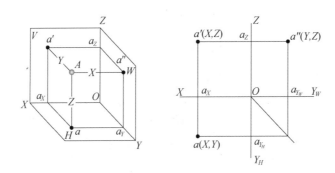

图 3-3　点的投影与直角坐标系的关系

3.两点的相对位置

两点的相对位置指两点在空间的前后、左右、上下位置关系。

两点间的相对位置可用它们同方向的坐标差来判断：

左右相对位置由 x 坐标确定、前后相对位置由 y 坐标确定、上下相对位置由 z 坐标确定。如图 3-4 所示空间两点 A、B，其中 A 点在 B 点之左、之前、之下。

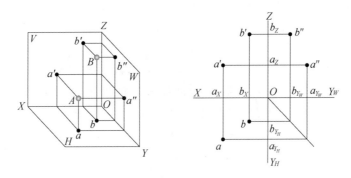

图 3-4　两点的相对位置

4.重影点

空间两点在某一投影面上的投影重合为一点时，则称此两点为对该投影面的重影点。如图 3-5 所示，点 A 和点 B 的 X 坐标值相同，点 A 的 Z 坐标值小于点 B 的 Z 坐标值，则 A、B 两点的 H 面投影 a 和 b 重合在一起。H 面投影重合的空间两点称为 H 面的重影点。重影点在标注时，不可见的投影加括号表示，如 (a)。

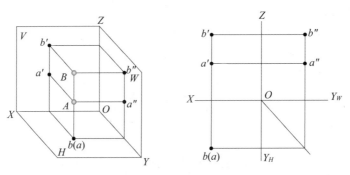

图 3-5　重影点的投影

二、直线的投影

直线的投影一般情况下仍为直线,特殊情况下可以投影成一个点。直线的投影可由直线上任意两点(通常取直线的两端点)的同面投影连线来确定。根据直线对投影面的相对位置,分为以下三种情况:一般位置直线、投影面平行线、投影面垂直线,如图 3-6 所示。

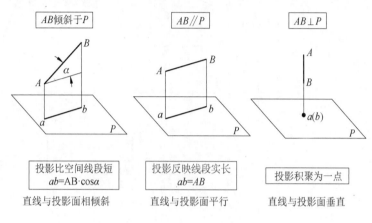

图 3-6　直线与平面的三种位置关系

1.一般位置直线

与三个投影面都倾斜的直线称为一般位置直线,与三个投影面 H、V、W 面的夹角分别为 α、β、γ,如图 3-7 所示的直线 AB。一般位置直线具有以下特征:

(1) 三个投影均不反映实长;

(2) 三个投影均对投影轴倾斜。

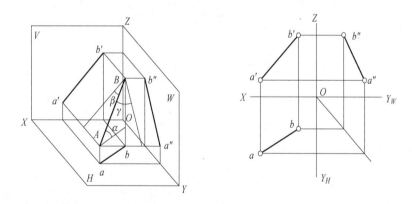

图 3-7　一般位置直线的投影

2.投影面平行线

平行于某一投影面且与其余两个投影面相倾斜的直线称为投影面平行线。投影面平行线的投影特性如表 3-1 所示。

表 3-1   投影面平行线的投影特性

名称	水平线	正平线	侧平线
立体图			
投影图			
投影特性	(1) 水平投影反映实长,与 X 轴的夹角为 β,与 Y 轴的夹角为 γ (2) 正面投影平行于 X 轴 (3) 侧面投影平行于 Y 轴	(1) 正面投影反映实长,与 X 轴的夹角为 α,与 Z 轴的夹角为 γ (2) 水平投影平行于 X 轴 (3) 侧面投影平行于 Z 轴	(1) 侧面投影反映实长,与 Y 轴的夹角为 α,与 Z 轴的夹角为 β (2) 正面投影平行于 Z 轴 (3) 水平投影平行于 Y 轴
辨别方式	当直线的投影有两个平行于投影轴,第三投影与投影轴倾斜时,该直线一定是投影面平行线(即一斜两平行),且一定平行于其投影为倾斜线的那个投影面		

3. 投影面垂直线

垂直于某一投影面从而与其余两个投影面平行的直线称为投影面垂直线。投影面垂直线的投影特性如表 3-2 所示。

表 3-2   投影面垂直线的投影特性

名称	铅垂线	正垂线	侧垂线
立体图			

名称	铅垂线	正垂线	侧垂线
投影图			
投影特性	(1) 水平投影积聚为一点 (2) 正面投影和侧面投影都平行于 Z 轴并反映实长	(1) 正面投影积聚为一点 (2) 水平投影和侧面投影都平行于 Y 轴并反映实长	(1) 侧面投影积聚为一点 (2) 正面投影和水平投影都平行于 X 轴并反映实长
辨别方式	直线的投影中只要有一个投影积聚为一点,则该直线一定是投影面垂直线,且一定垂直于其投影积聚为一点的那个投影面		

三、平面的投影

平面的投影一般仍为平面(当平面垂直于投影面时,在该投影面上的投影积聚成一直线)。不在同一直线上的三点可以确定一个平面,所以作平面的投影时,只要作出平面上各点的投影,然后连接其同面投影即可。

在三投影面体系中,平面对投影面的相对位置有三种。

一般位置平面:与三个投影面都倾斜的平面;

投影面平行面:平行于一个投影面、垂直于另外两个投影面的平面;

投影面垂直面:垂直于一个投影面、倾斜于另外两个投影面的平面。

1. 一般位置平面

一般位置平面是指与三个投影面都倾斜的平面,三个投影都不反映平面的实形,都是面积缩小的类似形,如图 3-8 所示。

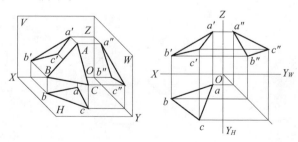

图 3-8　一般位置平面的投影

2. 投影面平行面

投影面平行面是指平行于一个投影面，与另外两个投影面都垂直的平面。投影面平行面的投影特性如表 3-3 所示。

表 3-3　投影面平行面的投影特性

名称	水平面	正平面	侧平面
立体图			
投影图			
投影特性	（1）水平投影反映实形 （2）正面投影和侧面投影积聚成两条水平线段	（1）正面投影反映实形 （2）水平投影和侧面投影分别积聚成水平线段和铅垂线段	（1）侧面投影反映实形 （2）正面投影和水平投影积聚成两条铅垂线段
辨别方式	当平面的投影有两个投影积聚成水平线段或铅垂线段，该平面一定是投影面平行面（即两线一面），且一定平行于其投影为实形的那个投影面		

3. 投影面垂直面

垂直于一个投影面，与另外两个投影面都倾斜的平面。投影面垂直面的投影特性如表 3-4 所示。

表 3-4　投影面垂直面的投影特性

名称	铅垂面	正垂面	侧垂面
立体图			

续表

名称	铅垂面	正垂面	侧垂面
投影图			
投影特性	(1) 水平投影积聚成一线,该线与 V、W 面的夹角分别为 β、γ (2) 正面投影和侧面投影为类似形	(1) 正面投影积聚成一线,该线与 H、W 面的夹角分别为 α、γ (2) 水平投影和侧面投影为类似形	(1) 侧面投影积聚成一线,该线与 V、H 平面的夹角分别为 β、α (2) 正面投影和水平投影为类似形
辨别方式	当平面的投影有两个是类似平面,第三投影为与另外两投影轴有倾角的线段时,该平面一定是投影面垂直面(即两面一线),且一定垂直于其投影为倾斜线的那个投影面		

3.1.2 立体及其表面上点的投影

一、平面立体的投影

1. 棱柱的投影

常见的棱柱有三棱柱、四棱柱、五棱柱和六棱柱等。本任务以六棱柱为例,分析其投影特征和作图方法。

(1) 投影分析。

图 3-9 所示的正六棱柱的顶面和底面是互相平行的正六边形,六个棱面均为矩形,且与顶面和底面垂直。为作图方便,选择正六棱柱的顶面和底面平行于水平面,并使前、后两个棱面与正面平行,如图 3-9 所示。

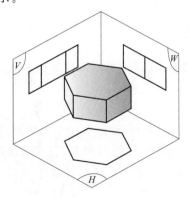

图 3-9 正六棱柱的投影

正六棱柱的投影特征是：

俯视图为正六边形，是顶面和底面的重合投影，反映实形；六条边是六个棱面的积聚投影。

主视图为三个矩形线框，中间的矩形是前、后棱面的重合投影，反映实形；左、右两个矩形是其余四个棱面的重合投影，为缩小的类似形；顶面和底面为水平面，其正面投影积聚为上、下两条水平线。

左视图为两个相同的矩形线框，是左、右四个棱面的重合投影，均为缩小的类似形，底面和顶面仍为两条水平线。

（2）正六棱柱投影作图步骤如图 3-10 所示。

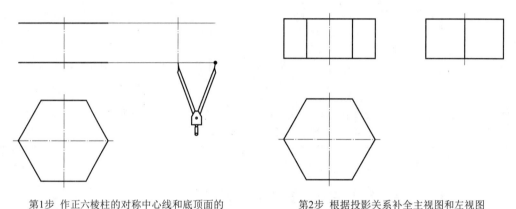

第1步 作正六棱柱的对称中心线和底顶面的   第2步 根据投影关系补全主视图和左视图
三视图投影

图 3-10 正六棱柱投影作图步骤

（3）棱柱表面上点的投影，如图 3-11 所示。

图 3-11(a) 分析：点 M 所在的平面为铅垂面，其水平投影积聚成直线，可直接作出 m，再根据点的投影关系作出 m''。

图 3-11(b) 分析：由于顶面的正面投影积聚成水平线，可直接作出 n'，再根据点的投影关系作出 n''。

注意：
点 M、点 N 分别所处位置的前、后关系。

2. 棱锥的投影

常见的棱锥有三棱锥、四棱锥、五棱锥等。本任务以四棱锥为例，分析其投影特征和作图方法。

（1）投影分析。

图 3-12 所示四棱锥，前后、左右对称，底面平行于水平面，在水平投影面上的投影显实；左右侧面垂直于正立投影面，它们的主视投影积聚成直线；前后侧面垂直于侧立投影面，它们的左视投影也积聚成直线。与锥顶相交的四条棱线不平行于任一投影面，它们在三个投影面上的投影都不反映实长。

（2）四棱锥投影作图步骤如图 3-13 所示。

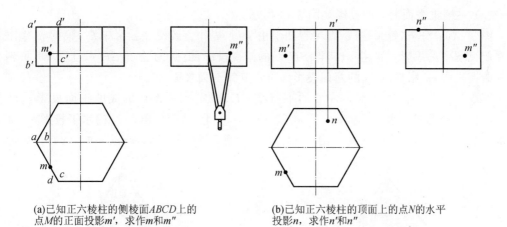

(a)已知正六棱柱的侧棱面ABCD上的
点M的正面投影m'，求作m和m″

(b)已知正六棱柱的顶面上的点N的水平
投影n，求作n'和n″

图 3-11 棱柱表面上点的投影

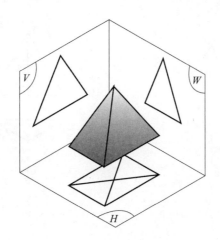

图 3-12 四棱锥的投影

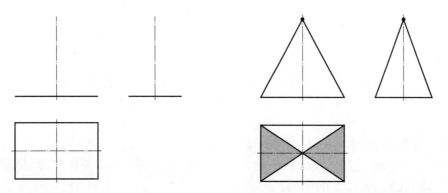

第1步 作四棱锥的对称中心线、轴线和底面，先画
出底面俯视图-矩形

第2步 根据四棱锥的高度在轴线上定出锥顶S的三面
投影位置，然后在主、俯视图上分别用直线连接锥顶
与底面四个顶点的投影，即得四条棱线的投影。再由
主、俯视图画出左视图

图 3-13 四棱锥投影作图步骤

(3) 三棱锥表面上点的投影如图 3-14 所示。

图 3-14(a)分析：锥顶连线,在主视图上由 s' 过 m' 作直线交于 $a'b'$ 于 h',根据 h' 作出 H 点在俯视图中的投影 h,连接 s,h,得 SH 线的俯视投影,根据 M 点在 SH 线上,即可得到 M 点的俯视投影 m,根据点 M 的两面投影即可求其第三面投影 m''。

图 3-14(b)分析：过点 N 作 BC 的平行线 EF,即先过 n' 作辅助线的正面投影 $e'f' // b'c'$,再作出辅助线的水平投影 $ef // be$,则 n 必在 ef 上,从而作出点 N 的水平投影 n。再由 n' 和 n 作出 n''。因为棱面 SBC 的水平投影可见,侧面投影不可见,所以 n 可见,n''不可见。

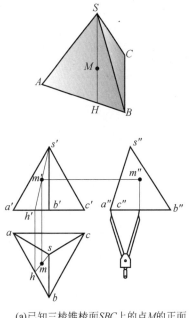 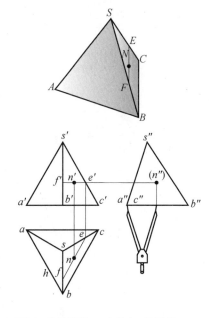

(a)已知三棱锥棱面SBC上的点M的正面投影m', 求作m和m''

(b)已知三棱锥棱面SBC上的点N的正面投影n', 求作n和n''

图 3-14　三棱锥表面上点的投影

二、曲面立体的投影

1. 圆柱

圆柱的表面包括圆柱面与上、下两底面。圆柱面可以看作一条直母线绕平行于它的轴线回转而成。直母线处于圆柱面的任一位置时,称为圆柱面的素线。

1) 投影分析

当圆柱轴线垂直于水平面时,其投影特征是：

俯视图是一个圆,是圆柱面的积聚性投影,也是上、下底面的重合投影,用垂直且相交的细点画线(即中心线)表示圆心的位置。

主视图是一个矩形线框,是圆柱面的投影,两条竖线是圆柱面上最左、最右素线的投影,也是圆柱面前、后分界的转向轮廓线的投影。用细点画线表示圆柱的回转轴线。

左视图也是矩形线框,两条竖线是圆柱面上最前、最后素线的投影,也是圆柱面左、右分界的转向轮廓线的投影。圆柱的轴线仍用细点画线表示,圆柱体的投影如图 3-15 所示。

2) 作图方法

画圆柱三视图时,先画出各投影的中心线,再画圆柱面具有积聚性投影圆的俯视图,最后根据圆柱体的高度画出另外两个视图,如图 3-16 所示。

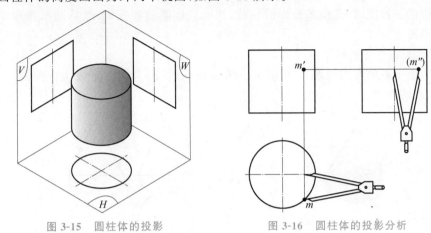

图 3-15 圆柱体的投影　　　　　　　图 3-16 圆柱体的投影分析

3）圆柱表面上点的投影

如图 3-16 所示,已知圆柱面上点 M 的正面投影 m',求作 m 和 m''。首先根据圆柱面水平投影的积聚性作出 m,由于 m' 是可见的,则点 M 必在前半圆柱面上,m 必在水平投影圆的前半圆周上。再按投影关系作出 m''。由于点 M 在右半圆柱面上,所以 m'' 不可见。

2. 圆锥

圆锥的表面包括圆锥面和底面。圆锥面可看作由一条直母线绕与它斜交的轴线回转而成,直母线处于圆锥面上的任一位置时,称为圆锥面的素线,如图 3-17 所示。

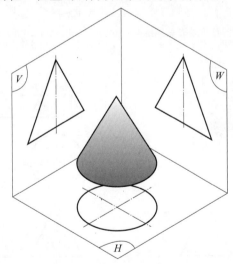

图 3-17 圆锥体的投影

1）投影分析

图 3-17 所示为轴线垂直于水平面的正圆锥,锥底面平行于水平面,水平投影反映实形,正面、侧面投影积聚成直线。圆锥面的三个投影都没有积聚性,其水平投影与底面的水平投影重合,全部可见。正面投影由前后两个半圆锥面的投影重合为一等腰三角形,三角形的两腰分别是圆锥面最左、最右素线的投影,也是圆锥面前、后分界的转向轮廓线的投影。侧面投影由左、右两半锥面的投影重合为一等腰三角形,三角形的两腰分别是圆锥最前、最后素

线的投影,也是圆锥面左、右分界的转向轮廓线的投影。

2)作图方法

画圆锥的三视图时,先画各投影的轴线,再画底面圆的各投影,然后画出锥顶的投影和锥面的投影即可。

3)圆锥表面上点的投影

圆锥表面上点的投影如图 3-18 所示。图 3-18(a)、(b)为辅助素线法作图;图 3-18(c)、(d)为辅助圆法作图。

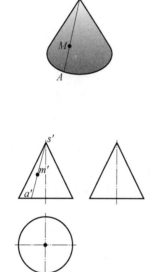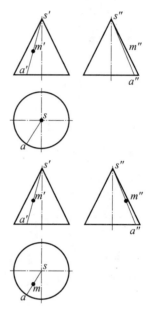

(a)过锥顶S和点M作辅助素线SA,即在投影图中作连线s'm',并延长与底面的正面投影相交于a'

(b)由s'a'作出sa,由sa作出s"a",再按点在直线上的投影关系由m'作出m和m"

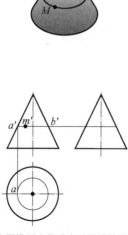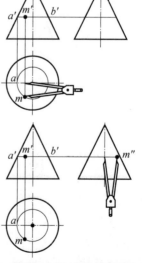

(c)过点M在圆锥面上作垂直于圆锥轴线的水平辅助纬圆,交圆锥左、右轮廓线于a'、b'、a'b'即辅助纬圆的正面投影,以水平投影中心点为圆心、a'b'为直径,作辅助纬圆的水平投影。

(d)点M的投影必在该圆的同面投影上,过点m'作垂线,其与辅助纬圆水平投影的交点有两个,根据点的可见性判断出m的位置,再由m'、m求得m"。

图 3-18　圆锥表面上点的投影

3. 圆球

1）投影分析

由图 3-19 可看出，球面上最大圆 A 将圆球分为前、后两个半球，前半球可见，后半球不可见，正面投影为圆 a'，形成了主视图的轮廓线，而其水平投影和侧面投影都与相应的中心线重合，不必画出；最大圆 B 将圆球分为上、下两个半球，上半球可见，下半球不可见，俯视图中只要画出 B 的水平投影圆 b；最大圆 C 将圆球分为左、右两个半球，左半球可见，右半球不可见，左视图中只要画出 C 的侧面投影圆 c''；B、C 的其余两投影与相应的中心线重合。因此，球体的三视图均为大小相等的圆，直径与球体直径相等。

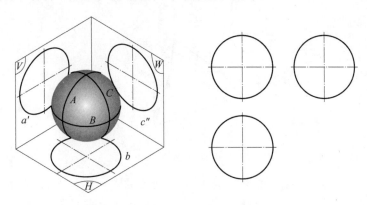

图 3-19　球体的投影

2）作图方法

首先确定出球心的三面投影，再过球心绘制出等直径的圆形。

3）圆球表面上点的投影

如图 3-20 所示，已知球面上点 M 的正面投影 m'，求 m 和 m''。由于球面的三个投影都没有积聚性，可利用辅助纬圆法求解。过 m' 作水平纬圆的正面投影 $a'b'$，再作出其水平投影（即以 O 为圆心、$a'b'$ 为直径画圆）。由 m' 在该圆的水平投影上求得 m，由于 m' 不可见，所以 m 在后半球面上。又由于 m' 在下半球面上，所以 m 不可见，在投影符号上加括号。再由 m'、m 求得 m''。由于点 M 在左半球面上，故 m'' 可见。

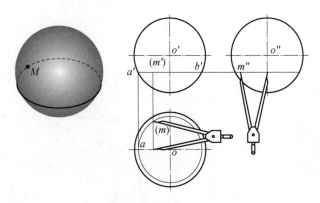

图 3-20　球体上点的投影作图

3.1.3　切割体的投影

一、平面切割体

用平面切割立体,平面与立体表面的交线称为截交线,该平面为截平面,由截交线围成的平面图形称为截断面,平面与平面相交,其截断面为一平面多边形。

【例 3-1】　三棱锥被正垂面 P 切割,如图 3-21 所示,画出切割体的三视图。

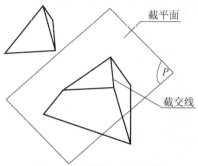

图 3-21　平面切割平面体

(1) 作图分析:三棱锥被正垂面 P 进行切割,截交线是一个三角形,三角形的三个顶点在三棱锥的三条棱上。可以根据点的投影关系作出这三个点的投影,再依次连接即可完成截断面的投影。

(2) 作图步骤如图 3-22 所示。

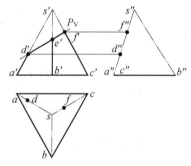

第1步 作出三棱锥的三视图以及截平面的正面投影 P_V,由 $s'a'$ 和 $s'c'$ 与 P_V 的交点 d' 和 f',分别在 sa、sc 和 $s''a''$、$s''c''$ 上直接作出 d、f 和 d''、f''

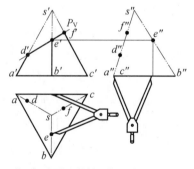

第2步 由于 SB 是侧平线,可由 $s'b'$ 与 P_V 的交点 e' 先在 $s''b''$ 上作出 e'',再利用宽相等的投影关系在 sb 上作出 e

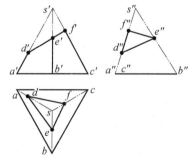

第3步 连接各顶点的同面投影,即为所求截交线的三面投影

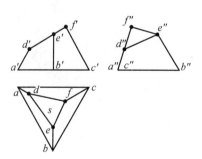

第4步 判断存在域

图 3-22　棱锥切割体三视图的作图步骤

【例 3-2】 如图 3-23 所示,长方体被两个平面截切,画出其三视图。

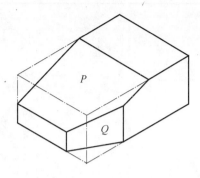

图 3-23 平面切割体

(1)作图分析:该切割体可看成是用正垂面 P 和铅垂面 Q 分别切去长方体的左上角和左前角而形成的。平面 P 截切的截断面是矩形,平面 Q 截切的截断面是梯形,而 P 面与 Q 面的交线是一般位置的线。

(2)作图步骤如图 3-24 所示。

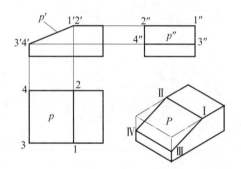

第1步 作出长方体被正垂面 P 切割后的投影   第2步 作出截断面 Q 的投影

图 3-24 长方体被两平面截切的作图步骤

二、曲面切割体

平面切割曲面体时,截交线的形状取决于曲面体表面的形状以及截平面与曲面体的相对位置,如表 3-5 所示。

视频: 平面截切圆柱后的截交线   视频: 平面截切圆锥后的截交线   视频: 平面截切球面后的截交线

表 3-5 平面切割曲面体产生的截交线形状

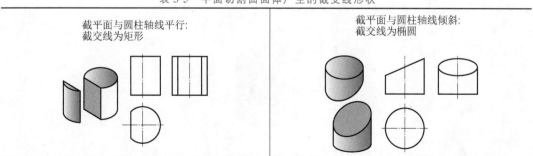

截平面与圆柱轴线平行: 截交线为矩形	截平面与圆柱轴线倾斜: 截交线为椭圆

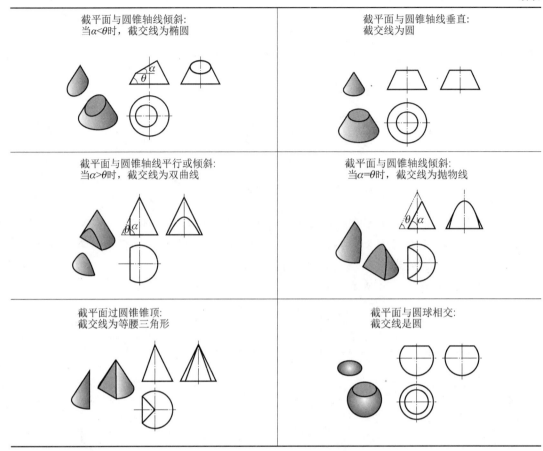

截平面与圆锥轴线倾斜： 当$\alpha<\theta$时，截交线为椭圆	截平面与圆锥轴线垂直： 截交线为圆
截平面与圆锥轴线平行或倾斜： 当$\alpha>\theta$时，截交线为双曲线	截平面与圆锥轴线倾斜： 当$\alpha=\theta$时，截交线为抛物线
截平面过圆锥锥顶： 截交线为等腰三角形	截平面与圆球相交： 截交线是圆

平面与回转曲面体相交时，其截交线一般为封闭的平面曲线或直线，或直线与平面曲线组成的封闭的平面图形。作图的基本方法是求出曲面体表面上若干条素线与截平面的交点，然后光滑连接而成。

1. 平面与圆柱相交

【例3-3】 如图3-25所示，圆柱被平面切割。

（1）作图分析。

圆柱被正垂面斜切，截平面P与圆柱的轴线倾斜，截交线为椭圆。由于P面是正垂面，所以截交线的正面投影积聚在P_V上；因为圆柱面的水平投影有积聚性，所以截交线的水平投影积聚在圆周上。而截交线的侧面投影在一般情况下仍为椭圆。

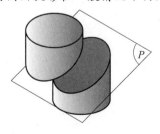

图3-25 平面切割圆柱体

（2）作图步骤。

如图 3-26 所示为圆柱被正垂面截切后截断体的三视图画法。

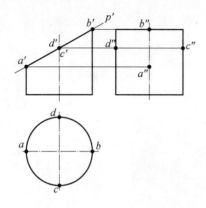

第1步 求特殊点，如最低点A、最高点B、最前点C、最后点D

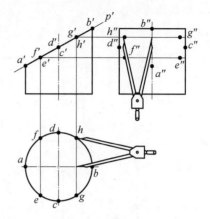

第2步 特殊点之间作出适当数量的中间点，如E、F、G、H各点。可先作出它们的水平投影e、f、g、h和正面投影e'、f'、g'、h'，再作出侧面投影e"、f"、g"、h"

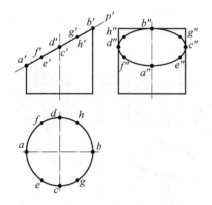

第3步 依次光滑连接特殊点和中间点

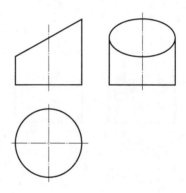

第4步 擦去多余图线

图 3-26 圆柱被正垂面截切后截断体的三视图画法

（3）探究思考。

随着截平面与圆柱轴线倾角的变化，所得截交线椭圆的长轴的投影也相应变化（椭圆短轴的投影不变）。当截平面与轴线呈 45°时，即正垂面位置，交线的空间形状仍为椭圆，请读者思考截交线的侧面投影为什么是圆？

【例 3-4】 带切口的圆柱投影。

（1）任务分析。

圆柱切口由水平面 P 和侧平面 Q 切割而成。如图 3-27 所示，P 面与圆柱的截交线为一段圆弧，Q 面与圆柱的截交线是一个矩形。

（2）作图步骤如图 3-28 所示。

（3）探究思考。

如果扩大切割圆柱的范围，使截平面 P 切过圆柱的轴线，圆柱面的侧面投影会发生怎样的变化？如图 3-29 所示，请仔细分析由于切割位置不同而形成侧面投影所画轮廓线的区别。

（4）拓展思考。

如图 3-30 所示接头的三视图中还缺哪些图线？

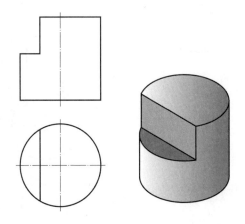

图 3-27　带切口圆柱及投影

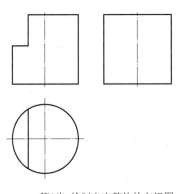

第1步　绘制出完整体的左视图

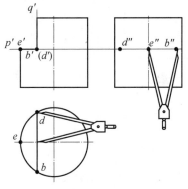

第2步　绘制水平面P切割的投影

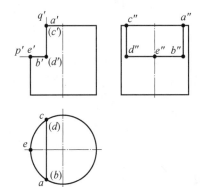

第3步　绘制侧平面Q切割的投影

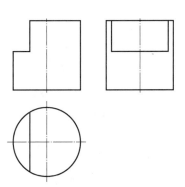

第4步　判断存在域，清理图面

图 3-28　带切口圆柱三视图画法

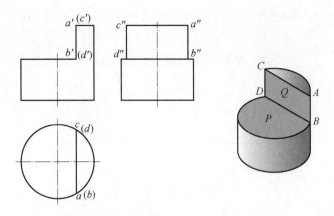

图 3-29 思考题(一)

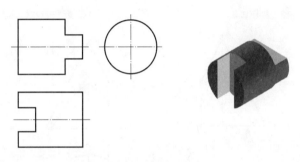

图 3-30 接头视图

2.平面与圆锥相交

【例 3-5】 如图 3-31 所示,圆锥被单一正平面截切,求其主视图。

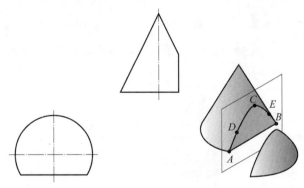

图 3-31 平面切割圆锥体

(1)作图分析。

正平面与圆锥轴线平行,与圆锥面的交线为双曲线。其正面投影反映实形,水平和侧面投影均积聚为直线。

(2)作图步骤如图 3-32 所示。

(3)探究思考。

如图 3-33 所示,水平面 P 和正垂面 Q 切割圆锥,水平面切割圆锥的截交线是水平圆,正垂面斜切圆锥,当 $\alpha = \theta$ 时,圆锥面的交线是什么曲线?试作出圆锥被切割后的水平投影和侧面投影。

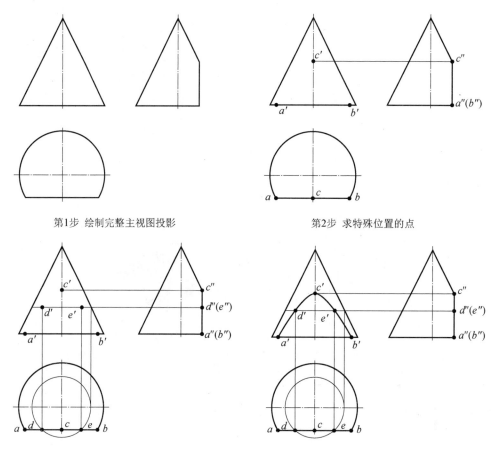

第1步 绘制完整主视图投影　　　　第2步 求特殊位置的点

第3步 求中间位置的点　　　　第4步 依次光滑连接各点

图 3-32　圆锥体被平行于轴心的平面截切的投影作图步骤

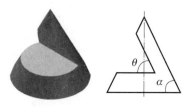

图 3-33　思考题(二)

3. 平面与圆球相交

平面与圆球相交,不论平面与圆球的相对位置如何,其截交线总是圆。根据平面对投影面的相对位置不同,所得截交线的投影可以是圆、直线或椭圆。如图 3-34(a)所示,当截平面平行于投影面时,截交线圆在该投影面上的投影反映实形,而在另外两个投影面上的投影积聚成长度等于该圆直径的直线段。当截平面垂直于投影面时,如图 3-34(b)所示,正垂面与圆球的截交线是圆,圆的正面投影积聚成直线,其水平投影和侧面投影都是椭圆。

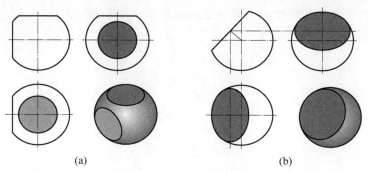

(a)   (b)

图 3-34　圆球的截交线

【例 3-6】　求如图 3-35 所示半球被截切后的投影。

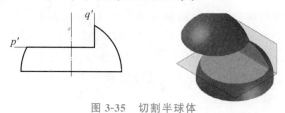

图 3-35　切割半球体

（1）作图分析。

半球被截平面 P、Q 切割,P 面切割后的截断面在俯视图中显实,Q 面切割后的截断面在左视图中显实。

（2）作图步骤如图 3-36 所示。

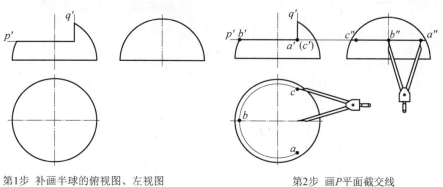

第1步　补画半球的俯视图、左视图　　　　　　　第2步　画 P 平面截交线

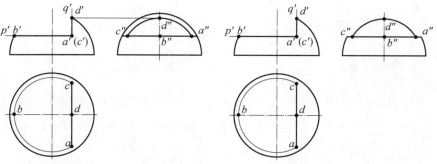

第3步　画 Q 平面截交线　　　　　　　　　第4步　判断存在域

图 3-36　半球切割体的三视图画图步骤

（3）探究思考。

圆球被任何一个平面截切,得到的截交线在空间一定是一个圆。

4.综合应用

【例 3-7】 绘制如图 3-37 所示顶尖的三视图。

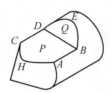

图 3-37　顶尖形体图

（1）任务分析。

图 3-37 所示顶尖由同轴的圆锥和圆柱被水平面 P 和正垂面 Q 切割而成。P 平面与圆锥面的交线为双曲线,与圆柱面的交线为两条侧垂线(AB、CD)。Q 平面与圆柱面的交线为椭圆弧。P、Q 两平面的交线 BD 为正垂线。由于 P 面和 Q 面的正面投影以及 P 面和圆柱面的侧面投影都有积聚性,需要求作的是截交线的水平投影。

（2）作图步骤如图 3-38 所示。

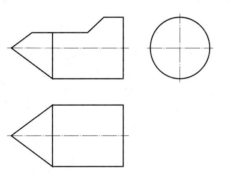

第1步　作出同轴回转体的三视图

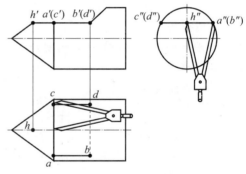

第2步　作出水平面P的三面投影

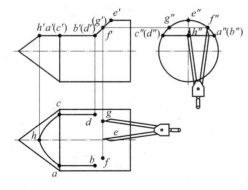

第3步　作出正垂面Q的三面投影

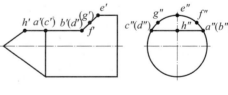

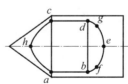

第4步　判断存在域,整理图面

图 3-38　顶尖三视图画法

【任务实施】

任务实施的详细步骤如表 3-6～表 3-10 所示。

表 3-6　开槽棱柱的投影作图步骤

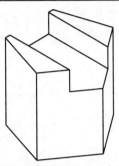

分析:该立体是在五棱柱上,利用左右对称的侧平面和一个水平面从前到后挖矩形槽而形成

方 法 步 骤	图　　示
（1）利用 AutoCAD 的绘制"多边形"命令,从俯视图入手,作出正五棱柱俯视图,然后按五棱柱的高度利用对象追踪功能画主视图,左视图与俯视图宽相等,可利用作辅助线的方法实现,画出整个正五棱柱的三视图	
（2）根据通槽的尺寸,即槽宽和槽深,在主视图上利用"偏移"命令,定出通槽的正面投影位置	
（3）利用"修剪"命令修剪掉多余图线,完成通槽主视图投影	

方 法 步 骤	图 示
（4）根据主、俯视图长对正,运用对象追踪或作辅助线在水平投影面上画出通槽的水平投影;根据正面投影和水平投影,运用点的投影规律,求出通槽的侧面投影	
（5）将作图辅助线删除,完成棱柱开槽的三视图	

表 3-7　开槽棱台投影作图步骤

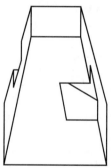

分析:该立体是在正四棱台中部从前向后开了一个矩形通槽,开通槽用了两个左右对称的侧平面和上、下一个水平面,由于侧平面与水平面都与正立投影面垂直,在正立投影面上的投影积聚为四条直线,显示通槽的形状特征,故画通槽的投影时应从主视图入手

方 法 步 骤	图 示
（1）先按照正四棱台的上、下底面的尺寸以及高度尺寸,完成正四棱台的三视图	

方 法 步 骤	图　示
（2）根据通槽的尺寸以及相对正四棱台的位置，利用"偏移"命令在主视图上定出通槽的位置	
（3）修剪多余图线，完成通槽的正面投影	
（4）利用立体表面上点的求法，通过画辅助线，求出通槽与四棱台前侧面交点以及交线在俯视图中的投影位置	
（5）依次连接各对应点，画出通槽与四棱台前侧面交点以及交线在左视图中的投影	
（6）利用"镜像"命令作出通槽与四棱台后侧面交点以及交线在俯视图和左视图中的投影	

续表

方 法 步 骤	图 示
(7) 删除作图辅助线	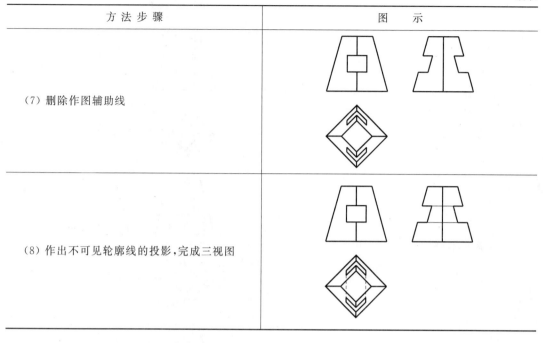
(8) 作出不可见轮廓线的投影,完成三视图	

表 3-8　开槽圆柱投影作图步骤

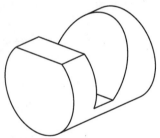

分析:该立体是一个上部开槽的圆柱体,该切口由一个正垂面、一个侧平面和两个水平面切割而成。圆柱被平行于轴心线的平面切割时,截平面是一个矩形,在它所平行的投影面上的投影反映实形;圆柱被倾斜于轴心线的平面切割时,截平面是一个椭圆;圆柱被垂直于轴心线的平面切割时,截平面是一个圆;显然,切割该通槽涉及圆柱截交线的各种情况

方 法 步 骤	图 示
(1) 画出完整圆柱体的三视图	

方法步骤	图　　示
（2）利用"偏移"命令，根据通槽的结构以及位置尺寸，在主视图上画出通槽的投影，四个切割面投影积聚为四条直线，该投影显示了通槽的形状特征	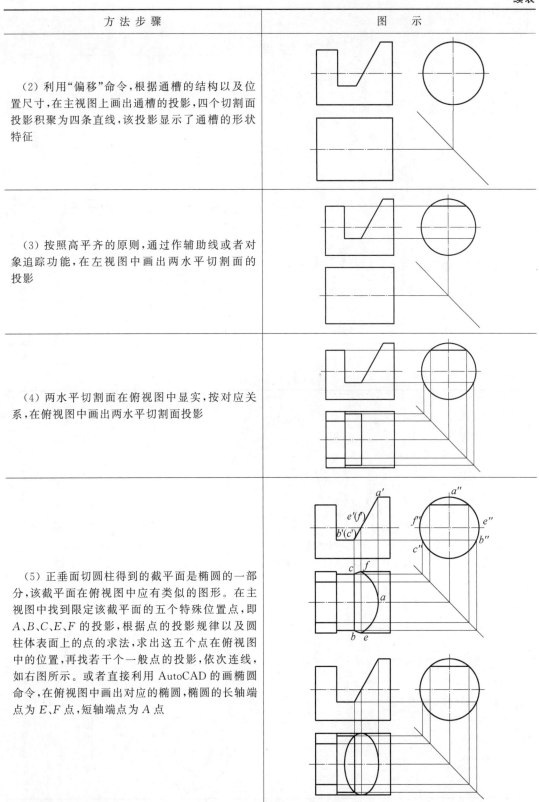
（3）按照高平齐的原则，通过作辅助线或者对象追踪功能，在左视图中画出两水平切割面的投影	
（4）两水平切割面在俯视图中显实，按对应关系，在俯视图中画出两水平切割面投影	
（5）正垂面切圆柱得到的截平面是椭圆的一部分，该截平面在俯视图中应有类似的图形。在主视图中找到限定该截平面的五个特殊位置点，即 A、B、C、E、F 的投影，根据点的投影规律以及圆柱体表面上的点的求法，求出这五个点在俯视图中的位置，再找若干个一般点的投影，依次连线，如右图所示。或者直接利用 AutoCAD 的画椭圆命令，在俯视图中画出对应的椭圆，椭圆的长轴端点为 E、F 点，短轴端点为 A 点	

续表

方法步骤	图　示
（6）将俯视图中的多余线条修剪掉	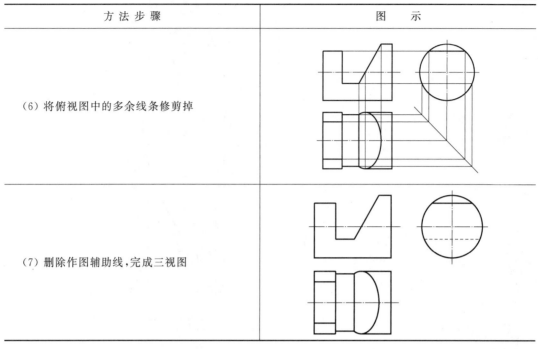
（7）删除作图辅助线，完成三视图	

表 3-9　开槽圆台投影作图步骤

分析：该立体是在圆台的上部从前向后开了一矩形通槽，切割面为左右对称的两个侧平面和一个水平面，两侧平面与圆台的轴心线平行。圆台是圆锥的一部分，它是圆锥切去锥顶后的形体。当圆锥被平行于轴心线的平面截切时，所得的截交线为双曲线；当圆锥被垂直于轴心线的平面截切时，所得的截交线为圆

方法步骤	图　示
（1）画出圆台的三视图	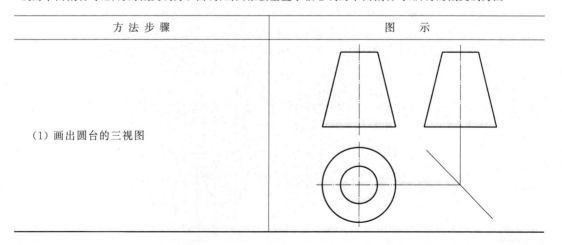

方 法 步 骤	图 示
（2）根据切割面的位置以及通槽的尺寸，利用"偏移"命令在主视图中定出通槽的位置，在主视图上画出通槽的投影，三个切割面投影积聚为三条直线，该投影显示了通槽的形状特征	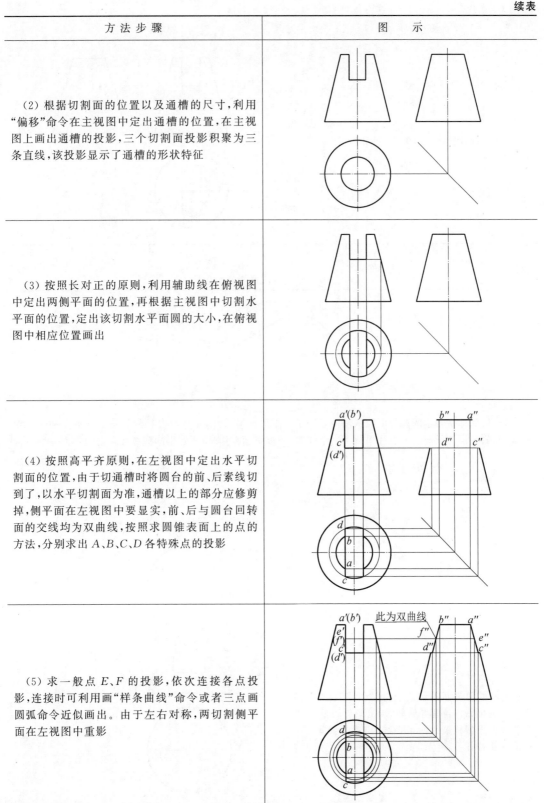
（3）按照长对正的原则，利用辅助线在俯视图中定出两侧平面的位置，再根据主视图中切割水平面的位置，定出该切割水平面圆的大小，在俯视图中相应位置画出	
（4）按照高平齐原则，在左视图中定出水平切割面的位置，由于切通槽时将圆台的前、后素线切到了，以水平切割面为准，通槽以上的部分应修剪掉，侧平面在左视图中要显实，前、后与圆台回转面的交线均为双曲线，按照求圆锥表面上的点的方法，分别求出 A、B、C、D 各特殊点的投影	
（5）求一般点 E、F 的投影，依次连接各点投影，连接时可利用画"样条曲线"命令或者三点画圆弧命令近似画出。由于左右对称，两切割侧平面在左视图中重影	

方 法 步 骤	图 示
(6) 删除作图辅助线,完成三视图	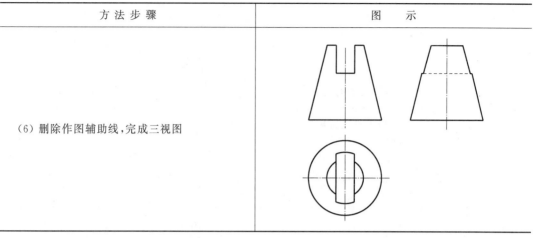

表 3-10　开槽半球投影作图步骤

　　分析:该立体是在半圆球的上部从前向后开了一矩形通槽,切割面为左右对称的两个侧平面和一个水平面,两侧平面与圆球的轴心线平行。一个圆球,当被平面截切时,所切得的截交线在空间均为一个圆

方 法 步 骤	图 示
(1) 画出完整半球的三视图	
(2) 根据切割面的位置,利用"偏移"命令在主视图上定出槽口位置并修剪,画出槽口的投影,两个切割面投影积聚为两条直线,该投影显示了切口的形状特征	

方法步骤	图　　示
（3）按照长对正的原则，在俯视图中定出切割侧平面的位置，再根据主视图中切割水平面的位置，定出该切割水平面圆的大小，在俯视图中相应位置画出	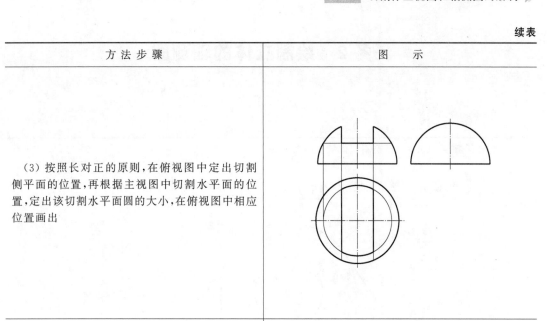
（4）按照高平齐原则，在左视图中定出水平切割面的位置，由于切口时将半球的左、右分界圆切到了，以水平切割面为准，以上的部分应修剪掉，侧平面在左视图中要显实，其实形为一个半圆的一部分，半圆的半径即为主视图中侧平面的最高点到半球底面圆的垂直距离，在左视图中画出切割侧平面的投影	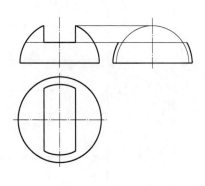
（5）修剪多余图线，完成三视图	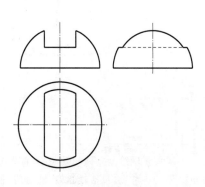

◀ 任务2 绘制立体的轴测图 ▶

【任务单1】

任务名称	利用 AutoCAD 绘制立体的正等轴测图
任务描述	按照图 3-39 所给两视图以及尺寸,1∶1 绘制立体的正等轴测图 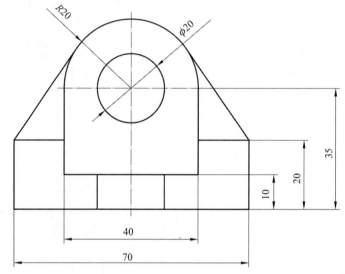 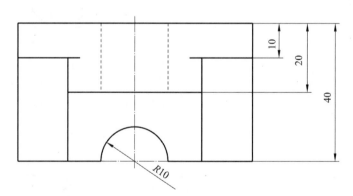 图 3-39　立体视图
任务分析	要正确绘制立体的轴测图,首先要正确想象立体的结构形状;其次要明确所要绘制的轴测图的各参数,包括轴侧轴、轴间角、轴向伸缩系数等;在绘制轴测图时,一般应先绘制主要形体的轴测图,再根据其他部分相对于主体的定位绘制其他部分的轴测图,最后进行整理
任务提交	每位同学利用 AutoCAD 绘制立体的正等轴测图,并按要求保存文件

【任务单 2】

任务名称	利用 AutoCAD 绘制立体的斜二轴测图
任务描述	按照图 3-40 所给两视图以及尺寸,1∶1 绘制立体的斜二轴测图 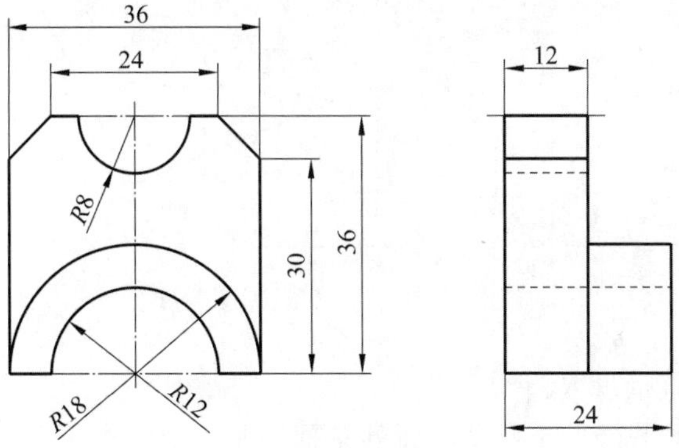 图 3-40　立体视图
任务分析	该立体是由前、后两个部分组合而成,两个部分的形状特征都在主视图中。该立体的轴测图利用斜二轴测图来描述比用之前所学的正等轴测图来描述更方便一些
任务提交	每位同学利用 AutoCAD 绘制立体的斜二轴测图,并按要求保存文件

【知识储备】

3.2.1　轴测图

正投影图能够准确、完整地表达物体的形状,且作图简便,但是缺乏立体感。因此,工程上常采用直观性较强,富有立体感的轴测图作为辅助图样,用以说明机器及零部件的外观、内部结构或工作原理。

一、轴测图的基本知识

1. 轴测图的形成

轴测图——用平行投影法将物体连同确定其空间位置的直角坐标系沿不平行于任一坐标面的方向投射在单一投影面上得到的具有立体感的图形,如图 3-41 所示。

轴测轴——直角坐标轴在轴测投影面上的投影。

轴间角——轴测轴之间的夹角。

轴向伸缩系数——轴测轴单位长度与相应直角坐标轴单位长度的比值。

2. 轴测图的投影特性

(1) 物体上互相平行的线段,在轴测图上仍互相平行;平行于坐标轴的线段,在轴测图上仍然平行于相应的轴,且在作图时尺寸可以沿轴测量取,即物体上长、宽、高三个方向的尺

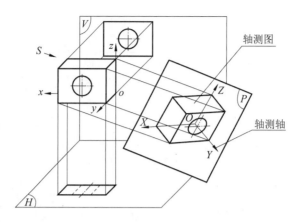

图 3-41　轴测图的形成

寸可沿其对应轴直接量取。

（2）物体上不平行于轴测投影面的平面图形,在轴测图上变成原形的类似形。如正方形的轴测投影可能是平行四边形、圆的轴测投影可能是椭圆等。

3. 轴测图的分类

根据投射方向（S）与轴测投影面的相对位置,轴测图分为两类:投射方向与轴测投影面垂直所得的轴测图称为"正轴测图";投射方向与轴测投影面倾斜所得的轴测图称为"斜轴测图"。

轴间角和轴向伸缩系数是绘制轴测图的两个主要参数。正（斜）轴测图按轴向伸缩系数是否相等又分为等测、二等测和不等测三种。

GB/T 14692—2008 推荐了工程上常用的三种轴测图,即正等轴测图、正二轴测图和斜二轴测图。本章仅就最常用的正等轴测图和斜二轴测图的画法进行介绍。

二、正等轴测图

1. 基本概念

正等轴测图的三个轴间角相等,都是 120°;

正等轴测图的各轴向伸缩系数相等,为 $p=q=r=0.82$;

实际作图时通常采用简化的轴向伸缩系数,即 $p=q=r=1$,如图 3-42 所示。

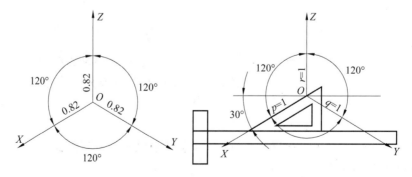

图 3-42　正等轴测图的轴间角和轴向伸缩系数

2.平面立体正等轴测图的基本画法

画立体的轴测图的基本方法是坐标法和切割法。

视频:平面体正等
轴测图的画法

坐标法——根据立体表面上各顶点的坐标,分别画出它们的轴测投影,再按可见性依次连线绘制立体轴测图。

切割法——利用轴测投影性质(平行线段轴测投影彼此平行)绘制立体轴测图。

(1)作图分析。

绘制如图 3-43 所示楔形块的正等轴测图。对于图中所示的楔形块,可采用切割法作图,将它看成由一个长方体斜切一角而成。对于切割后的斜面中与三个坐标轴都不平行的线段,在轴测图上不能直接从正投影图中量取,必须按坐标求出其端点,然后再连线。

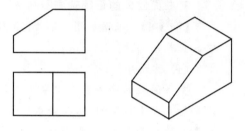

图 3-43　楔形块的正等轴测图

(2)作图步骤如图 3-44 所示。

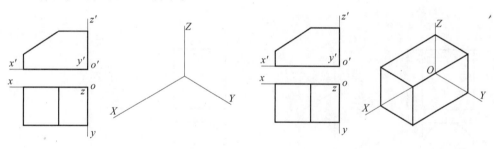

第1步　定坐标原点及坐标轴 | 第2步　按长方体的长、宽、高的尺寸作出长方体的轴测图

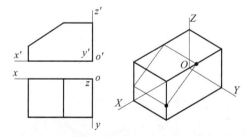

第3步　按主视图中斜面的投影,在轴测图中定出斜面

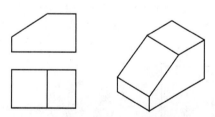

第4步　擦去作图线,描深,完成楔形块正等轴测图

图 3-44　楔块正等轴测图的画图步骤

(3)探究思考。

画柱体的正等轴测图时,也可以先画出物体上特征面的轴测图,再按厚度或高度画出其他可见轮廓线,如图 3-45 所示。

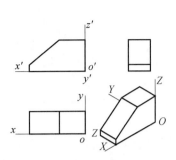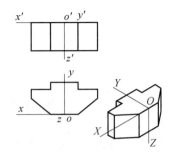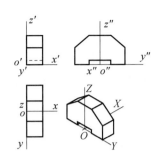

图 3-45 按特征面画正等轴测图

3. 曲面立体的正等轴测图画法

【例 3-8】 根据如图 3-46 所示圆柱体的主、俯视图，绘制它的正等轴测图。

（1）作图分析。

直立圆柱的轴线垂直于水平面，需上、下底为两个与水平面平行且大小相同的圆，其轴测投影为椭圆。根据圆的直径和柱高 h 作出两个形状、大小相同，中心距为 h 的椭圆，然后作两椭圆的公切线，即得圆柱的正等轴测图。

（2）作图步骤如图 3-47 所示。

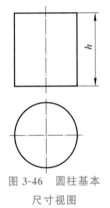

图 3-46 圆柱基本
尺寸视图

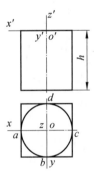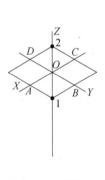

第1步 以顶圆的圆心为原点，建立轴测轴，作上顶圆外切正方形的轴测投影，得到菱形

第2步 过菱形对角1、2分别作对边垂线得到交点3、4，以1、2、3、4点为圆心，分别以1C、2A、3B、4D为半径画弧，得到上顶圆的轴测椭圆

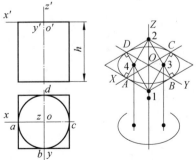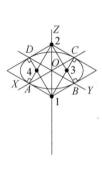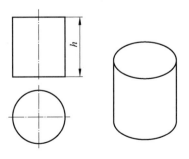

第3步 将上顶圆上的1、3、4圆心沿着Z轴平移柱高h，并将椭圆连接

第4步 作椭圆公切线，擦去作图线，描深

图 3-47 圆柱体正等轴测图的画法

（3）探究思考。

当圆柱的轴线垂直于正面或侧面时，轴测图画法与上述相同，只是圆平面内所含的轴线应当有些变化。

【例 3-9】 绘制如图 3-48 所示的被正平面 P 切割的正圆锥的正等轴测图。

（1）作图分析。

正圆锥的正等轴测图比较好绘制，先画出底圆的椭圆投影（方法请参照圆柱的正等轴测图画法），再根据圆锥高度在轴测轴中定出锥顶作切线连接即可。正平面切割的截交线是一条双曲线，画轴测图时可用坐标法定出曲线上各点的位置，依次连接即可。

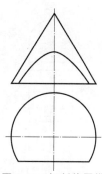

图 3-48 切割体圆锥的视图

（2）作图步骤如图 3-49 所示。

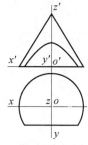 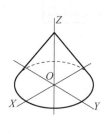

第1步 确定坐标轴，并绘制完整的正圆锥的轴测图

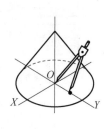

第2步 在截交线上找到5个均布点，并在轴测图上确定切平面的位置

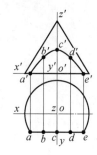 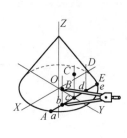

第3步 根据主视图点的投影，确定这些点在轴测图中的位置

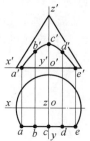 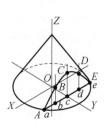

第4步 将轴测图中的5个位置点依次光滑连接，擦去多余图线

图 3-49 圆锥切割体的轴测图画法

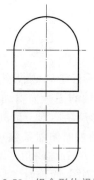

图 3-50 组合形体视图

【例 3-10】 绘制如图 3-50 所示形体正等轴测图。

半圆头柱体与四分之一圆周的圆角是机件中最常见的结构形状，图 3-48 所示的形体由半圆头竖板和具有圆角的底板两部分组成，根据主、俯视图绘制轴测图。

（1）作图分析。

在绘制轴测图时，可以先绘制 L 形柱体的轴测图，再绘制半圆头和圆角的轴测图。

（2）作图步骤如图 3-51 所示。

（3）探究思考。

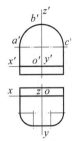 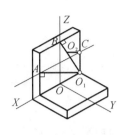 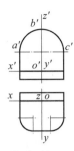 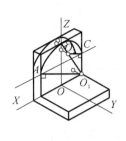

第1步 先画出L形柱体的轴测图,并按半圆头的半径得到切点A、B、C,过A、B、C作所在边线得到交点O_1、O_2,O_1、O_2即为半圆头轴测椭圆投影的圆心

第2步 以O_1、O_2为圆心,绘制半圆头的投影椭圆,将O_1、O_2朝着Y轴负半轴方向平移板厚,以新的圆心画弧

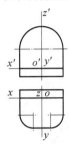 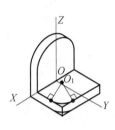 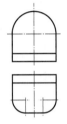 

第3步 找到底板圆角切点,作垂线,交点即为底板圆角轴测椭圆圆心,绘制椭圆;将圆心朝着Z轴负半轴方向平移底板厚度,以同样半径画弧。另一侧圆角绘制方法相同

第4步 清理图面,描深轮廓线

图 3-51 组合形体正等测图的画图步骤

　　平行于坐标面的圆角是圆的一部分,特别是常见的四分之一圆周的圆角,如图 3-52 所示,其正等轴测图正好是近似椭圆的四段圆弧中的一段。因此可以认为,绘制四分之一圆周的轴测图仅仅利用切点作垂线即可获得圆弧的圆心。

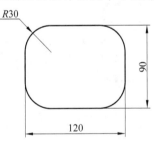 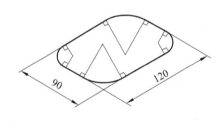

图 3-52 圆角正等轴测图的画法

三、斜二轴测图

1.基本概念

　　斜轴测图是将坐标轴 O_0Z_0 放置成铅垂位置,使坐标面 $X_0O_0Z_0$ 平行于轴测投影面 P,用斜投影法将物体连同其坐标轴一起向 P 面(P 面//V 面)投射,所得轴测图称为斜轴测图。

　　由于坐标面 $X_0O_0Z_0$ 平行于轴测投影面,所以坐标面 XOZ 轴测投影反映实形。因此 X 轴和 Z 轴的轴向伸缩系数相等:$p=r=1$,轴间角$\angle XOZ=90°$。Y 轴方向的轴向伸缩系数 q,随着投射方向的变化而不同。为了绘图简便,常选取 Y 轴轴向伸缩系数 $q=0.5$,轴间角$\angle XOY=\angle YOZ=135°$,如图 3-53 所示。按这些规定绘制的斜轴测图称为斜二轴测图,简称斜二测。

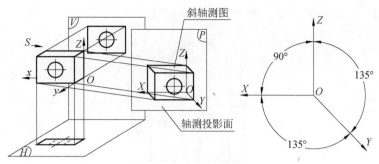

图 3-53 斜二等轴测图

2. 斜二测画法

斜二等轴测图的轴间角 $\angle XOZ = 90°$，$\angle XOY = \angle YOZ = 135°$。画图时，一般使 OZ 轴处于垂直位置，OY 轴与水平线呈 $45°$。可利用 $45°$ 的三角板方便地画出 3 根轴测轴。在绘制斜二等轴测图时，要考虑到轴向伸缩系数为 0.5。在轴测轴 OX 和 OZ 方向的尺寸，可按实际尺寸，选取比例度量；沿 OY 方向的尺寸，选取比例缩短一半，进行度量。

【例 3-11】 绘制四棱台的斜二轴测图。

（1）作图分析。

四棱台是常见的立体，已知四棱台的主、俯视图如图 3-54 所示，可先定出直角坐标系，建立轴测轴，根据伸缩系数量取，画出底面后再画出顶面，各棱角依次相连即可。

（2）作图步骤如图 3-55 所示。

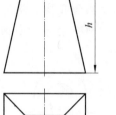

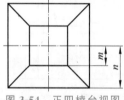

图 3-54 正四棱台视图

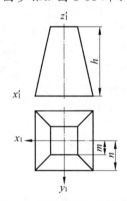

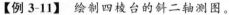

第1步 定出直角坐标系，并画出坐标轴

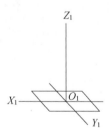

第2步 根据建立的轴测轴，作出底面的轴测投影，在 OX 轴上按照1:1量取，OY 轴上按照 $n/2$ 量取

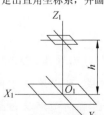

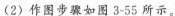

第3步 以底面中心 O_1 为基准沿着 Z_1 向上 h 的距离得到顶面中心位置，作出顶面的轴测投影，X_1 方向按照1:1量取，Y_1 方向按照 $m/2$ 量取

第4步 依次连接顶面和底面对应的各点，擦去多余线条并描深

图 3-55 正四棱台斜二轴测图的画法

【例 3-12】 作图 3-56 所示支座的斜二等轴测图。

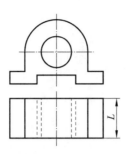

图 3-56 支座视图

（1）任务分析：支座采用斜二侧画法，前端面与主视图是全等形，根据主视图画出前端面，后端面直接平移 $L/2$ 即可。

（2）作图步骤如图 3-57 所示。

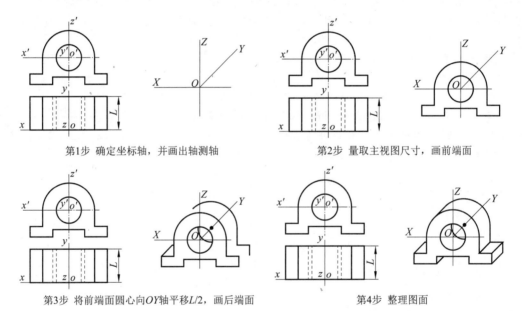

第1步 确定坐标轴，并画出轴测轴

第2步 量取主视图尺寸，画前端面

第3步 将前端面圆心向 OY 轴平移 $L/2$，画后端面

第4步 整理图面

图 3-57 支座斜二轴测图的画法

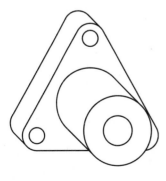

图 3-58 立体图

视频：斜二轴测图的画法

【例 3-13】 绘制组合体的斜二等轴测图。

（1）任务分析。

如图 3-58 所示是一个对称立体，它由带圆角和通孔的三棱柱叠加空心圆柱组成，可以选择中间圆的圆心建立直角坐标系，斜二测视图前端面形状与主视图完全相同，将前端面沿着 y 轴 $1/2$ 距离平移即可获得后端面，先绘制带圆角和通孔的三棱柱，再叠加空心圆柱体。

（2）作图步骤如图 3-59 所示。

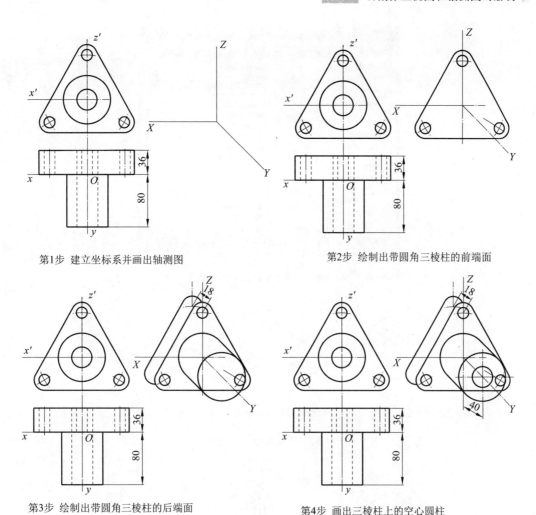

第1步 建立坐标系并画出轴测图　　　　第2步 绘制出带圆角三棱柱的前端面

第3步 绘制出带圆角三棱柱的后端面　　　　第4步 画出三棱柱上的空心圆柱

图 3-59　组合体的斜二等轴测图画法

【子任务 1 实施】

任务实施的详细步骤如下：

第 1 步　设置等轴测作图环境：在 AutoCAD 中，可直接利用所创建的模板文件，进行等轴测作图模式的设置。等轴测图形虽属于二维平面图形，但和一般二维投影图不同，等轴测图可以同时表示 3 个方向的尺寸及投影，3 个坐标轴之间互成 120°。将光标放置在 AutoCAD 软件绘图界面右下方的【捕捉和栅格】选项卡上单击鼠标右键，弹出【草图设置】对话框，在【捕捉类型】区选择【等轴测捕捉】，如图 3-60 所示，单击【确定】按钮退出后，光标自动变成轴测平面上和坐标轴平行的十字线。要在 3 个轴测面之间进行转换，直接按【F5】键即可。

第 2 步　画立体底板部分的轴测图，如图 3-61 所示。

第 3 步　根据立板相对于底板的位置，画立板部分的轴测图，如图3-62所示。

第 4 步　根据左、右支撑板相对于底板和立板的位置以及表面连接关系，画左、右支承板的轴测图，完成整体轴测图，如图 3-63 所示。

微课：
AutoCAD绘制
立体正等测图

图 3-60　设置【等轴测捕捉】模式

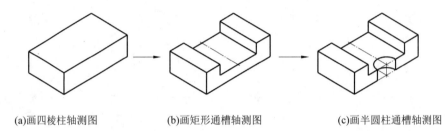

(a)画四棱柱轴测图　　　　　　(b)画矩形通槽轴测图　　　　　　(c)画半圆柱通槽轴测图

图 3-61　绘制底板部分轴测图

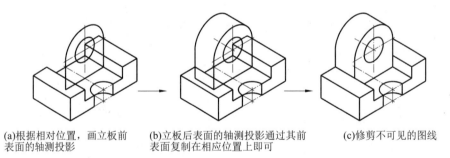

(a)根据相对位置，画立板前　　(b)立板后表面的轴测投影通过其前　　(c)修剪不可见的图线
　　表面的轴测投影　　　　　　　表面复制在相应位置上即可

图 3-62　绘制立板部分轴测图

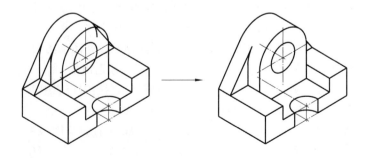

(a)画支承板轴测投影，注意相切的连接关系　　　(b)修剪多余的图线，完成整体轴测图

图 3-63　绘制左、右支承板的轴测图

注意:

绘制等轴测(椭)圆时,利用的是画"椭圆"命令,在命令提示行输入"等轴测圆(I)",给定圆心以及半径即可画出,需要注意的是不同轴测面上的椭圆方向不同,要根据组合体结构进行切换。在具有相同的轮廓线时可以根据距离进行复制,不可用偏移命令复制,然后将不可见的部分剪去或者删除。

【子任务 2 实施】

任务实施详细步骤如表 3-11 所示。

微课:AutoCAD绘
制立体斜二测图

表 3-11 完成子任务 2 的方法和步骤

方法步骤	图　示
(1) 按照主视图画出形状特征面的投影	
(2) 将上部分的立板投影沿 Y 方向向后复制,Y 方向的轴向伸缩系数取 0.5	
(3) 将半圆柱筒的内圆柱面的投影沿 Y 方向向后复制,距离同立板后表面	

方　法　步　骤	图　　示
（4）将半圆柱筒的投影沿 Y 方向向前复制，Y 方向的轴向伸缩系数依然取 0.5	
（5）对轴测图进行整理，删掉或修剪掉不可见以及多余图线，完成轴测图	

项目 4

组合体三视图的绘制与识读

工程上常见的形体，以其几何形状来分析，都可以看作由一些简单基本体经过叠加、切割或者穿孔等方式组合而成。这种由两个或两个以上基本体组合构成的整体称为组合体。组合体大多数是由机件抽象而成的几何模型，掌握组合体的画图和读图方法十分重要，将为进一步学习零件图的绘制与识读打下基础。本项目的主要任务是学会组合体的画图、尺寸标注，以及读图方法。

项目要求

（1）学习组合体的形体分析法；
（2）掌握画组合体视图的方法和步骤；
（3）掌握组合体尺寸标注的基本方法；
（4）能够熟练绘制组合体三视图，并标注尺寸；
（5）掌握组合体的读图方法。

项目思政

善于观察、学会思考、知行合一

庄子的《养生主》中有一篇著名的文章《庖丁解牛》，讲的是庖丁解牛的过程中，手拿的地方，脚蹬的部位都非常规范，牛刀在牛的体内，依照脉络行走，避开骨头，游刃有余。解牛本来是一件非常辛苦的事情，但在庖丁眼里变成了一种艺术享受，因为他完全掌握了解牛的规律。整个动作按照音乐的节奏，像舞蹈动作一样熟练，所以他工作起来非常轻松，非常享受。

在识读机械制图时，就要掌握读图的基本要领和方法。要有庖丁解牛的功夫，最初的时候看到的无非是牛，到三年之后则"未尝见全牛"，到最后"以神遇而不以目视"。要在增长见识知识上下功夫，多读多练，反复实践，反复积累，就能认识和掌握读图规律，循序渐进，熟能生巧。

任务1 组合体画图与尺寸标注

【任务单】

任务名称	组合体画图与尺寸标注
任务描述	利用 AutoCAD 绘制如图 4-1 所示组合体的三视图,并进行尺寸标注 图 4-1 组合体
任务分析	要正确绘制组合体的三视图,首先应对其进行正确的形体分析,搞清楚组成该组合体的每个部分的结构形状、组合关系、表面连接关系等,按照组合体三视图的画图方法和步骤进行三视图的绘制,并按照组合体尺寸标注的方法进行尺寸标注
任务提交	每位同学提交利用 AutoCAD 绘制的组合体三视图,要求标注尺寸

【知识储备】

视频:组合体的
组合形式

4.1.1 组合体的组合形式

一、组合体的构成方式

组合体按其构成方式的不同,可以分为叠加型、切割型和综合型三种。

(1)叠加型:由若干个基本体叠加而成的组合体,如图 4-2 所示。

图 4-2 叠加型组合体

（2）切割型：由基本体经过切割或穿孔之后形成的组合体，如图 4-3 所示。

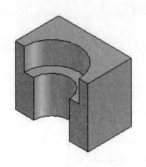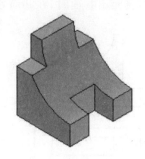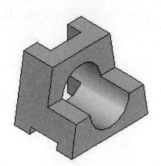

图 4-3　切割型组合体

（3）综合型：工程上多数组合体都是叠加和切割组合而成的综合型，如图 4-4 所示。

图 4-4　综合型组合体

二、组合体相邻表面的连接关系

构成组合体的基本体相邻表面之间可能形成共面、不共面、相切和相交四种关系。

1. 共面

如图 4-5 所示，当两基本体相邻表面共面时，在共面处没有交线。

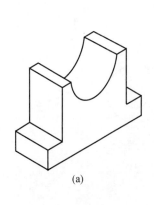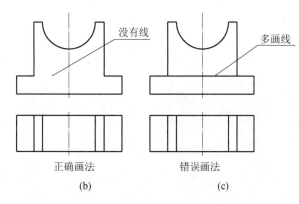

图 4-5　两形体共面画法

2. 不共面

如图 4-6 所示,当两基本体相邻表面不共面时,在共面处有交线。

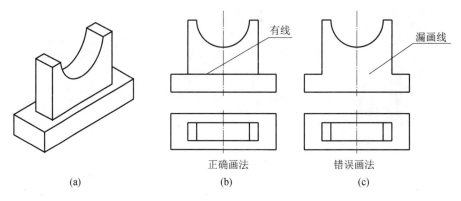

正确画法 (b)　　　错误画法 (c)

(a)

图 4-6　两形体不共面画法

3. 相切

当两圆柱面光滑连接,即相切。在绘制投影视图时,相切处不画线。如图 4-7(a)中的组合体由底板和圆筒组成,底板与圆筒圆柱面光滑连接,在俯视图中其投影为直线与圆弧相切,在主视图和左视图中相切处不需画线,如图 4-7(b)所示。图 4-7(c)所示为错误画法。

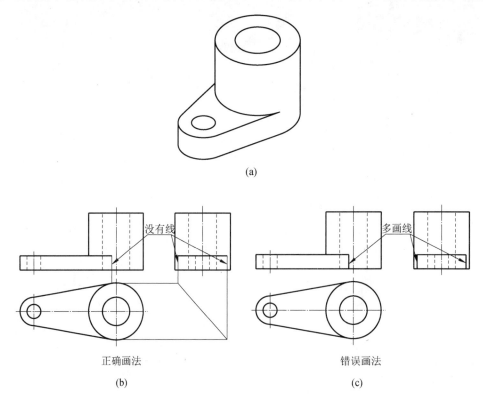

(a)

正确画法 (b)　　　错误画法 (c)

图 4-7　两形体表面相切画法

4.相交

当两圆柱面非光滑连接,即相交。在绘制投影视图时,相交处要绘制交线。如图 4-8(a)所示组合体由底板和圆筒组成。底板与圆筒回转面相交,在俯视图中的投影为直线与圆相交。在主视图和左视图中,应画出交线,如图 4-8(b)所示。图 4-8(c)所示为错误画法。

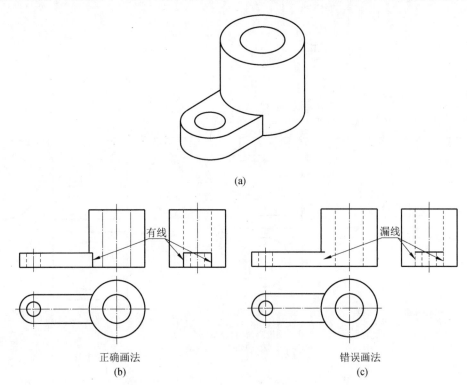

图 4-8　两形体表面相交画法

4.1.2　相贯线

两立体相交时表面产生的交线称为相贯线。相贯线具有以下两个性质:

(1)共有性。相贯线是相交的两个立体表面上的共有线,所以相贯线上的所有点都是两个立体表面上的共有点。

(2)封闭性。相交两立体都是有边界轮廓的,所以其交线是封闭图形。一般情况下相贯线是闭合的空间曲线,只有在特殊情况下相贯线才是平面曲线或直线。

本节仅以常见的两回转体(圆柱与圆柱、圆柱与圆锥)正交为例,讲解两回转体相贯线的画法。

一、圆柱与圆柱正交

视频:两圆柱
相贯线画法

【例 4-1】　如图 4-9所示,两圆柱垂直正交半径不等,补画相贯线的主视图投影。

(1)投影分析。两圆柱轴线垂直正交,相贯线俯视投影为圆,左视投影为圆弧,相贯线

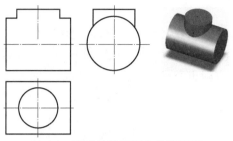

图 4-9　两圆柱垂直正交半径不等

主视投影近似为光滑弧线。

（2）作图步骤如图 4-10 所示。

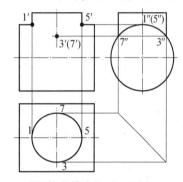

第1步　找特殊点。1、5两点为相贯线上最左和最右点；3、7两点为相贯线上最前和最后点

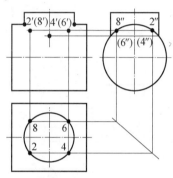

第2步　找中间点。在左视图中任意找两对称点2"(4")、8"(6")，利用投影规律找到俯视图投影2、4、6、8和主视图投影2'(8')、4'(6')

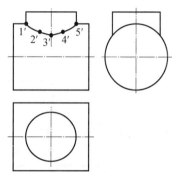

第3步　连成光滑曲线。按照顺序将主视图中1'、2'、3'、4'、5'各点用光滑曲线连接起来，即可得到相贯线主视图投影

图 4-10　两圆柱垂直正交半径不等作图步骤

（3）探究思考。

当两圆柱的相对位置不变，而两圆柱直径发生变化时，相贯线的形状和位置将随之发生改变。

当 $\phi_1 > \phi$ 时，相贯线的主视图投影为上下对称曲线，如图 4-11(a)所示；

当 $\phi_1 = \phi$ 时，相贯线在空间为两相交椭圆，其主视图投影为两相交直线，如图 4-11(b)所示；

当 $\phi_1 < \phi$ 时，相贯线的主视图投影为左右对称的曲线，如图 4-11(c)所示。

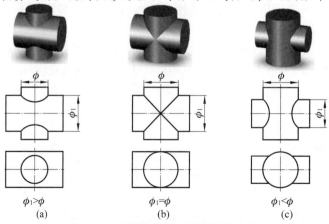

$\phi_1 > \phi$　　　　$\phi_1 = \phi$　　　　$\phi_1 < \phi$

(a)　　　　　　(b)　　　　　　(c)

图 4-11　两圆柱正交时相贯线的变化

（4）知识延展。

国标规定允许采用简化画法作相贯线投影。当两圆柱异径正交，不需要作出精确的相贯线时，可以采用简化画法作出相贯线。作图步骤如下（如图 4-12 所示）：

第 1 步 找特殊点。找出主视图中相贯线投影的最高点 A、C 和最低点 B。

第 2 步 作圆弧线。作 AB 连线的垂直平分线，与小圆柱轴线交于 O 点。以 O 为圆心，OA 为半径作圆弧，即为简化的相贯线。

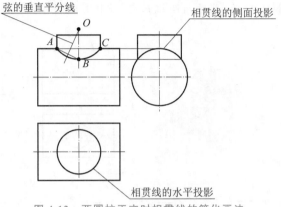

图 4-12 两圆柱正交时相贯线的简化画法

（5）综合应用。

如图 4-13 所示，若在水平圆柱上穿孔，就出现了圆柱外表面与圆柱孔内表面的相贯线，该相贯线的作图方法与上例求两圆柱外表面相贯线相同。

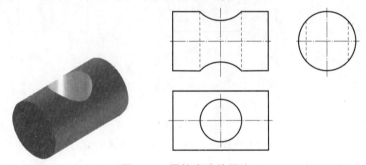

图 4-13 圆柱穿孔的画法

如图 4-14 所示，若要求作两圆柱孔内表面的相贯线，作图方法也与求作两圆柱外表面相贯线的方法相同。

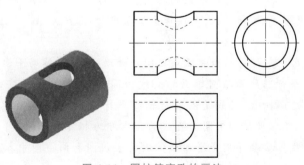

图 4-14 圆柱筒穿孔的画法

二、圆柱与圆锥正交

当两回转体的相贯线不能用积聚性直接作出时,可利用辅助平面法。

辅助平面法作图原理:用一辅助平面与两回转体同时相交,得到两组截交线。这两组截交线均处于辅助平面内,它们的交点为辅助平面与两回转体表面的共有点。一般选取特殊位置平面作为辅助平面,并使辅助平面与两回转体的截交线为最简单图形,如直线或者圆。

【例 4-2】 如图 4-15 所示,圆柱与圆锥正交,作相贯线投影。

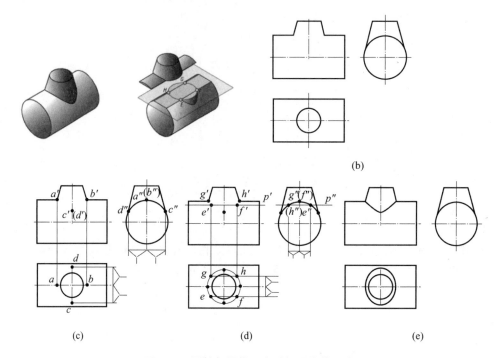

图 4-15 圆柱与圆锥正交时相贯线的画法

(1) 投影分析。

如图 4-15(a)所示,圆柱与圆锥轴线垂直相交,相贯线是一条前后、左右对称且闭合的空间曲线。相贯线左视图投影与圆柱一部分圆弧重合,利用辅助平面法可作出相贯线其他两视图投影。

(2)作图步骤

第 1 步 找特殊点。根据相贯线的最高点 A、B(也是最左、最右)和最低点 C、D(也是最前、最后点)的侧面投影 a''、b'' 和 c''、d'' 直接作出正面投影 a'、b'、c'、d' 以及水平投影 a、b、c、d。如图 4-15(c)所示。

第 2 步 找中间点。在最高点和最低点之间作辅助平面 P(辅助平面为水平面,与圆锥轴线垂直,与圆柱轴线平行),P 面与圆锥面的交线为圆,在俯视图中显实,该圆的半径可在侧面投影中量取。P 面与圆柱的交线是两条与轴线平行的直线,它们在水平投影中的位置也从侧面投影中量取。在水平投影中圆与直线的交点即为相贯线上的点。如图 4-15(d)所示。

(3)连成光滑曲线。按顺序用光滑曲线依次将主视图和俯视图中各点连接起来,即为相贯线投影。如图 4-15(e)所示。

三、相贯线的特殊情况

两回转体相交时,一般情况下相贯线为空间曲线,在特殊情况下,相贯线为平面曲线。

1. 相贯线为平面曲线

(1) 两同轴回转体相交时,相贯线一定是垂直于轴线的圆。当回转体轴线平行于某一投影面时,该圆在该投影面上的投影为垂直于轴线的直线,如图 4-16 所示。

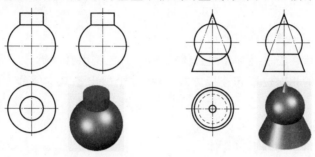

(a)圆柱与圆柱同轴相交　　　　(b)圆柱与圆锥同轴相交

图 4-16　同轴回转体的相贯线画法

(2) 当轴线相交的两圆柱直径相同时,或者当轴线相交的圆柱与圆锥,公切于同一球面时,相贯线一定是平面曲线,如图 4-17 所示。

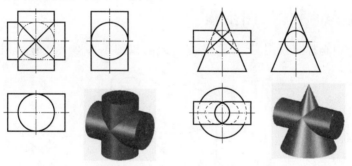

(a)圆柱与圆柱等径正交　　　　(b)圆柱与圆锥正交

图 4-17　轴线相交两回转体公切于球面的相贯线画法

2. 相贯线为直线

当相交两圆柱的轴线平行时,相贯线为直线,如图 4-18(a)所示。

当两圆锥相交共顶时,相贯线为直线,如图 4-18(b)所示。

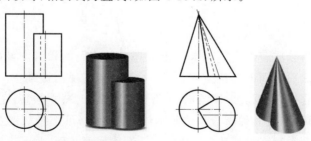

(a)两圆柱轴线平行　　　　(b)两圆锥共顶

图 4-18　相贯线为直线的画法

4.1.3　组合体的绘图方法与步骤

一、组合体的绘图方法

绘制组合体三视图时,结合不同组合类型,选择不同的绘图方法。

1.形体分析法

形体分析法常用于叠加型组合体。

形体分析法是指在绘制叠加型组合体视图前,首先将组合体拆分为若干个基本体,然后分析各基本体之间的相对位置和连接方式,最后逐个画出各基本体的三视图。注意各基本体连接处的绘制。

2.面形分析法

面形分析法常用于切割型组合体。

面形分析法是指在绘制切割型组合体视图前,首先分析组合体原始基本体形状,然后分析该基本体被哪些面切割或穿孔,分析这些切割面的位置特征,最后在绘制视图时,先绘制基本体三视图,然后逐一绘制每个切割面的三视图。注意视图中被切掉的基本体的画法。

绘制综合型组合体视图时,需结合形体分析法和面形分析法。

二、叠加型组合体绘图步骤

绘制叠加型组合体三视图时,常采用以下步骤(以图 4-19 所示支座为例):

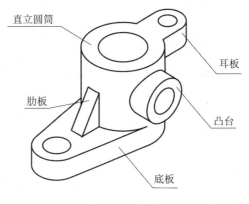

图 4-19　支座

1.形体分析

把目标组合体拆分成若干个基本体,分析各基本体之间的相对位置和组合形式,分析各相邻基本体的相邻表面之间的连接方式,为下一步绘制三视图做准备。如图 4-19 所示,该支座为一叠加型组合体,根据其形体结构,可拆分为五部分:直立圆筒、底板、耳板、凸台和肋板。结合形体分析可知,直立圆筒与其他基本体都有关联,可选择从直立圆筒出发,分析各基本体之间的位置关系和连接关系。底板与直立圆筒底面共面,侧面相切;耳板与直立圆筒顶面共面,侧面相交;凸台与直立圆筒侧面相交;肋板与直立圆筒侧面相交。

2.视图选择

（1）选择主视图。

在选择主视图时,主要考虑两方面的问题：

第一是组合体的放置位置。组合体放置位置一般选用自然放置（较大底面在下,较小底面在上）或工作位置,如图 4-20 所示。

第二是主视图投影方向。为方便看图及清楚表达各基本体的特征,主视图投影方向的选取原则是能尽可能多地反映目标组合体的主要特征。如图 4-20 所示,相较 B 视方向,A 视方向更能清楚反映组合体的主要特征。

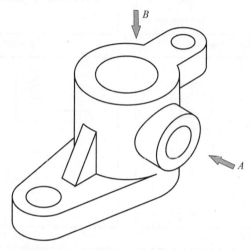

图 4-20 支座主视图投影方向选择

（2）确定其他视图。

现阶段绘制组合体视图只需确定俯视图和左视图。后续绘图时,需结合机件的特征选择剖视图、局部视图等其他视图。

3.定比例,选图幅

选择合适比例和图幅。

4.布图打底稿

布图时,计算各视图的总体尺寸,预留出尺寸标注位置,绘制基准线。

绘制目标组合体的三视图时,将形体分析的各基本体用细线逐个绘出。绘图时应将各基本体三视图逐个画完,不应将组合体某个视图画完再画其他视图。

画图顺序选用原则一般为：先画主要基本体（一般选择大的基本体）,后画其他基本体；先画能反映基本体形状的视图,后画其他视图；先画主要轮廓,后画细节处；先画各基本体的形状和位置部分,后画各基本体连接部分；先画外轮廓,后画内部切割或穿孔部分。支座三视图绘图步骤如图 4-21 所示。

5.检查,描深

底稿绘制完成以后,按形体分析逐个检查各基本体的三视图及基本体连接处画法是否正确,改正错误。特别注意各基本体连接处截交线和相贯线的画法。

检查完成后,按照国家标准规定的线型进行描深。先描深细线,后描深粗线；先描深粗曲线,后描深粗直线。

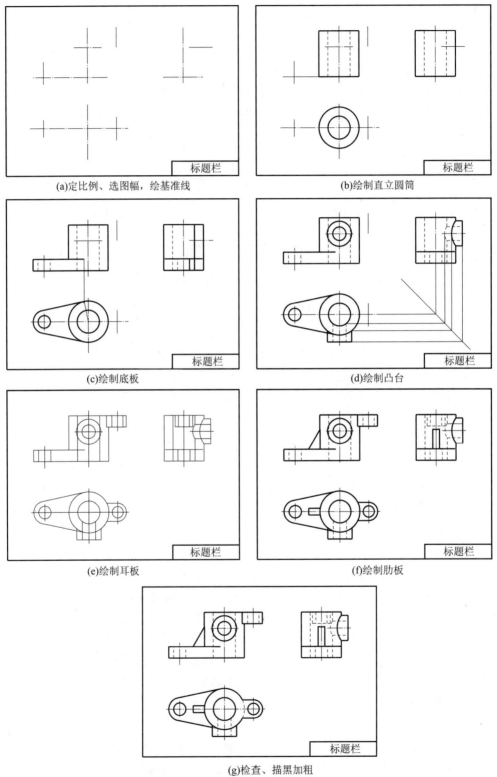

(a)定比例、选图幅,绘基准线　　　　　　　(b)绘制直立圆筒

(c)绘制底板　　　　　　　　　　　　(d)绘制凸台

(e)绘制耳板　　　　　　　　　　　　(f)绘制肋板

(g)检查、描黑加粗

图 4-21　支座三视图绘制步骤

三、切割型组合体绘图步骤

绘制切割型组合体三视图时,常采用以下步骤(以图 4-22 所示压块为例):

1. 面形分析

先分析切割型组合体的原始基本体形状,然后分析该原始基本体由哪些平面切割或穿孔而成,分析各切割面的位置特征,为下一步绘制三视图做准备。如图 4-22 所示压块,分析其原始基本体为正四棱柱,被侧平面、正垂面、铅垂面等切割而成。

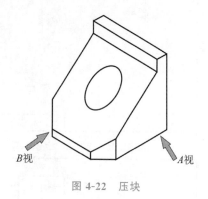

图 4-22 压块

2. 视图选择

(1) 选择主视图。

在选择主视图时,主要考虑两方面的问题:

第一是组合体的放置位置。组合体放置位置一般选用自然放置(较大底面在下,较小底面在上)或工作位置,如图 4-22 所示。

第二是主视图投影方向。主视图投影方向的选取原则是清楚表达切割体的形状特征。如图 4-22 所示,相较 B 视方向,A 视方向更能清楚反映切割体的特征。

(2) 确定其他视图。

现阶段绘制组合体视图只需确定俯视图和左视图。后续绘图时,需结合机件的特征选择剖视图、局部视图等其他视图。

3. 定比例,选图幅

选择合适的比例和图幅。

4. 布图打底稿

布图时,计算各视图的总体尺寸,预留出尺寸标注位置,绘制基准线,如图 4-23(a)所示。

绘制目标组合体的三视图时,先画面形分析得到的原始基本体三视图,然后画每个切割面的投影。绘制切割面投影时,遵循先从反映形状特征轮廓,且有积聚性投影的视图开始绘制,然后根据投影关系绘制其他视图。该压块原始基本体为四棱柱,绘制出四棱柱三视图,如图 4-23(b)所示;绘制侧平面和正垂面组合切面切割后组合体三视图,注意虚线部分为切除部分,如图 4-23(c)所示;绘制前后对称的两铅垂面在右侧切割后组合体三视图,虚线为切除部分,如图 4-23(d)所示;绘制贯穿铅垂直圆柱孔切割后组合体三视图,如图 4-23(e)所示,注意左视图中相贯线的画法。

5. 检查,描深

底稿绘制完成以后,按面形分析逐个检查各切割面三视图,改正错误。可结合投影面的类似性特征检查各切口投影面。

检查完成后,按照国家标准规定的线型进行描深。先描深细线,后描深粗线;先描深粗曲线,后描深粗直线,如图 4-23(f)所示。

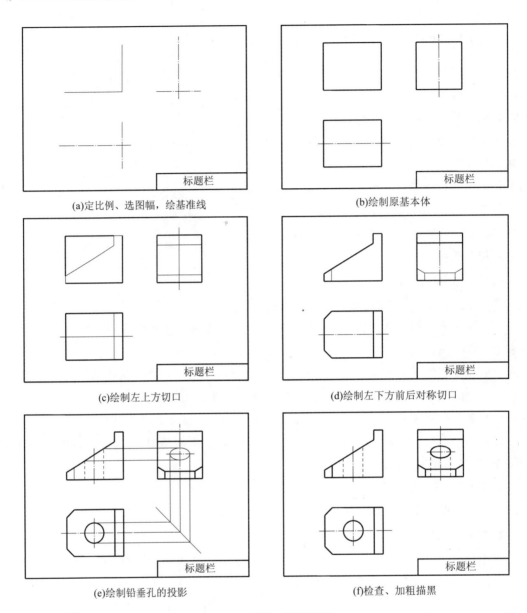

(a)定比例、选图幅，绘基准线

(b)绘制原基本体

(c)绘制左上方切口

(d)绘制左下方前后对称切口

(e)绘制铅垂孔的投影

(f)检查、加粗描黑

图 4-23　压块三视图绘制

4.1.4　组合体的尺寸标注

一、基本体尺寸标注

要掌握组合体的尺寸标注方法,需熟悉基本体的尺寸标注。基本体的形状尺寸通常由长、宽、高三个方向的尺寸确定。

1.平面体

结合具体形状来标注平面体的尺寸,标注示例如图 4-24 所示。如图 4-24(a)所示四棱柱,主视图标注高度尺寸,俯视图标注长度、高度尺寸。如图 4-24(b)所示,正四棱台标注高度尺寸和上、下底面的尺寸。如图 4-24(c)所示,正三棱锥标注底面尺寸和高度尺寸。如图 4-24(d)所示,正六棱柱标准底面尺寸和高度尺寸,其中底面尺寸有两种标注方法:一种是标注正六边形对边距离(即扳手尺寸),工程中常用这种标注方法;另一种是标注正六边形对角线尺寸,如图 4-24(e)所示。如图 4-24(f)所示,正五棱柱标注底面正五边形外接圆直径和高度尺寸。

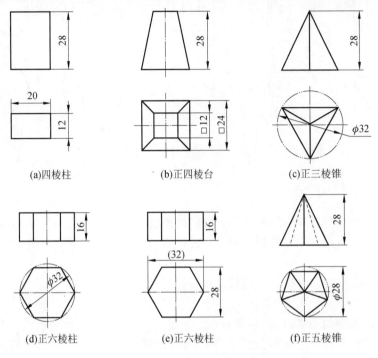

图 4-24　平面体尺寸标注

2.曲面体

不同曲面体标注方法不同,标注示例如图 4-25 所示。如图 4-25(a)所示,圆柱标注出底圆直径和高度尺寸。如图 4-25(b)所示,圆锥标注出底圆直径和高度尺寸。如图 4-25(c)所示,圆台标注出顶圆直径、底圆直径和高度尺寸。如图 4-25(d)所示,圆环标注出母线圆和中心圆直径尺寸。如图 4-25(e)所示,圆球标注出直径尺寸,在直径数字前加注"$S\phi$"。

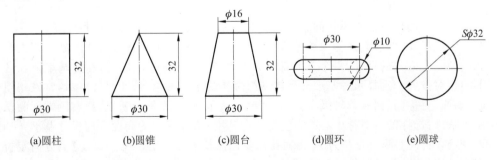

图 4-25　曲面体尺寸标注

3.带切口的基本体

在标注带切口的基本体尺寸时,除了按要求标注基本体的尺寸外,还需标注出截平面的位置尺寸。值得注意的是,截平面与基本体相对位置确定后,切口处交线已完全确定,切口处交线无须标注尺寸。标注示例如图 4-26 所示,图中打"×"尺寸为多余尺寸。

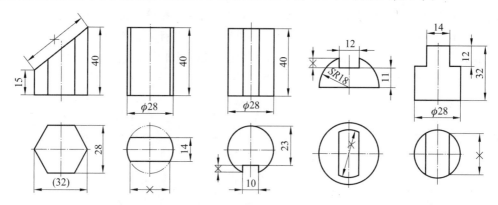

图 4-26　带切口基本体尺寸标注

二、组合体尺寸标注

组合体尺寸标注需遵循"正确、齐全、清晰"的原则。正确是指符合国家标准。齐全是指标注尺寸既不遗漏也没多余。清晰是指尺寸标注布局整齐、清楚,便于看图。

1. 尺寸正确

按照国标要求标注尺寸。具体国标要求,前文已经讲过,此处不再赘述。

2. 尺寸齐全

要达到标注齐全的要求,具体步骤有:① 采用形体分析法、面形分析法分析出基本体,标注基本体的定形尺寸;② 分析各基本体之间的相对位置,或切割面的位置,标注定位尺寸;③ 根据组合体的结构特点,标注总体尺寸。

(1) 定形尺寸。

定形尺寸即确定基本体形状大小的尺寸。标注定形尺寸时,按照基本体尺寸标注要求进行标注即可。如图 4-27 所示,根据形体分析法可知,该组合体可拆分为三部分:底板、侧板、肋板。底板的定形尺寸有 28(见俯视图)、17(见俯视图)、7(见主视图)、ϕ4(见俯视图);侧板的定形尺寸有 ϕ9(见左视图)、R9(见左视图)、7(见主视图),侧板的高度尺寸与圆孔定位尺寸重叠,标注定位尺寸即可;肋板的定形尺寸有 11(见主视图)、7(见主视图)、5(见左视图)。

(2) 定位尺寸。

定位尺寸即确定各基本体之间相对位置的尺寸,或切割面相对位置的尺寸。

标注定位尺寸时,应先选择尺寸基准。尺寸基准是指标注或测量尺寸的起点。组合体有长、宽、高三个方向的尺寸,每个方向都应该有基准,以便从基准出发,确定基本体在各个方向上的相对位置。选择尺寸基准必须体现组合体的结构特点,便于尺寸度量,常选用组合体底面、端面、对称面、回转体轴线。如图 4-28(a)所示,结合形体分析,选择右侧端面为长度方向尺寸基准;选择前后对称中心面为宽度方向基准;选择底面为高度方向尺寸基准。如图 4-28(b)所示,底板上两个直径为 ϕ4 的通孔需要标注长度方向定位尺寸 22、宽度方向定位尺寸 8;侧板上的圆孔 ϕ9、圆弧表面 R9 需标注圆心位置的高度方向定位尺寸 21。

切割型组合体在标注定位尺寸时,可参考带切口基本体尺寸标注方法进行标注。

(3) 总体尺寸。

总体尺寸即确定组合体总长、总宽、总高的尺寸。组合体的总体尺寸若在其他尺寸标注

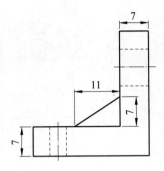
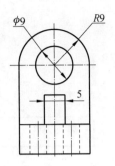
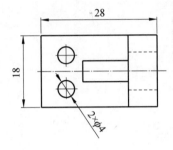

图 4-27　组合体定形尺寸标注示例

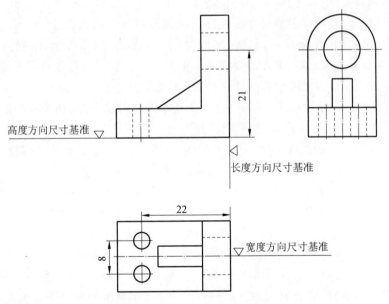

图 4-28　组合体定位尺寸标注示例

中已经注出,则不需重复标注。

　　值得注意的是,当组合体有一端为回转体(即轮廓线为曲线)时,通常不以轮廓线为界标注总体尺寸。如图 4-29 所示,俯视图中底板的定形尺寸 18 和 28 已然是该组合体宽度方向和长度方向上的总体尺寸,不需重复标注。由于高度方向上上侧端面为回转体,主视图中标注定位尺寸 21 即可。

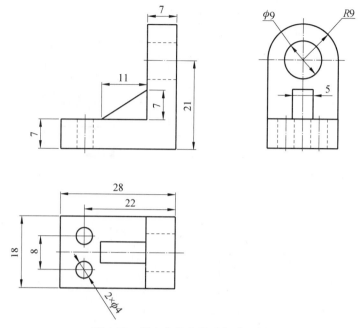

图 4-29　组合体总体尺寸标注示例

3. 尺寸清晰

为方便看图,标注的尺寸应布局整齐、清晰。在标注尺寸时,应注意以下几点:

(1) 突出特征。通常将定形尺寸标注在反映其形状特征的视图上,但不宜标注在细虚线上。圆形尺寸通常选择标注在反映圆形的视图上。如图 4-29 所示,俯视图中定形尺寸 $\phi4$、左视图中定形尺寸 $R9$、$\phi9$、主视图中定形尺寸 11、7。定位尺寸标注在位置特征清楚的视图上。如图 4-29 所示,俯视图中定位尺寸 22、8,主视图中定位尺寸 21。

(2) 相对集中。为便于读图,尽量将同一个基本体的形状尺寸、相关联的定位尺寸标注在同一个视图上。如图 4-29 所示,将底板的长度尺寸 28 和宽度尺寸 18 集中标注在俯视图中,肋板的长度尺寸 11 和高度尺寸 7 集中标注在主视图中。底板上 $\phi4$ 的圆形通孔长度方向定位尺寸 22 和宽度方向定位尺寸 8 集中标注在俯视图中。

(3) 排列整齐。在标注尺寸时,一般将尺寸标注在视图外面。在不影响看图的情况下,也可以将尺寸标注在视图内。如图 4-29 所示,主视图中肋板高度尺寸 7,左视图中肋板宽度尺寸 5 都标注在视图内。在标注尺寸时,应遵循以下原则:标注同一个视图中同一方向尺寸时,应尽量避免尺寸线交叉,将小尺寸标注在里面,大尺寸标注在外面;如图 4-29 所示,俯视图中标注尺寸 28 和尺寸 22、尺寸 18 和尺寸 8 遵循小尺寸在内、大尺寸在外原则。不同视图的尺寸标注在同一侧时,应分层对齐。如图 4-29 所示,主视图中尺寸 7 和俯视图中尺寸 8,遵循分层对齐原则。相邻视图的相关尺寸最好标注在两个视图之间。如图 4-29 所示,主俯视图关联尺寸 28、主左视图关联尺寸 21,均标注在两视图之间。

三、常见平面图形标注示例

组合体常见结构的尺寸标注方法,如图 4-30 中左图所示。右图中的标注线为错误注法。

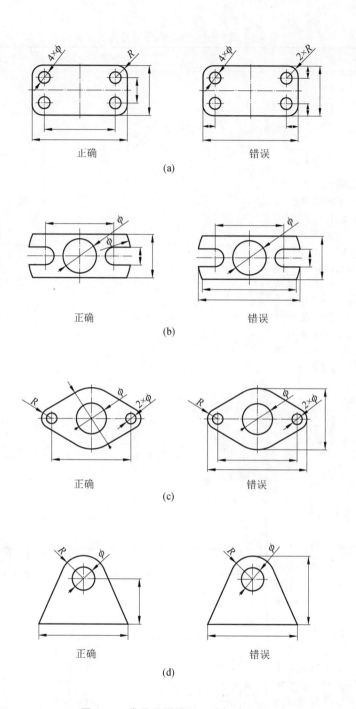

图 4-30　常见平面图形尺寸标注示例

【任务实施】

表 4-1 所示为绘制组合体三视图的方法与步骤，表 4-2 所示为尺寸标注方法与步骤。

表 4-1　绘制组合体三视图的方法与步骤

方　法　步　骤	图　　示
（1）绘制作图基准线： 　　该组合体的左、右基准可选在左右对称中心面处，上、下基准可选在底面处，前、后基准可选在圆柱筒的前后对称面上。在主视图中应定出上、下基准和左、右基准，在俯视图中应定出左、右基准和前、后基准，在左视图中应定出上、下基准和前、后基准，为保证"三等"关系，如右图所示在 0 层上作与水平方向呈 45°夹角参照线作为保证宽相等的辅助线	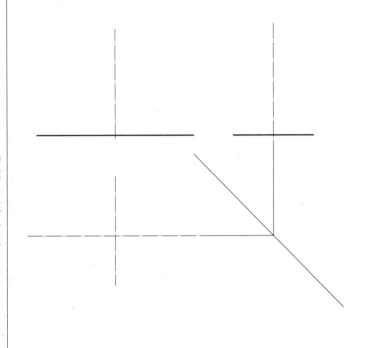
（2）绘制底板的投影： 　　底板的形状特征在俯视图中显示，可先画底板俯视图，再画主视图和左视图。利用绘制"矩形"命令在俯视图中画带圆角的矩形，通过捕捉圆心画出其中 1 个安装孔，利用"复制"命令画出其余安装孔的投影；主视图通过对象捕捉利用"直线"命令画出各轮廓线，左视图要借助于作辅助线定位，孔的投影线为虚线，要将虚线图层置为当前绘制，如右图所示	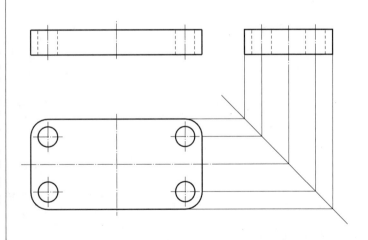

方法步骤	图　示
（3）绘制圆柱筒的投影： 　　圆柱筒的形状特征也在俯视图中显示，同样可在俯视图中利用画"圆"命令先画出圆柱筒投影的两个同心圆，然后画其主视和左视投影，再捕捉圆的象限点绘制主视图和左视图上的投影，可先将主视图中的投影作出，再将其在左视图中复制出来	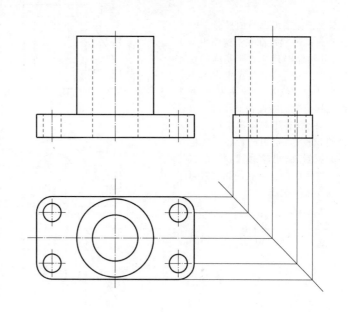
（4）绘制左、右两边支承板的投影： 　　左、右支承板的形状特征虽然在主视图中显示，但其前、后面与圆柱筒外表面的交线位置要靠俯视图确定，因此，先根据支承板的厚度以及相对于圆柱筒和底板的位置，利用"偏移"命令在俯视图中画出其投影，再根据主、俯视图长对正的原则，利用交点捕捉以及追踪功能，由俯视图中支承板的投影定出主视图中支承板与圆柱回转面的交线位置画其主视图，可先画左边，右边利用"镜像"命令作出；依照主、左视图高平齐利用作辅助线定出支承板在左视图中的位置，画出左视图。注意：支承板的侧面与圆柱筒的轴心线是相倾斜的，截交线为椭圆的一部分，可近似用圆弧画出，如右图所示	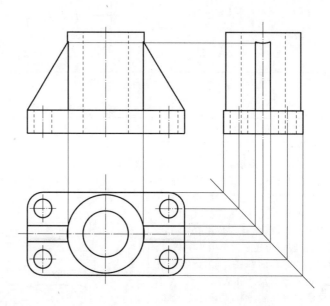

方 法 步 骤	图 示
（5）绘制前面凸台的投影： 凸台的形状特征在主视图中显示，可先根据其相对于基准的位置，利用"偏移"命令在主视图中定出凸台的位置，画出主视图，并将底板上表面投影被遮住的部分改为虚线；利用对象捕捉画出凸台俯视投影；定出凸台在左视图中的位置，画出轮廓线投影。其中左视图中的孔与孔的相贯线可用圆弧近似画出	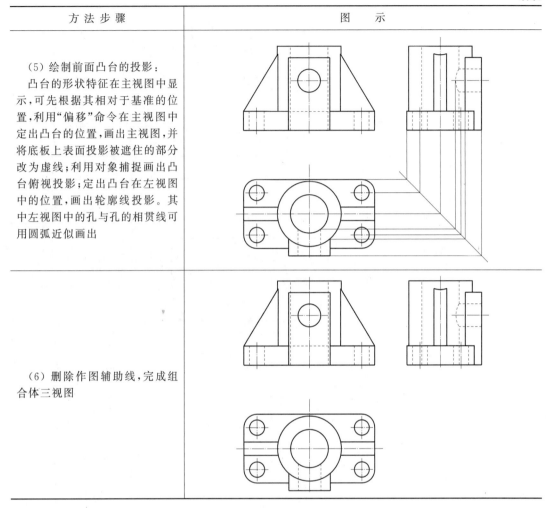
（6）删除作图辅助线，完成组合体三视图	

表 4-2　尺寸标注方法与步骤

尺寸标注方法与步骤	图 示
（1）图 4-1 所示组合体由四个部分组成，其中最下方的底板基本形状为四棱柱，因此应有定四棱柱形状的长度、宽度、高度尺寸；该四棱柱的四个角倒了圆角，因此有圆角半径的定形尺寸；在底板上还有四个大小一样、前后和左右对称的圆柱孔，因此有圆柱孔直径的定形尺寸和表示前后、左右定位的定位尺寸，如右图所示。 注意：四处圆弧只标注一处，且不能写成 $4×R7$ 的样式；四个圆也只标注一次，可写成 $4×\phi8$ 的样式	10 70 56 $R7$ 22　36 $4×\phi8$

尺寸标注方法与步骤	图 示
（2）底板上圆柱筒的定形尺寸有外圆柱底面圆直径、内孔直径以及圆柱筒的高度；圆柱筒的定位由基准即可定出，如右图所示	
（3）前面的凸台基本形状为四棱柱，它与底板和圆柱筒均相交，其定形尺寸有长度和高度，左右位置和上下位置由基准定出，前后位置由其前表面相对于前后基准尺寸定出；凸台上的圆柱孔与圆柱筒的内孔相贯，该圆柱孔有直径的定形尺寸以及高度位置的定位尺寸，如右图所示	
（4）左右两边的支承板，基本形状是三棱柱，其形状大小和位置由底板、圆柱筒以及前后基准确定，因此仅标出高度和厚度（即宽度方向）尺寸即可，如右图所示	

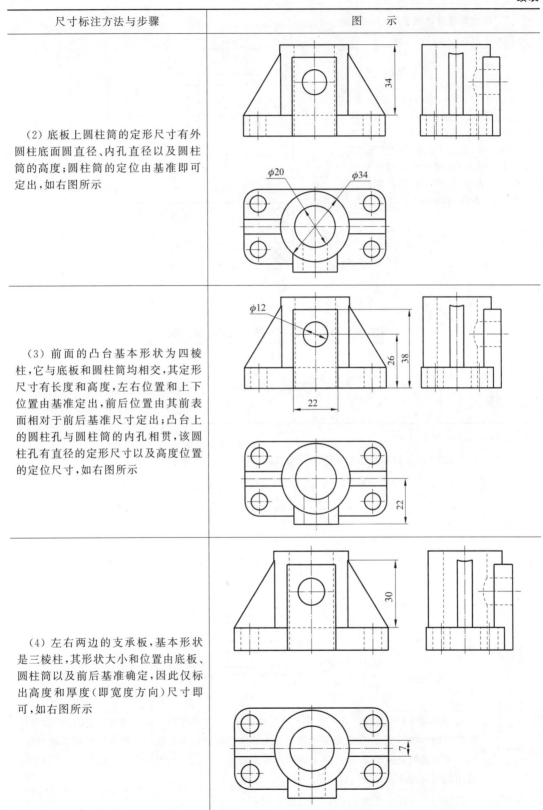

续表

尺寸标注方法与步骤	图　　示
（5）将各尺寸进行综合整理，并注意标注组合体的总体尺寸。总长即为底板的长度，总宽为底板的宽度尺寸，无须重复标出，总高可标注圆柱筒和底板的高度和，这时应将圆柱筒高度尺寸去掉，否则会形成封闭的尺寸链	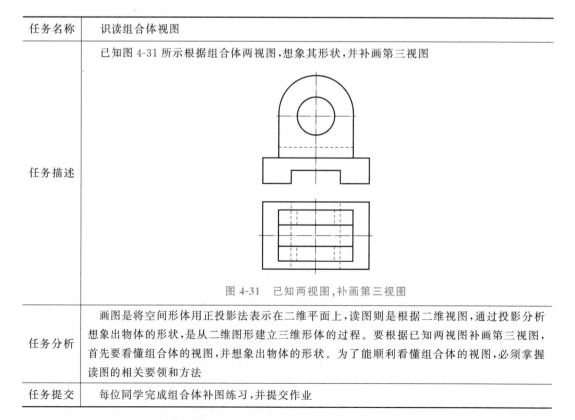

任务2　识读组合体视图

【任务单】

任务名称	识读组合体视图
任务描述	已知图 4-31 所示根据组合体两视图，想象其形状，并补画第三视图 图 4-31　已知两视图，补画第三视图
任务分析	画图是将空间形体用正投影法表示在二维平面上，读图则是根据二维视图，通过投影分析想象出物体的形状，是从二维图形建立三维形体的过程。要根据已知两视图补画第三视图，首先要看懂组合体的视图，并想象出物体的形状。为了能顺利看懂组合体的视图，必须掌握读图的相关要领和方法
任务提交	每位同学完成组合体补图练习，并提交作业

【知识储备】

4.2.1 组合体的读图

读图是根据已经绘制的组合体视图,通过分析视图想象出组合体的三维形状,是通过二维图形建立三维形体的过程。画图和读图是互逆过程,但也是相辅相成的。

一、读图的基本原则

1. 将几个视图联系起来读图

在绘图中,每个视图只能反映一个投影方向上的特征。在读图过程中,我们需要正确完整地识别组合体中每一个基本体的形体特征,就必须将几个视图联系起来识读,如图 4-32 所示。

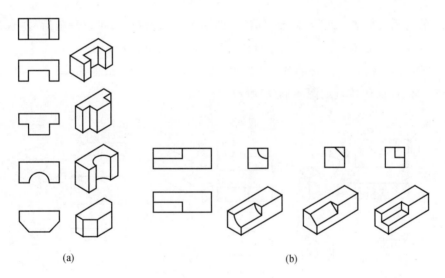

(a)   (b)

图 4-32 几个视图联系起来读图

2. 正确理解视图中线框和图线的含义

视图是由一个个封闭线框组成的,线框是由图线构成的。弄清楚图线及线框含义对读图是非常有帮助的。

(1) 图线含义。

视图中常见的图线有粗实线、细虚线和点画线,如图 4-33 所示。

① 粗实线或细虚线(包括直线和曲线)可以表示:具有积聚性的平面或曲面的投影;面与面(两平面、两曲面或平面与曲面)交线的投影;曲面转向线投影。

② 细点画线可以表示:回转体的轴线、对称中心线。

(2) 线框的含义。

① 一个封闭线框可以表示组合体一个表面(平面或曲面)或孔洞的投影,如图 4-34(a)所示。

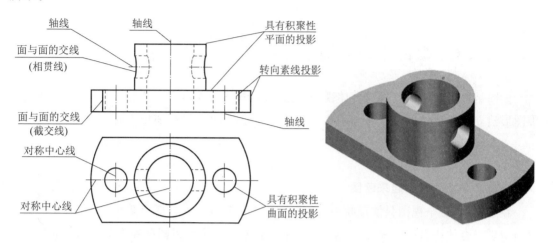

图 4-33 视图中图线的含义

② 相邻封闭线框表示组合体上不同位置的两个表面的投影,可以是前后、左右、上下等位置关系,也可以结合其他视图来判定具体位置,如图 4-34(b)所示。

③ 一个大封闭线框内包含的各个小线框,表示在大平面体(或曲面体)上凸出或凹进的各个小平面体(或曲面体),如图 4-34(c)所示。

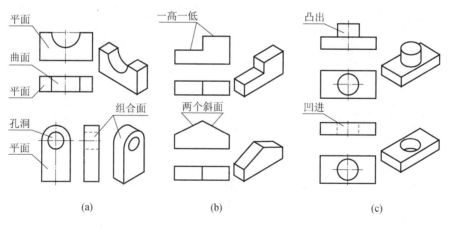

(a)   (b)   (c)

图 4-34 线框的含义

3. 从反映形体特征的视图入手

形体特征包含形状特征和位置特征。

(1)形状特征视图是指能清楚反映基本体形状特征的视图。从画图的角度出发,一般主视图能更多反映组合体特征,所以读图时,可以先从主视图开始。当然主视图有时不能反映全部基本体形状特征,可以结合其他视图来分析判断,如图 4-35 所示。

(2)位置特征视图是指能清楚反映各基本体之间相互位置关系的视图。一般通过一个视图不能完整表达基本体之间的位置关系,需要结合投影关系对照多个视图来分析判断基

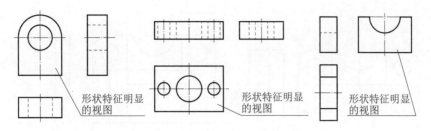

图 4-35　抓形状特征进行读图

本体之间的位置关系。如图 4-36(a)中,仅看主视图和俯视图不能区别圆形和小矩形哪个凸出哪个凹进去,需要结合左视图来区别两者位置关系。从图 4-36(b)所示左视图中明显可以看出,圆形是凸台,矩形是通孔。

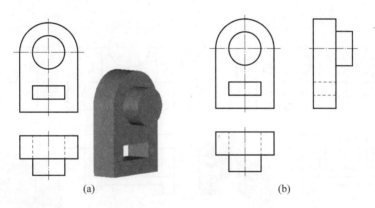

图 4-36　抓位置特征进行读图

二、读图的基本方法与步骤

1. 形体分析法

形体分析法常用于叠加型组合体读图中。在运用形体分析法读图时,具体步骤如下(以图 4-37 为例):

(1) 分线框,对投影。通常从主视图出发,由一个封闭线框开始,利用投影关系,找到其在其他视图中的投影。如图 4-37(a)所示,从主视图出发,可以找到Ⅰ、Ⅱ、Ⅲ三个封闭线框。

(2) 找特征,思形状。结合封闭线框的三视图投影,找到能反映其形状特征的视图,然后结合其他视图,想象出该基本体的形状。值得注意的是,应逐个线框分析出其对应的基本体形状,然后再分析其他线框。如图 4-37(b)所示,找到线框Ⅰ的三视图,想象其基本形状;如图 4-37(c)所示,找到线框Ⅱ的三视图,想象其基本形状;如图 4-37(d)所示,找到线框Ⅲ的三视图,想象其基本形状。

(3) 辨位置,构整体。分析各基本体之间的位置关系视图,找出基本体之间的相对位置、表面连接关系等,构思组合体的整体形状,如图 4-37(e)所示。

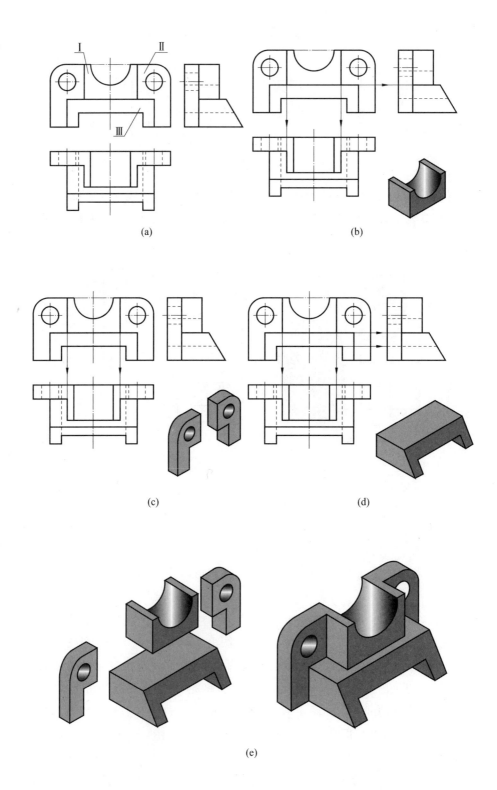

图 4-37　利用形体分析法看懂轴承座三视图

【例 4-3】　如图 4-38 所示,补画组合体视图中漏画的线。

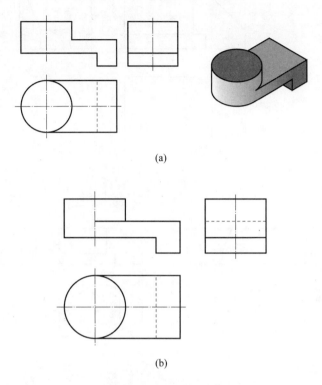

(a)

(b)

图 4-38　补画视图中漏画的线

2. 面形分析法

面形分析法常用于切割型组合体读图中。在运用面形分析法读图时,具体步骤如下[以图 4-39(a)为例]:

(1) 补缺口,构整体。补全切割型组合体三视图中的缺口部分,然后构思该组合体原始基本体形状;如图 4-39(a)所示,补齐三视图中的缺口,可以看出原始基本体为四棱柱。后变为由四棱柱经过数次切割后形成的压块。

(2) 找切口,辨位置。结合面的投影积聚性特征,找出每个切割面的位置特征。从主视图切口出发,根据投影关系,找到在其他视图上的投影。通过切割面三视图投影,辨别该切割面的位置特征。值得注意的是视图中画细虚线的位置。如图 4-39(b)所示,从主视图积聚性投影开始,利用投影关系找到其在另外两个视图中的投影,结合三视图投影可知,该切割面为正垂面;如图 4-39(c)所示,从俯视图积聚性投影开始,利用投影关系找到其在另外两个视图中的投影,结合三视图投影可知,该切割面为铅垂面;如图 4-39(d)、图 4-39(e)所示,从左视图积聚性投影开始,利用投影关系找到其在另外两个视图中的投影,结合三视图投影可知,这两个切割面为正平面和水平面。

(3) 综合起来想整体。结合每个切割面的位置特征和原始基本体形状,想象出原始基本体被切割后的组合体形状,如图 4-39(f)所示。

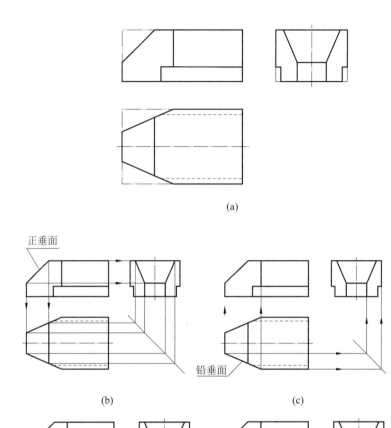

正垂面

铅垂面

正平面

水平面

(a)

(b)

(c)

(d)

(e)

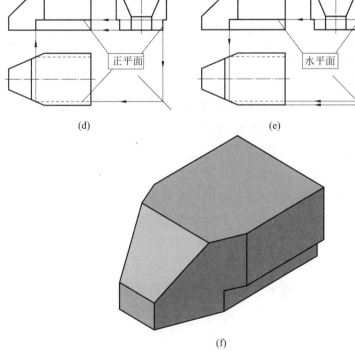

(f)

图 4-39　利用面形分析法看懂压块三视图

【例 4-4】　如图 4-40(a)所示,补画主视图、左视图中漏画的线。

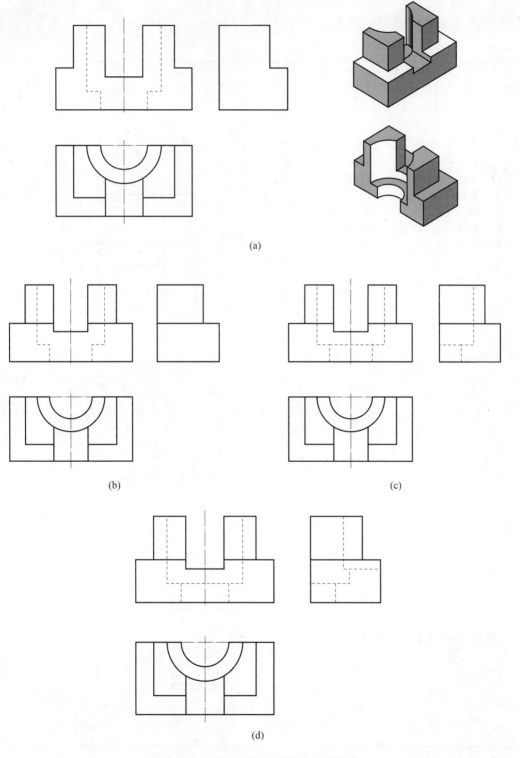

(a)

(b)

(c)

(d)

图 4-40　补画主视图、左视图中漏画的线

【任务实施】

任务实施步骤如表 4-3 所示。

视频:形体分析
法读图案例

表 4-3　任务 2 实施步骤

方　法　步　骤	图　　示
（1）结合所给主、俯视图，抓特征、分部分，可以将该组合体分为上、下两个部分。上半部分为前后对称的马蹄形立板，之间有一块矩形连接板。下半部分为四棱柱底板从前到后挖矩形槽形成	
（2）综合想象整体形状，如右图所示	有一块板
（3）画底板左视图，如右图所示	

续表

方法步骤	图　示
（4）画马蹄形立板左视图，如右图所示	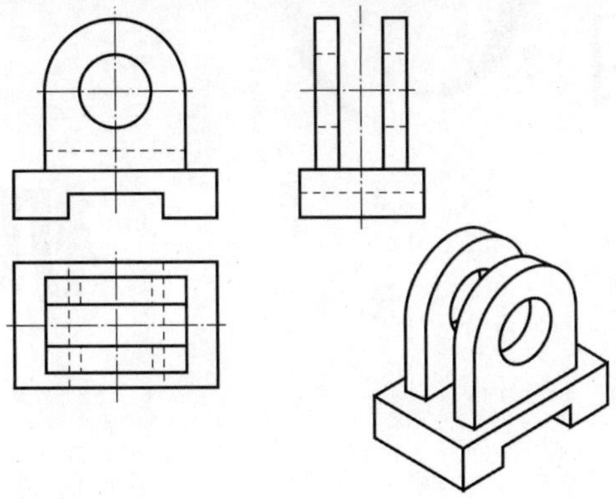
（5）画连接部分左视图，如右图所示。在画图过程中要注意各部分之间的表面连接关系	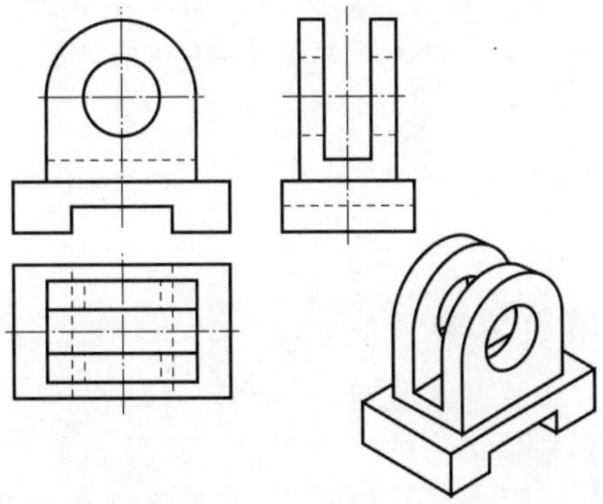

项目 5

机件的图样画法

工程实际中,机件的形状是多种多样的,有些机件的内、外形状都比较复杂,如果只用三视图和可见部分画实线、不可见部分画虚线的方法,往往不能表达清楚和完整。为此,国家标准规定了视图、剖视图和断面图等基本表示法。本项目的主要任务是学会视图、剖视图、断面图以及其他规定画法和简化画法,能够根据机件的结构特点合理选择其表达方法,并画出图形。

项目要求

(1) 理解基本视图、向视图、局部视图、斜视图的概念,掌握其画法和标注方法;
(2) 能够根据机件外形特征选择合适的视图进行表达;
(3) 理解剖视图的形成,掌握剖视图的画法和标注;
(4) 掌握剖切面的选用方法,理解剖视图的种类;
(5) 能够根据机件内部结构特征选择合适的剖视图进行表达;
(6) 理解断面图的概念,掌握断面图的画法和标注;
(7) 熟悉国家标准关于机件的规定画法和简化画法;
(8) 能够综合运用各种表达方法对机件进行正确、完整的表达。

项目思政

当你开始思考,一切困难都是纸老虎

在现实社会中,经常会发现这样的人,遇到困难,除了抱怨不会别的,领导拨一下动一下,不拨不动,美其名曰:你没说,我怎么知道;还有一种人,是能人,什么问题到他那都能解决,什么事都想到前头。第一种人,遇到问题就抱怨然后放弃的人是最要不得的,这样的人在哪里都没法待得长久;第二种人,积极看待问题,并想方设法通过自己的能力或自学或求助,最终将问题解决掉,解决问题的过程中同时也是个人能力提升和成长的过程,解决的问题越多能量越大,获得的认可自然越多。对于任何一个企业需要的就是第二种人。

其实,那些没有信心的学生并不都是没有将前面的基本知识学会、学好,而是每个人在对待新事物的时候所表现出的态度有所不同,有的学生能够积极面对,积极思考,勇于挑战自我;而有的学生则比较消极,在学习上缺乏主动。在学习和生活中,我们经常会遇到各种问题和困难,保持不抱怨、不放弃的精神,积极努力去克服一切困难解决问题,一切困难就都是纸老虎。这既是我们作为一个学生应该有的学习态度,也是今后在工作中应该有的工作态度。

任务 1 机件外部形状的表达

【任务单】

任务名称	机件外部形状的表达
任务描述	分析图 5-1 所示钣金类机件形状,用适当的视图将其外形表达清楚 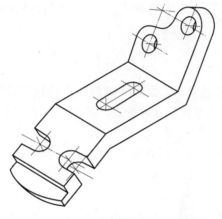 图 5-1 钣金类机件
任务分析	该机件通过形体分析可分解为三个部分,左边部分的形状特征面为正垂面,中间部分的形状特征面为水平面,右边部分的形状特征面也为正垂面,左、右两边的形状特征在任一基本投影面上都不能以实形反映出来,如以三视图来表达该机件,将会出现如图 5-2 所示的表达样式,其俯视图和左视图不仅画图麻烦,而且给看图带来不便 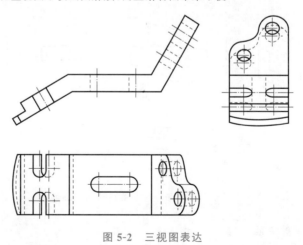 图 5-2 三视图表达 　　为了能够将该机件的左、右部分的形状特征清楚地表达出来,我们不妨考虑一下斜视图的表达方法,即分别取与左、右两边正垂面平行的平面作为投影面,对该部分作正投影;至于中间部分的形状特征可用局部俯视图来表达
任务提交	讨论并绘制该机件的一组视图

【知识储备】

5.1.1 视图

根据国家标准《技术制图》中的规定,视图是用正投影法所绘制出的物体的图形。视图一般用来表达机件的外部结构特征,对于机件中不可见的结构一般情况下不表达,在必要时可用细虚线进行表达。

视图可分为四种:基本视图、向视图、局部视图和斜视图。

一、基本视图

1.定义

基本视图是指将机件向基本投影面投射所得的视图,因为一个机件有六个基本投射方向,相应的会有六个与基本投射方向垂直的基本投影面,所以又称之为六面基本视图。

2.形成

六面基本视图是在三视图的基础上增加了一个从下向上看的仰视图,从右向左看的右视图和从后向前看的后视图。此时空间的六个基本投影面,可设想围成一个正六面体,为使其上的六个基本视图位于同一平面内,可将六面基本视图按图 5-3 所示方法展开。

视频:基本视图的形成原理

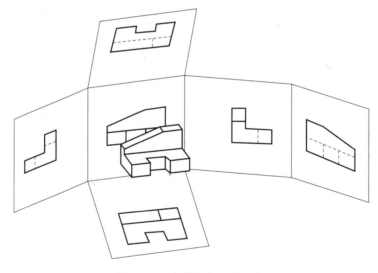

图 5-3　六个基本视图的形成

3.名称和配置关系

六个基本投射方向及视图的名称见表 5-1。

表 5-1　六个基本投射方向及视图的名称

投射方向	由前向后	由上向下	由左向右	由右向左	由下向上	由后向前
视图名称	主视图	俯视图	左视图	右视图	仰视图	后视图

4. 对应关系

（1）位置关系：在机械图样中，六个基本视图的名称和配置关系如图 5-4 所示，符合其配置规定时图样中一律不标注视图名称。

（2）尺寸关系：六个基本视图保持"长对正、高平齐、宽相等"的三等关系，即俯视图与仰视图反映物体长宽方向的尺寸，右视图与左视图反映物体高宽方向的尺寸，后视图与主视图反映物体长高方向的尺寸。因此，主、俯、仰视图长对正；左、主、右、后视图高平齐；俯、左、仰、右视图宽相等。

（3）方位关系：六个基本视图的方位对应关系如图 5-4 所示。俯仰左右 4 个视图分别配置在主视图下方、上方、右方和左方，后视图配置在左视图的右方。俯仰左右 4 个视图中，远离主视图的一侧表示机件的前方，靠近主视图的一侧表示机件的后方。

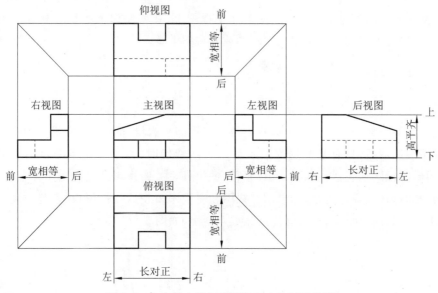

图 5-4　六个基本视图的配置和方位对应关系

5. 应用

实际画图时不需要将六个基本视图全部画出，应根据机件的复杂程度和视图的表达需要，选用几个必要的基本视图进行表达，若无特殊情况，优先选用主、俯、左三视图。

二、向视图

1. 定义

向视图是移位配置的基本视图，即视图的位置自由配置。当视图因特殊情况不能按投影关系配置时，可按向视图配置，如图 5-5 中的向视图 A、向视图 B、向视图 C。

视频：
向视图

2. 标注

（1）向视图必须在图形上方中间位置处注出视图名称，视图名称用大写拉丁字母标注，并在相应的视图附近用箭头指明投射方向，并注上相同的字母。

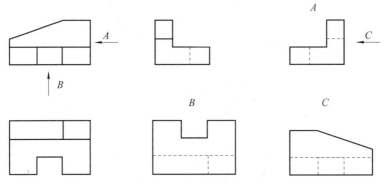

图 5-5　向视图及其标注

（2）表示投射方向的箭头尽可能配置在主视图上，在绘制以向视图方式配置的后视图时，应将表示投射方向的箭头配置在左视图或右视图上。

三、局部视图

1.定义

把机件的某一部分向基本投影面投影得到的视图称为局部视图。当机件的主要形状已用基本视图表达清楚，只有某些局部形状尚未表达清楚时，为了简便不必再用基本视图表达，可采用局部视图来表达。如图 5-6(a)所示的机件，主、俯视图已表达出主体形状，只有左右两个凸台的形状未表达清楚，如果用左视图和右视图来表达，就显得烦琐与重复。如果采用 A 和 B 两个局部视图来表达，既简练又重点突出，如图 5-6(b)所示。

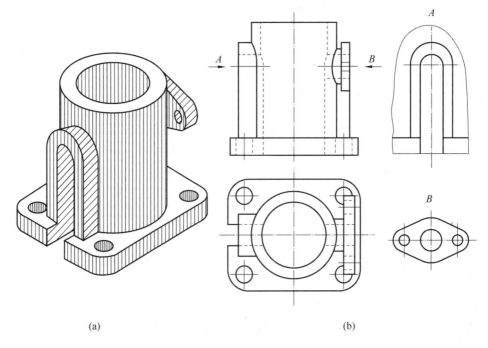

(a)　　　　　　　　　　　　　　(b)

图 5-6　局部视图及其标注

2.配置与标注

（1）可以按基本视图的配置形式配置:若中间无其他图形隔开时,可省略标注,如图5-6(b)所示的 A 视图可不标注。

（2）也可按向视图的配置形式配置:位置适宜即可,如图5-6(b)所示的 B 视图。用带字母的箭头表明投影方向,并在视图的上方标注相应的字母。

（3）按第三角画法配置在视图上需要表示的局部结构附近,并用细点画线连接,标注可省略,如图5-7所示。

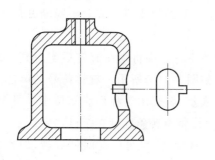 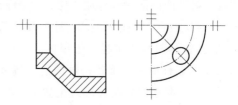

图5-7 局部视图按第三角画法配置　　　图5-8 局部视图的特殊画法

（4）断裂边界的表达。

① 局部视图的断裂边界用波浪线或双折线表示,如图5-6(b)所示的 A 视图;当表示的局部结构是完整的且其图形的外轮廓线封闭时,代表断裂边界的波浪线可省略不画,如图5-6(b)所示的 B 视图。

② 对称机件的视图可只画1/2 或1/4,并在对称中心线的两端画两条与其垂直的平行细实线,并用细点画线代替波浪线作为断裂边界线,这是一种特殊的局部视图,如图5-8所示。

四、斜视图

1.定义

斜视图是指物体向不平行于基本投影面的平面投射所得的视图,如图5-9所示。

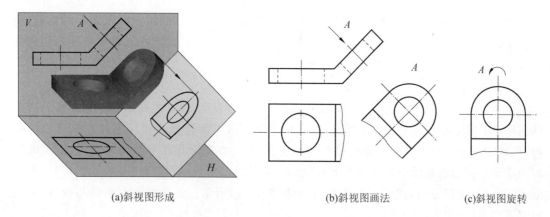

(a)斜视图形成　　　　　　　(b)斜视图画法　　　　　　(c)斜视图旋转

图5-9 倾斜结构斜视图的形成

2. 形成

如图 5-9(a)所示,当机件上的局部结构不平行于任何基本投影面,那么在任何基本投影面上都不能反映该部分的实形,视图也不容易画出。此时可增加一个新的辅助投影面,使它与机件上倾斜结构的主要平面平行并垂直于一个基本投影面。然后将倾斜结构向辅助投影面投射,就得到反映倾斜结构实际形状的视图,即斜视图,如图 5-9(b)所示。

3. 画法与标注

(1) 斜视图的画法与标注同局部视图类似,常用于表达机件上的倾斜结构,画出倾斜结构的实形后,机件的其余部分不必画出,此时可在适当位置用波浪线或双折线断开即可,如图5-9(b)所示。

(2) 斜视图的配置和标注参考向视图的规定,必要时允许将视图旋转后配置到适当的位置,此时应按向视图进行标注,且加注旋转符号,如图 5-9(c)所示。旋转符号的画法如图5-10 所示,旋转符号用半径等于字体高度的半圆弧表示,斜视图名称用大写拉丁字母表示,并且斜视图名称应靠近旋转符号的箭头端,同时也允许将旋转角度标在字母之后。

(3) 绘制斜视图按旋转形式配置时,既可以顺时针旋转,也可以逆时针旋转,但旋转符号的方向要与实际选择方向一致,以便于看图者识别。

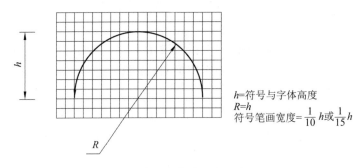

h=符号与字体高度
$R=h$
符号笔画宽度=$\frac{1}{10}h$或$\frac{1}{15}h$

图 5-10 旋转符号的画法

五、应用举例

请利用基本视图、向视图、局部视图和斜视图,表达图 5-11(a)所示的压紧杆的结构,要求根据机件的结构特点,选用合理的表达方法。首先考虑看图方便,在完整清晰地表达机件各部分形状和相对位置的前提下,力求作图简便。

1. 分析

由于压紧杆左端耳板是倾斜的,如用三视图来进行表达,那么俯视图和左视图都无法反映实形,画图困难,且表达不清,如图 5-11(b)所示。为了清晰地表达压紧杆左端耳板的结构,可增加一个平行于耳板的辅助投影面即正垂面,并在其上作出耳板的斜视图,以反映耳板的实形。因为斜视图只是表达压紧杆倾斜结构的局部形状,所以画出耳板的实形后,用波浪线断开,其余部分的轮廓线,不必画出,如图 5-11(c)所示。压紧杆的右端是凸台,可采用局部视图,避免用右视图重复表达。

2. 表达方案

采用 4 个视图进行表达,一个主视图、一个斜视图和两个局部视图。其中主视图表达压

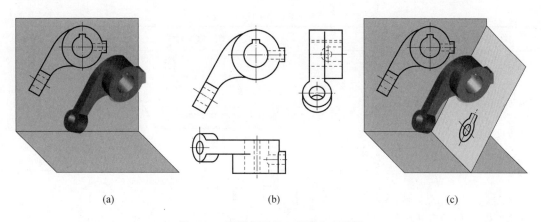

(a)　　　　　　　　　　　(b)　　　　　　　　　　(c)

图 5-11　压紧杆及其三视图和斜视图

紧杆的整体结构；斜视图表达压紧杆左端的耳板；无断裂边界的局部视图表达压紧杆右端的凸台，有断裂边界的局部视图表达压紧杆上端的结构，如图 5-12 所示。

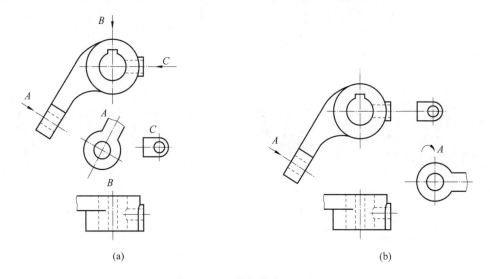

(a)　　　　　　　　　　　　　　　　(b)

图 5-12　压紧杆的表达方案

3. 找出最佳表达方案

请同学们对比图 5-12(a)【方案(a)】和图 5-12(b)【方案(b)】，找出最佳表达方案。

方案(b)中的斜视图 A 没有按投影关系配置在主视图的下方，而是按向视图移位配置在其他的位置，并进行旋转；方案(a)中的局部视图 B 与主视图之间，没有其他图形隔开，按投影关系配置，可省略标注。方案(a)中的局部视图 C 按第三角画法配置在主视图的右方，并用细点画线连接，可省略标注。因此整个图形看起来简洁紧凑，更符合我们的读图习惯，因此方案(b)优于方案(a)。

【任务实施】

任务实施步骤如表 5-2 所示。

表 5-2　钣金类机件的表达作图步骤

方法步骤	图　　示
（1）抓住各部分之间的相对位置关系以及有关定形尺寸，作出主视图外形轮廓线	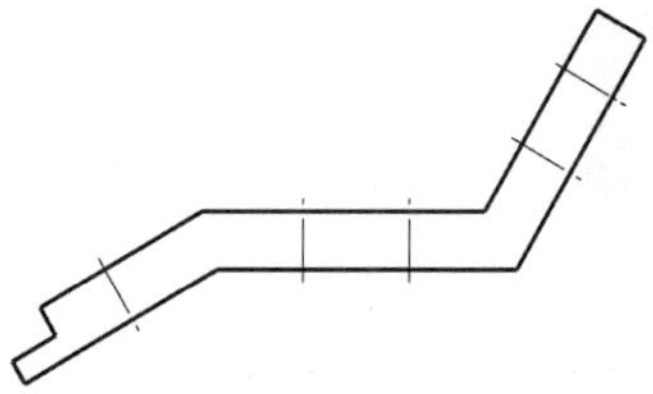
（2）根据左、中、右三部分的形状特征，画出其局部投影轮廓线	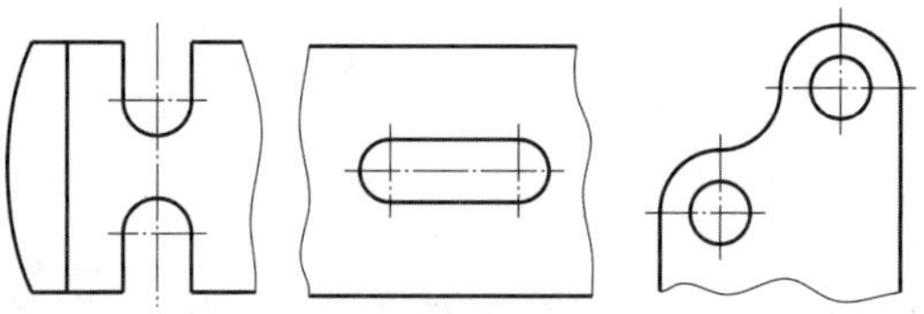
（3）通过"移动"命令将两斜视图移动到与主视图相对应的位置上，并旋转对齐，将局部视图移动到俯视图位置，利用"对象追踪"功能以及绘图工具，画出主视图中各槽、孔的投影。注意调整波浪线的位置在一般位置上	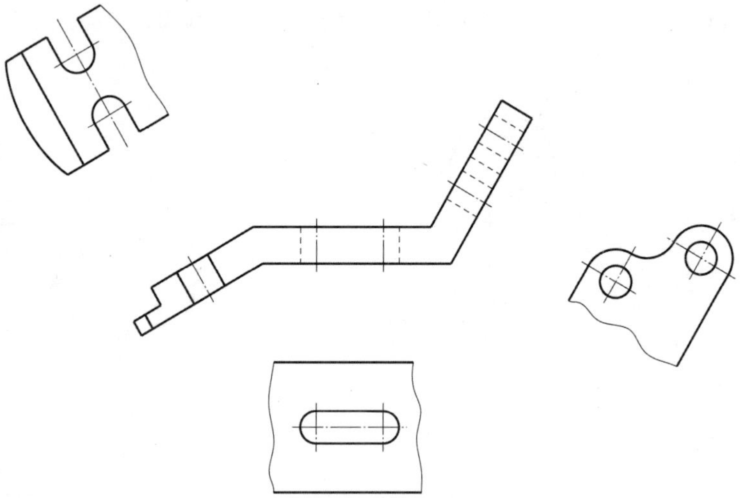
（4）在视图上合适的位置标注尺寸，并给两斜视图加标注，如右图所示。注意：当局部视图放在基本视图的位置上，中间又没有其他视图隔开时，可不加标注	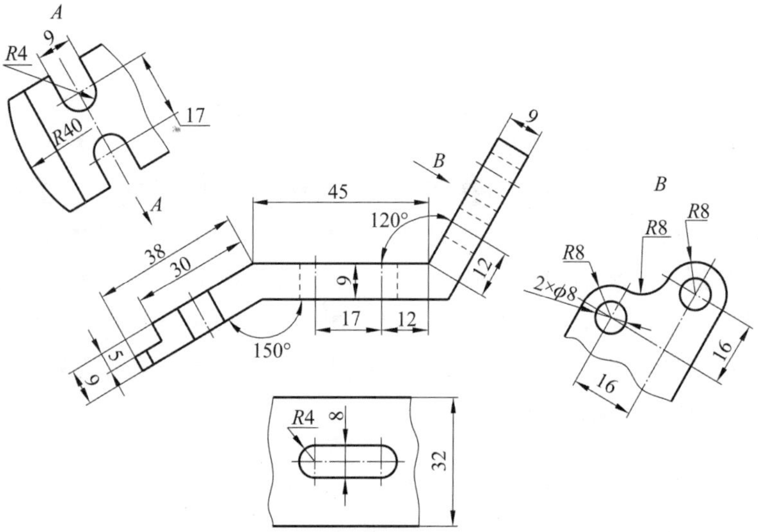

任务2 机件内部形状的表达

任务名称	机件内部形状的表达
任务描述	根据图 5-13 所示座体内、外结构,选择合适的表达方法,将机件的内、外形状表达清楚 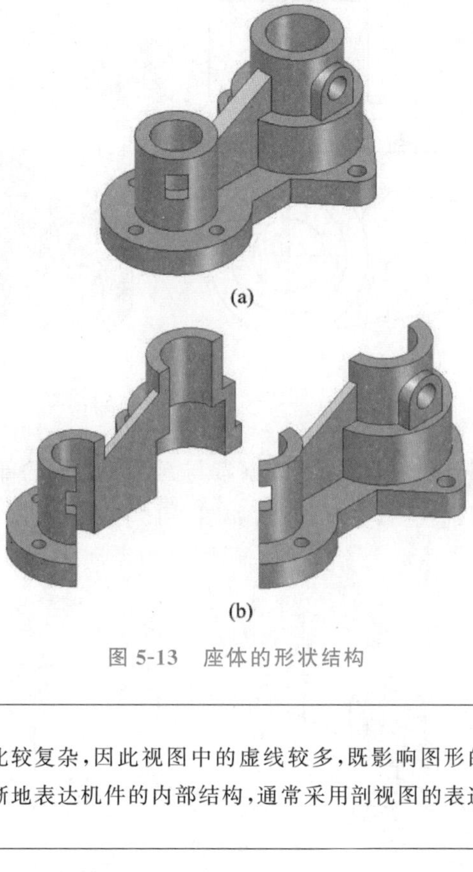 (a) (b) 图 5-13 座体的形状结构
任务分析	该机件的内部结构比较复杂,因此视图中的虚线较多,既影响图形的清晰,又不利于看图和尺寸标注。为了清晰地表达机件的内部结构,通常采用剖视图的表达方法
任务提交	讨论并绘制该机件的一组视图

【知识储备】

5.2.1 剖视图

视图主要用来表达机件的外部形状,如果机件的内部结构比较复杂,视图上会出现较多虚线,并且与轮廓线重叠交错,从而使图形不清楚,不便于看图和标注尺寸,为了清晰地表达它的内部结构,常采用剖视图。剖视图的画法,要遵循国标的规定。

一、剖视图的形成、画法和标注

1. 剖视图的形成

（1）定义。

用视图表达机件的形状时，机件上不可见的内部结构要用虚线表示，如图 5-14 所示的主视图。如果机件的内部结构比较复杂，图上会出现较多的虚线，既不便于画图和读图，也不便于标注尺寸。

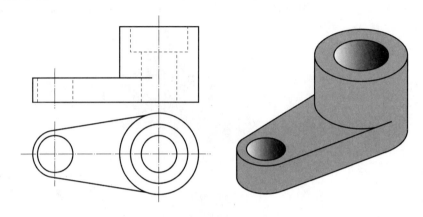

图 5-14　机件的主、俯视图

假想用剖切面剖开机件，将处在观察者与剖切面之间的部分移走，将其余部分向投影面投射所得的图形称为剖视图，简称剖视，如图 5-15 所示。

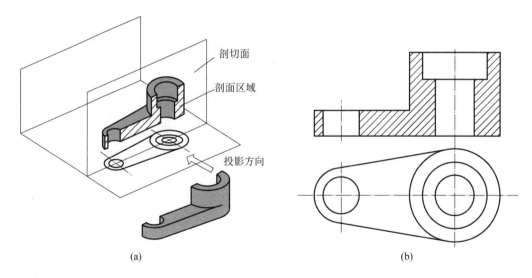

图 5-15　机件的剖视图

（2）剖面符号。

机件被假想剖开后，剖切面与机件的接触部分即剖面区域，要画出与材料相应的剖面符号，以区别机件的实体与空腔部分，同时区分机件的材料类别，如图 5-15（b）中的主视图所示。

  当需要在剖面区域中表示材料类别时,应采用特定的剖面符号进行表达。机件材料不同,剖面符号也不相同,画图时应采用国家标准规定的剖面符号。国家标准规定的各类材料类型的剖面区域的表示方法见表 5-3。绘制机械图样时,用得最多的是金属材料的剖面符号。

表 5-3　剖面区域的表示方法

材料名称	剖面符号	材料名称	剖面符号
金属材料 (已有规定剖面符号者除外)		线圈绕组元件	
非金属材料 (已有规定剖面符号者除外)		转子、变压器等迭钢片	
型砂、粉末冶金、 陶瓷刀片、硬质合金刀片等		玻璃及其他透明材料	
木质胶合板 (不分层数)		格网 (筛网、过滤网等)	
木材　纵剖面		液体	
木材　横剖面			

  当不需要在剖面区域中表示材料的类别时,剖面符号可采用通用的剖面线表示,通用剖面线为间隔相等且平行的细实线,绘制时其角度最好与图形主要轮廓线或剖面区域的对称线呈 45°,如图 5-16 所示。同一图纸上,同一机件的各个剖面区域的剖面线应间隔相等、方向一致。

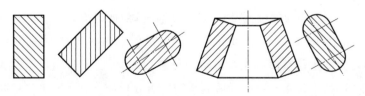

图 5-16　剖面线的方向

  当图形中的主要轮廓线与水平线呈 45°时,该图形的剖面线应画成与水平线呈 30°或 60°的平行细实线,其倾斜方向应与其他图形的剖面线方向保持一致,如图 5-17 所示。

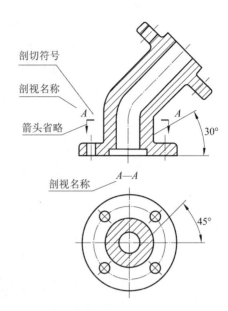

图 5-17 特殊角度的剖面线画法

2. 画剖视图的方法与步骤

以图 5-15 所示机件为例说明画剖视图的方法与步骤：

（1）确定剖切面的位置。通常用平面作为剖切面，也可用柱面。画剖视图时，首先要选择恰当的剖切位置。为了表达物体内部的真实形状，剖切平面一般应通过物体内部结构的对称面或孔的轴线，并平行于相应的投影面。如图 5-15（a）所示，剖切平面位置选择通过机件上孔和槽的前后对称面，可以省略标注。

（2）画剖视图。先画出剖切平面与机件实体接触部分的投影及剖面区域的轮廓线，如图 5-15（b）中的红色区域，即用粗实线画出机件实体被剖切面剖切后的断面轮廓；再画出剖切平面之后的机件可见部分的投影，如图 5-15（b）中台阶面的投影和孔槽的轮廓线。

（3）在剖面区域内画剖面线。描深图线，标注符号和视图名称、校核、完成作图。

3. 剖视图的标注

为便于读图，在画剖视图时，应进行标注，标注的内容包含以下三个要素：

（1）剖切线：指示剖切面的位置，用细点画线表示；剖视图中通常省略不画出。

（2）剖切符号：指示剖切面起止和转折位置及投射方向的符号，由粗短线、箭头和字母三部分组成；粗短线表示剖切面起止和转折的位置，并尽可能不与图形轮廓线相交，箭头表示剖切后的投射方向，字母指在剖切面的起止和转折处标注与剖视图名称相同的字母。

（3）字母：表示剖视图的名称，用大写拉丁字母注写在剖视图的上方，如"A—A"，并在剖切符号的一侧注写相同的字母，如"A"。

在下列情况下，剖视图可省略或简化标注：

（1）当单一剖切面，通过机件的对称平面或基本对称平面且剖视图按投影关系配置，中间没有其他图形隔开时，可完全省略标注，如图 5-15（b）中的主视图。

（2）当剖视图按基本视图或投影关系配置，中间没有其他图形隔开时，可省略箭头，如图 5-17 中的 A—A 视图。

4. 画剖视图的注意事项

（1）假想剖切。剖视图只是假想将机件剖开，因此除剖视图外，其他视图仍按完整机件来绘制，如图 5-18 所示。

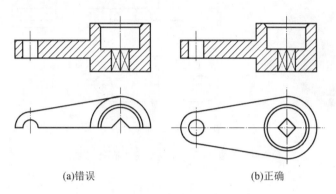

(a)错误　　　　　　　　　(b)正确

图 5-18　剖视图的错误与正确画法

（2）不要漏线。剖切面后面的可见部分的轮廓线应全部画出，不得遗漏。如图 5-19（b）中的台阶面的投影和孔槽的轮廓线，经常容易漏画。

（3）虚线处理。对于剖切平面后的不可见部分的投影，如果在其他视图上已表达清楚，其细虚线省略不画；但尚未表示清楚的结构仍要画出细虚线，如图 5-19（b）主视图中细虚线表示底板的高度，画了该条虚线，可省略画其他视图表达该结构，减少了视图数量，又不影响剖视图的清晰性。

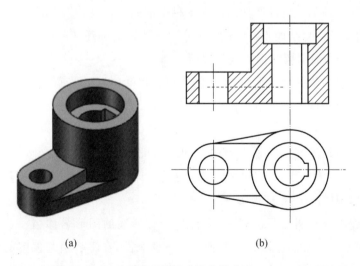

(a)　　　　　　　　　(b)

图 5-19　剖视图中虚线的表达

（4）肋板的剖切画法。对于机件上的肋板（或轮毂、薄壁）等结构，若剖切平面通过其对称平面沿纵向剖切，则这些结构均不画剖面符号，并且用粗实线将其与相邻部分分开，如图

5-20(b)主视图中肋板的画法。

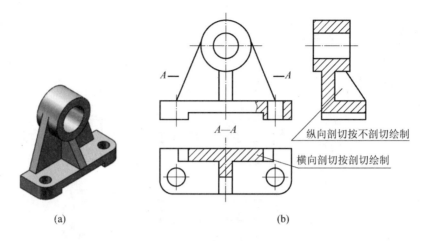

纵向剖切按不剖切绘制

横向剖切按剖切绘制

(a)　　　　　　　　　　　　　　　(b)

图 5-20　剖视图中肋板等薄壁结构的表达

二、剖视图的种类及其应用

根据剖视图的剖切范围,可将剖视图分为全剖视图、半剖视图和局部剖视图三种,适当选用上述各种剖切面都可剖得这三类剖视图。

由于机件的结构形状不同,画剖视图时可采用不同剖切方法,可选用单一剖切面、几个平行的剖切平面和几个相交的剖切平面剖开机件,绘制成机件的全剖视图、半剖视图和局部剖视图。

1.全剖视图

用剖切面完全地剖开机件所得的剖视图称全剖视图,如图 5-15 所示。全剖视图用于表达外形简单,内部结构复杂而不对称的机件。全剖视图的标注如前所示。

(1)用单一剖切面剖切获得的全剖视图。

单一剖切面包括单一剖切平面、单一剖切斜面和单一剖切柱面。

单一剖切平面是指平行于基本投影面进行剖切,如图 5-15 和图 5-19 中的剖视图都由单一剖切平面剖得。

单一剖切斜面是指投影面垂直面的剖切。当机件需要表达具有倾斜结构的内部形状时,如图 5-21 所示,可以用一个不平行于基本投影面的投影面(垂直面)来剖切机件(也称为斜剖),如图 5-21 中的 A—A 剖视图。

用这种平面剖得的图形是斜置的,在图形上方标注的图形名称 A—A 与斜视图类似。为便于读图,图形应尽量按投影关系配置。为方便画图,在不会引起误解的情况下,可将图形旋转后画出并加注旋转符号,注意字母始终放置在箭头一侧,如图 5-21 所示。

单一剖切柱面是指其轴线垂直于基本投影面的剖切。如图 5-22 所示,用单一剖切柱面剖开机件的剖视图,一般应展开绘制,在图名后加注"展开"两字,将柱面剖得的结构展开成平行于投影面的平面后再投射,即先展开后投影。

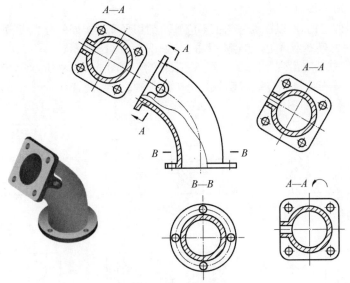

图 5-21　单一剖切斜面

（2）用几个平行的剖切面剖切获得的全剖视图。

当机件上具有几种不同的结构要素（如孔、槽等），而它们的中心线排列在几个相互平行的平面上且同一方向投影无重叠，并且被表达的结构无明显的回转中心时，可采用几个平行的剖切平面来剖切。如图 5-23 所示机件上几个孔的轴线不在同一个平面内，如果用一个剖切平面剖切不能将内部形状全部表达出来，为此采用三个互相平行的剖切平面，沿不同位置孔的轴线剖切，这样就可以在一个剖视图上把几个孔的形状都表达清楚。

这种剖视图的标注方法，如图 5-23（a）所示，如果剖切符号的转折处位置有限，可省略字母。

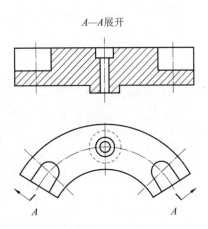

图 5-22　单一剖切柱面

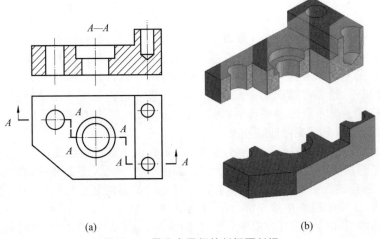

(a)　　　　　　　　　　　　(b)

图 5-23　用几个平行的剖切面剖切

采用这种剖切平面画剖视图时应注意：

① 因剖切是假想的,所以在剖视图上不应画出剖切平面转折处的分界线,如图 5-24(a)所示；

② 剖切平面的转折处不应与轮廓线重合,如图 5-24(b)所示；

③ 在剖视图中不应出现不完整要素如孔、槽等,如图 5-24(c)所示；只有当两个结构要素在图形上具有公共对称中心线或轴线时,方可各画一半,并合成为一个剖视图,此时以中心线或轴线为分界线,如图 5-24(d)中的 A—A 视图。

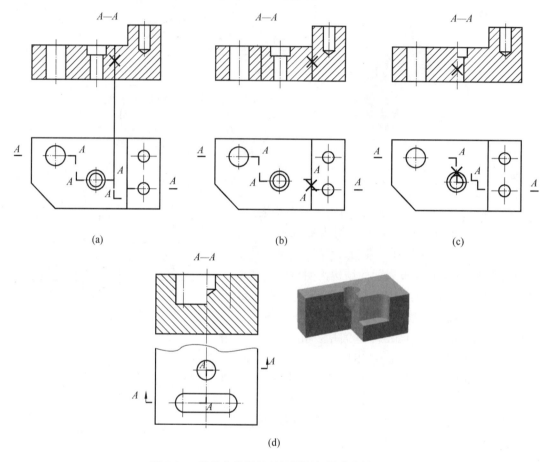

(a)   (b)   (c)

(d)

图 5-24   用几个平行的剖切面剖切需注意的问题

（3）用几个相交的剖切面（交线垂直于某一投影面）剖切获得的全剖视图。

当机件的内部结构形状用单一剖切面不能完整表达时,且这个机件又具有较明显的主体旋转轴时,可采用两个或两个以上相交的剖切面剖开机件,如图 5-25(a)所示。先假想按剖切位置剖开机件,然后将被剖切平面剖开的倾斜部分结构及有关部分,绕回转中心（旋转轴）旋转到与选定的基本投影面平行后,再进行投射,如图 5-25(b)所示。

采用这种剖切面画剖视图时应注意：

① 几个相交的剖切面的交线一般为轴线,必须垂直于某一投影面；

② 应按先剖切后旋转的方法绘制剖视图,如图 5-26 所示,使剖开的结构及其有关部分旋转至与某一选定的投影面平行后再投射。此时旋转部分的某些结构与原图形不再保持投影关系,如图 5-26 所示机件中倾斜部分的剖视图。

③ 在剖切面后面的结构即没有被剖切面剖到的结构,如图 5-26 中的油孔,仍按原来的位置投射,俯视图中的油孔不反映实形。

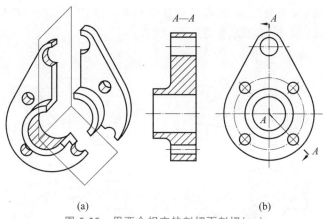

(a)　　　　　　　　　　(b)

图 5-25　用两个相交的剖切面剖切(一)

④ 采用这种剖切面剖切后,应对剖视图加以标注,标注方法如图 5-25、图 5-26 所示。剖切符号的起止和转折处用相同的字母标注;但当转折处位置有限又不致引起误解时,可省略字母,如图 5-26(a)所示。

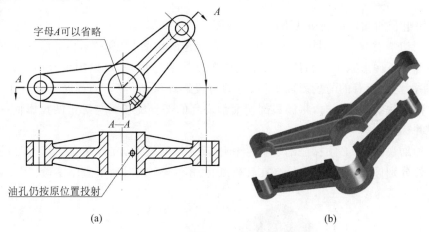

(a)　　　　　　　　　　(b)

图 5-26　用两个相交的剖切面剖切(二)

图 5-27 所示是用三个相交的剖切面剖开机件来表达内部结构的实例。

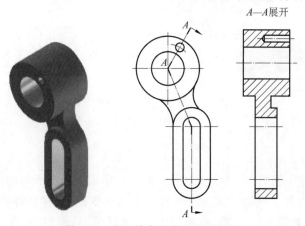

图 5-27　用三个相交的剖切面剖切

⑤ 剖切产生的不完整要素的处理:当对称中心不在剖切面上的结构被剖切后产生不完整要素时,应将此部分按不剖绘制,如图 5-28 所示。

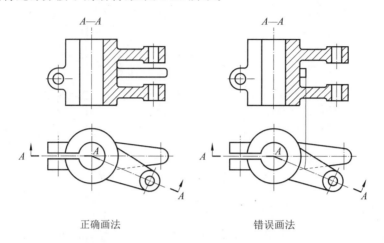

正确画法　　　　　　　　　错误画法

图 5-28　用两个相交的剖切面剖切(三)

(4) 用组合的剖切面剖切获得的全剖视图。

相交剖切平面与平行剖切平面的组合称为组合剖切面。如图 5-29 所示的机件,为了将机件上各部分不同形状大小和位置的孔或槽等结构表达清楚,可以用组合的剖切平面进行剖切,这些剖切平面有的与投影面平行,有的与投影面倾斜,但它们都同时垂直于另一投影面。用这种方法画剖视图时,将倾斜剖切面剖切到的部分旋转到与选定的投影面平行后,再进行投射并标注。

画这种剖视图时,必须标注剖切符号和用箭头指明投射方向,并在剖切符号的起始、终止和转折处分别标注相同的字母,当在转折处标注字母有困难时可省略字母。

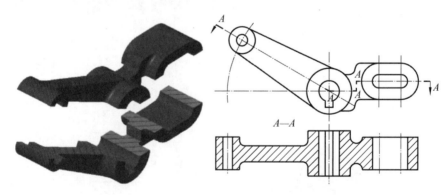

图 5-29　用组合的剖切平面剖切

2. 半剖视图

(1) 定义。

当机件具有对称平面时,向垂直于对称平面的投影面上投射所得的图形,允许以对称中心线为界,一半画成剖视图,另一半画成视图,这样获得的剖视图,称为半剖视图。如图5-30(a)所示,机件左、右及其前、后都对称,所以它的主视图、俯视

视频:半剖视图的画法

图都可画为半剖视图,如图5-30(b)所示。

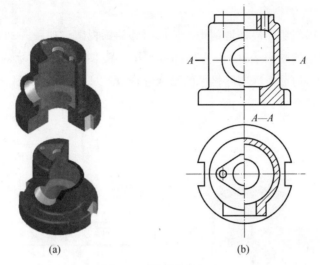

图 5-30　半剖视图(一)

半剖视图可用单一剖切面剖切、几个平行剖切面剖切、几个相交剖切面剖切获得,其画法、标注及省略原则与全剖视图相同。

(2) 半剖视图画法注意事项。

① 半个剖视图与半个视图的分界线,应为细点画线,不得画成粗实线;

② 机件内部形状已在半剖视图中表达清楚的,在另一半表达外形的视图中一般不再画出细虚线,但对于孔槽等应画出中心线的位置。

(3) 适用范围。

① 半剖视图既表达了机件的内部形状,又保留了外部形状,所以常用于内外形状都比较复杂的对称机件。

② 当机件的形状接近对称且不对称部分已有图形表达清楚时,也可画成半剖视图。如图 5-31 所示,图中用两个正平面剖开机件得到半剖主视图。

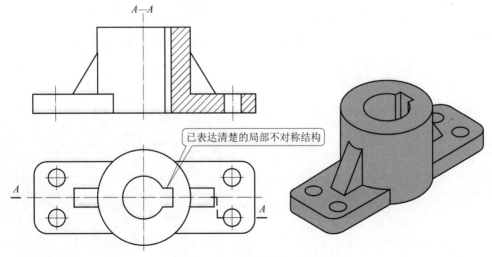

已表达清楚的局部不对称结构

图 5-31　半剖视图(二)

3.局部剖视图

（1）定义。

局部剖视图是用剖切面局部地剖切机件所得到的剖视图。如图 5-32（a）所示的机件，主俯视图都采用局部剖视图来表达，因为局部剖视图不受图形是否对称的限制，在何部位剖切，剖切范围有多大，均可根据实际机件的结构选择，所以既简洁，又能让需要表达的结构表达清楚，如图 5-32（b）所示。

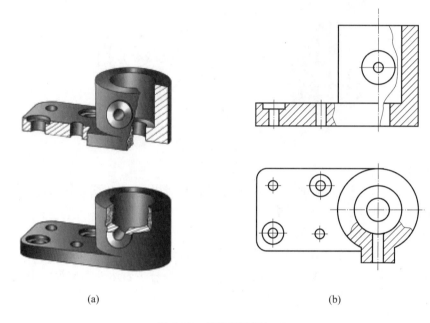

(a)　　　　　　　　　　　　　　　　(b)

图 5-32　局部剖视图（一）

（2）适用范围。

局部剖视图适用于表达机件局部的内部形状。可用单一剖切面剖切、几个平行剖切面剖切、几个相交剖切面剖切获得。因剖切位置和剖切范围根据需要而定，是一种比较灵活的表达方法，运用得当可使图形表达得简洁而清晰，在剖视图中通常用于下列情况：

① 当不对称机件的内外形状均需要表达，或者只有局部结构的形状需要剖切表示，而又不宜采用全剖视图时，如图 5-32 所示。

② 当对称机件的轮廓线与中心线重合，不宜采用半剖视图时，如图 5-33 所示。

③ 当实心机件（如杆、轴等）上部的孔或槽等局部结构需剖开表达时，如图 5-34 所示。

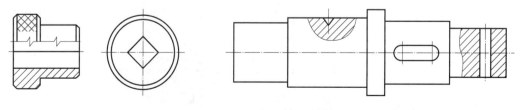

图 5-33　局部剖视图（二）　　　　　　　　图 5-34　局部剖视图（三）

（3）局部剖视图画法及注意事项。

① 局部剖视图剖与不剖的分界线是波浪线或者双折线，波浪线或者双折线表示剖切后断裂边界的投影，如图 5-32 和图 5-33 所示。

② 当被剖的局部结构为回转体时，允许将该结构的中心线作为局部剖视图与视图的分界线，如图 5-35 所示；而图 5-33 所示的方孔部分只能用波浪线或者双折线（断裂边界线）作为分界线。

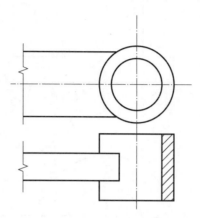

图 5-35　局部剖视图（四）

③ 波浪线应画在机件的实体部分，不能超出视图的轮廓线或与图样上其他图线重合，如图 5-36 所示。

④ 波浪线不应画在轮廓线的延长线上，也不能用轮廓线代替波浪线，如图 5-37 所示。

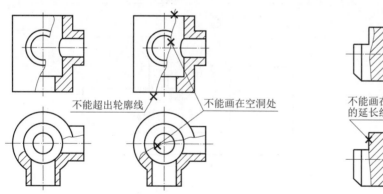

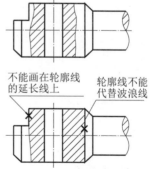

图 5-36　局部剖视图中波浪线的画法（一）　　图 5-37　局部剖视图中波浪线的画法（二）

⑤ 局部剖视图的标注方法与全剖视图相同，当单一剖切平面的剖切位置明显时，局部剖视图的标注可省略。

【任务实施】

任务实施详细画图步骤如表 5-4 所示。

视频：座体表达
方法的选择

表 5-4 画图步骤(一)

方 法 步 骤	图 示
(1) 根据各部分的形状特征以及左右、前后的位置画俯视图,并对凸台部分进行局部剖;按投影关系画主视图的外形轮廓以及基准线	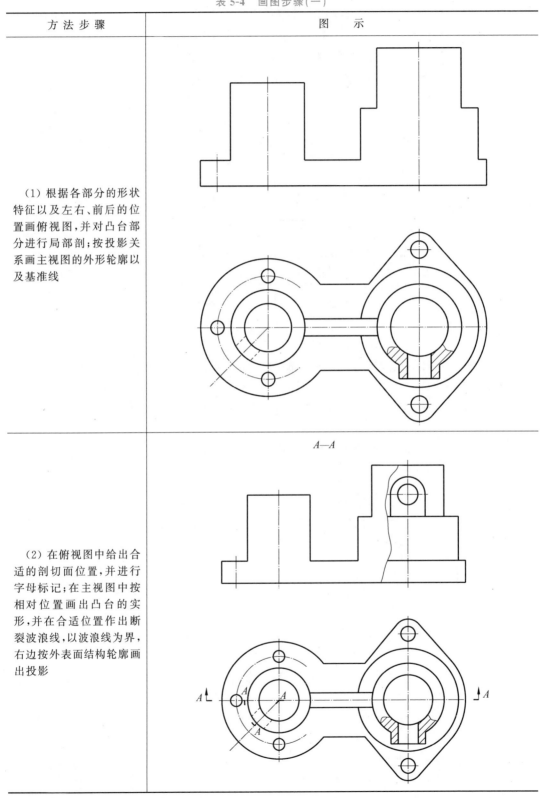
(2) 在俯视图中给出合适的剖切面位置,并进行字母标记;在主视图中按相对位置画出凸台的实形,并在合适位置作出断裂波浪线,以波浪线为界,右边按外表面结构轮廓画出投影	

方 法 步 骤	图 示
（3）在主视图中以波浪线为界，左边按剖切面切到的内部结构形状画出投影，注意右边的方孔对称中心面要按旋转到正平面（即前后基本对称中心面）位置后，再进行投影，并在主视图中作出底板右边所挖孔的局部剖	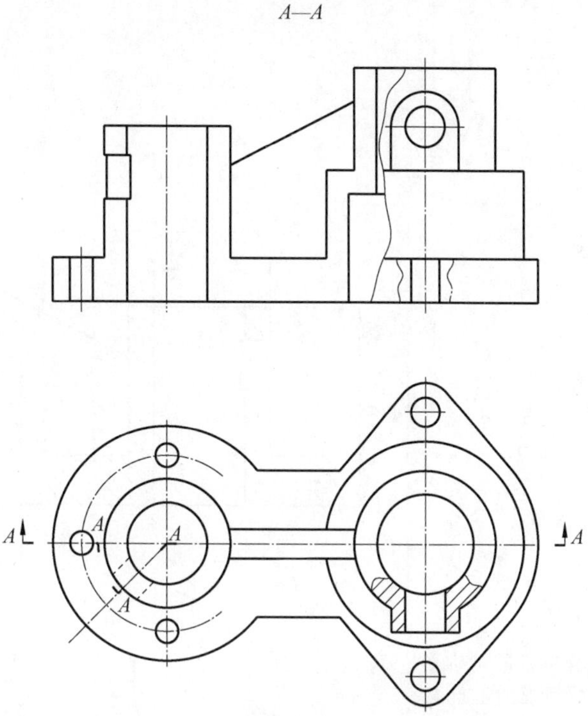
（4）在主视图中相应剖面上填充剖面符号，注意肋板上不能填充，因为纵向剖切机件上的肋、轮辐及薄壁等结构时，这些结构都不画剖面符号，而用粗实线将它与其邻接部分分开	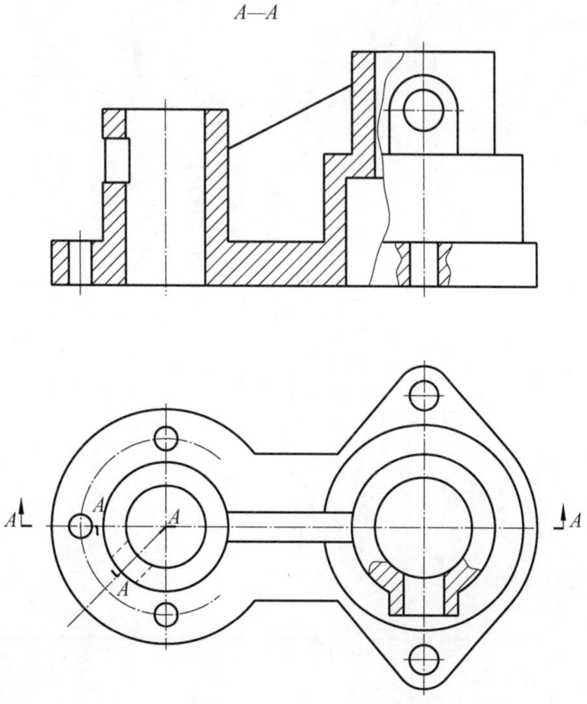

方法步骤	图　示
	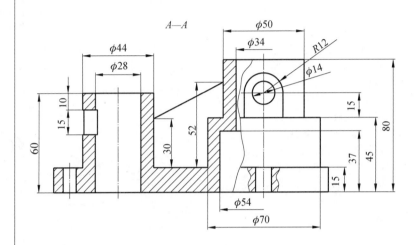
（5）结合机件的结构形状特征，在两视图上标注尺寸	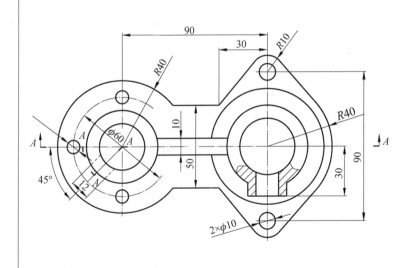

◀ 任务 3 机件断面形状的表达 ▶

【任务单】

任务名称	机件断面形状的表达
任务描述	机件如图 5-38 所示，选择合适的表达方法对其进行表达，并标注尺寸 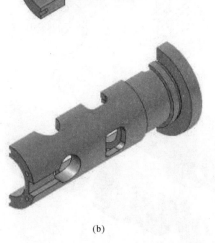 (a) (b) 图 5-38 阶梯轴

任务分析	该机件的外形是由圆柱回转面形成的阶梯轴,内部是由圆柱回转面形成的阶梯孔;在左边轴段上,从上向下和从前向后分别挖有圆柱孔和带圆角的方孔,在左边外圆柱回转面上前后对称开有键槽;在右边轴肩处上下对称分别斜挖小圆柱孔;在左端面上均匀分布有六个螺纹孔,在右边内部阶梯孔的轴肩上分别有均匀分布的六个盲孔 由于该机件的总体结构形状为阶梯轴,因此,我们可以考虑用一个主视图和若干个断面图、局部视图的表达方法
任务提交	讨论并绘制该机件的一组视图

【知识储备】

5.3.1　断面图

一、断面图的概念

  假想用剖切面将机件的某处切断,仅画出剖切面与机件接触部分的图形,称为断面图。如图 5-39 所示的阶梯轴,为了将轴上的键槽表达清楚,假想用一个垂直于轴线的剖切平面,在键槽处将轴切断,只画出断面的图形,并画上剖面符号,记为断面图。

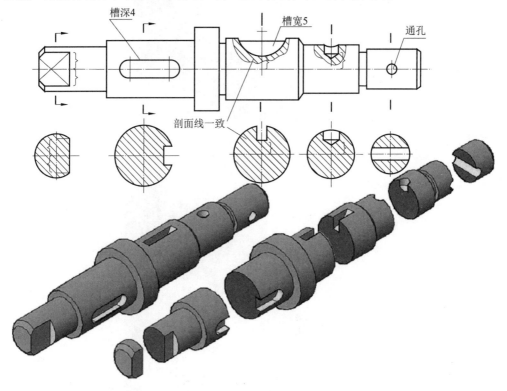

图 5-39　断面图的形成

用断面图表达机件的某些结构(如键槽、小孔、型材和筋板的横截面),比视图清晰,比剖视图简便。

剖视图与断面图的区别:断面图只画机件被剖切后的断面形状,如图 5-40(a)所示;而剖视图除了画出断面形状之外,还必须画出机件上位于剖切平面后的可见轮廓线,如图 5-40(b)所示。

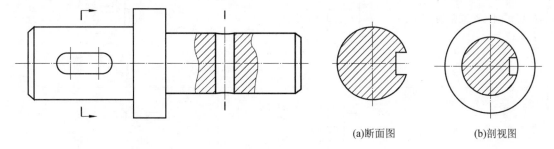

(a)断面图　　　　(b)剖视图

图 5-40　断面图与剖视图的区别

按配置位置的不同,断面图可分为移出断面图和重合断面图两种。断面图的画法要遵循国标 GB/T 17452—1998、GB/T 4458.6—2002 的规定。

二、移出断面图——画在视图轮廓线之外的断面图

1.移出断面图的配置与标注

移出断面图尽可能配置在剖切位置的延长线上,如图 5-41(b)和图 5-41(c)所示,必要时也可配置在其他适当位置,但需要标注,标注的形式与剖视图基本相同,如图 5-41(a)和图 5-41(d)所示。根据具体情况,标注有时可简化或省略。

对称的移出断面图:画在剖切符号的延长线上时,可省略标注,如图 5-41(c)所示;画在其他位置时,可省略箭头,如图 5-41(a)所示。

不对称的移出断面图:画在剖切符号的延长线上时,可省略字母,如图 5-41(b)所示;画在其他位置时,要注明剖切符号箭头和文字,如图 5-41(d)所示。

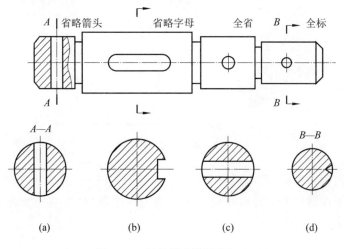

(a)　　　　(b)　　　　(c)　　　　(d)

图 5-41　移出断面图画法(一)

各项标注及省略情况具体见表 5-5。

表 5-5　移出断面图的标注方法

配　置	对称的移出断面	不对称的移出断面
配置在剖切线或剖切符号延长线上	剖切线(细点画线)	
按投影关系配置		
配置在其他位置		

2. 移出断面图的画法

（1）移出断面图的轮廓线用粗实线绘制。当剖切平面通过回转面形成的孔或凹坑的轴线时，这些结构应按剖视图绘制，如图 5-41(a)、(c)、(d)所示。

（2）剖切平面应与被剖切部分的主要轮廓线垂直，由两个或多个相交的剖切平面剖切所得到的移出断面图中间应断开，如图 5-42 所示。

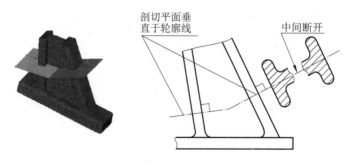

图 5-42　移出断面图画法(二)

（3）当断面图形对称时，移出断面图可配置在视图中段处，如图 5-43 所示。

（4）当剖切平面通过非圆孔会导致完全分离的两个断面时，这些结构也应按剖视图绘制，如图 5-44 所示。

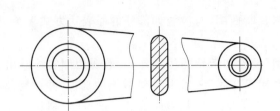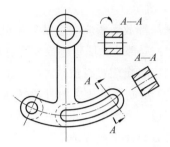

图 5-43　移出断面图画法(三)　　　图 5-44　移出断面图画法(四)

三、重合断面图——画在视图轮廓线之内的断面图

断面图配置在剖切平面迹线处,并与原视图重合,称为重合断面图。

1. 重合断面图的画法

(1) 重合断面图的轮廓线用细实线绘制,如图 5-45 所示。

(2) 当视图中的轮廓线与重合断面图的图形重合时,视图中的轮廓线仍应连续画出,不可间断,如图 5-46 所示。

2. 重合断面图的标注

(1) 对称的重合断面图不必标注,如图 5-45(a)、图 5-45(b)和图 5-46(b)所示。

(2) 不对称的重合断面,在不致引起误解时可省略标注,如图 5-46(a)所示。

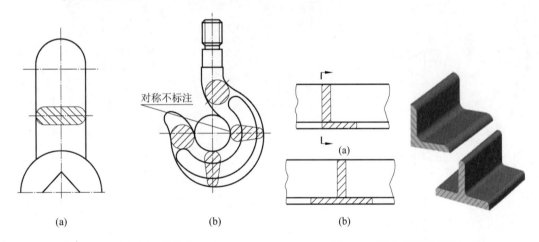

图 5-45　重合断面图画法(一)　　　图 5-46　重合断面图画法(二)

5.3.2　其他规定画法和简化画法

一、其他规定画法

1. 局部放大图

当按一定比例画出机件的视图后,如果其中一些微小结构表达不够清晰,又不方便标注尺寸时,可以用大于原图形所采用的比例,单独画出这些结构,这种图形称为局部放大图,如

图 5-47 所示。

画局部放大图应注意以下几点：

（1）局部放大图可画成视图、剖视图和断面图，与被放大部分的原表达方式无关，局部放大图应尽量配置在被放大部位的附近。

（2）绘制局部放大图时，除螺纹牙型、齿轮和链轮的齿形外，一般要用细实线圈出被放大的部位。当图中有几处放大部位时，要用罗马数字依次标明被放大的部位，并在局部放大图的上方标注出相应的罗马数字和所采用的比例。若只有一处放大部位时，则只需在放大图的上方注明所采用的比例即可。对同一机件上不同部位，但图形相同或对称时，只需画出一个局部放大图，如图 5-48 所示。

（3）局部放大图所采用的比例应根据结构的需要选定，与原图形比例无关。同一机件中有几处需要同时放大时，各局部放大图的比例不需要统一，如图 5-47 所示。同时，其比例仍为图样中机件要素的线性尺寸与机件相应要素的线性尺寸之比。

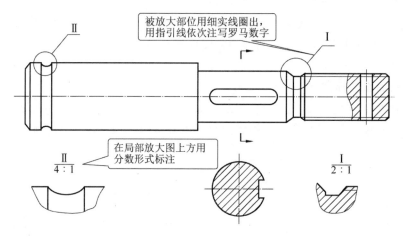

图 5-47　局部放大图(一)

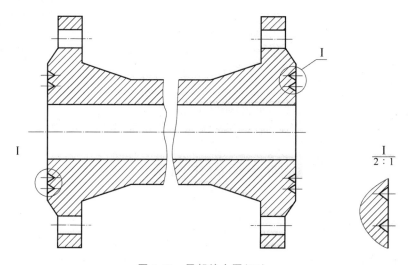

图 5-48　局部放大图(二)

2. 均布孔与肋板的画法

当零件回转体上均匀分布的孔、肋板不处于剖切平面上时,可将这些结构绕回转体轴线旋转到剖切平面上按对称画出,不加标注,如图 5-49 所示。相同的另一侧的孔可只画出轴线。

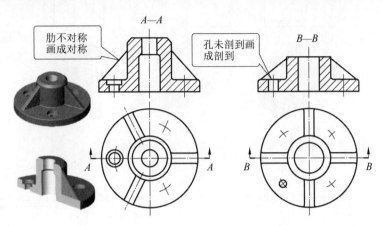

图 5-49　均布孔与肋板的简化画法

3. 断裂画法

较长机件(如轴杆型材连杆等)沿长度方向的形状一致或按一定规律变化时,可断开后缩短绘制,但尺寸仍按机件的设计要求标注,如图 5-50 所示。

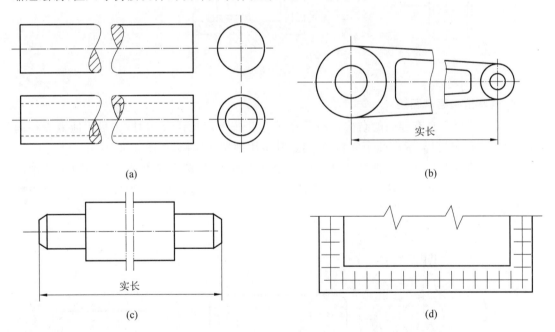

图 5-50　断裂画法

4. 平面及网纹画法

(1)当回转体零件上的平面,在图形中不能充分表达时,可用平面符号——相交的两条细实线表示,如图 5-51 所示。

(2)机件上的滚花、槽沟等网状结构,可在轮廓线附近用粗实线局部画出,如图 5-52 所示。

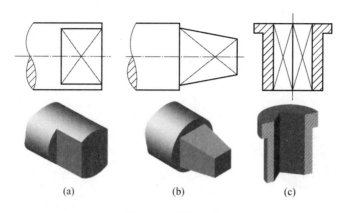

图 5-51　平面画法

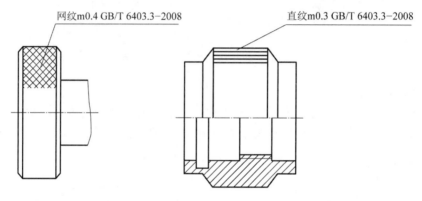

图 5-52　网纹画法

5. 重复结构要素画法

（1）当机件上具有相同的结构（如齿、孔等），并按一定规律分布时，应尽可能减少相同结构的重复绘制，只需画出几个完整的结构，其余用细实线连接，如图 5-53 所示。

（2）当机件上具有若干直径相同且按规律分布的孔（如圆孔螺孔成孔等），可以仅画出一个或几个，其余只需画出其中心线位置，并注出该结构的数量，如图 5-54 所示，图中的 EQS 表示"呈放射状均布"。

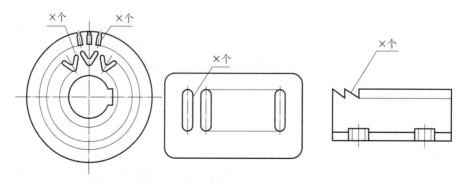

图 5-53　重复结构的简化画法（一）

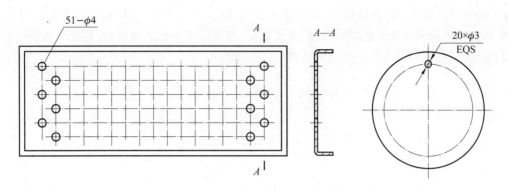

图 5-54 重复结构的简化画法(二)

二、简化画法

为了简化尺规绘图和计算机绘图对技术图样的要求,提高读图和绘图效率,国家标准规定了技术图样的简化画法,下面介绍几种常用的对某些结构投影的简化画法。

(1) 在不会引起误解时,图形中用细实线绘制过渡线,如图 5-55(a)所示;用粗实线绘制相贯线,用圆弧代替非圆曲线,如图 5-55(b)所示;当两回转体的直径相差较大时,相贯线可以用直线代替曲线,如图 5-55(c)所示;也可以用模糊画法表示相贯线,如图 5-55(d)所示。

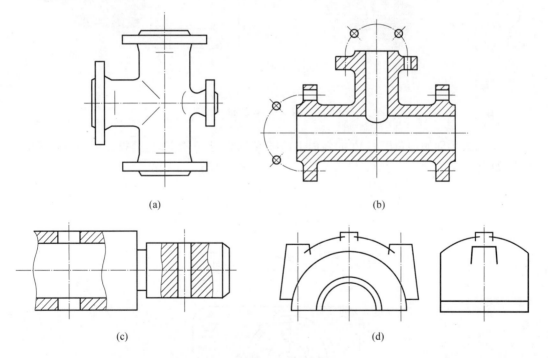

(a)   (b)

(c)   (d)

图 5-55 过渡线和相贯线的简化画法

(2) 圆柱形法兰或类似结构上按圆周均匀分布的孔,可按图 5-55(b)所示方式表达。

(3) 对于机件上较小结构及斜度,如已有其他图形表示清楚,且又不影响读图时,可不按投影而按简化画法画出或省略。如图 5-56(a)所示的斜度不大时,可按小段画出。图

5-56(b)中的主视图为较小结构,直接省略截交线,以免影响读图。图 5-56(c)中的主视图为较小结构相贯线的简化画法,用直线代替了曲线;俯视图中锥孔的投影,按照投影规律应有 4 条曲线,这里简化为只画大小两端两条曲线的近似投影。

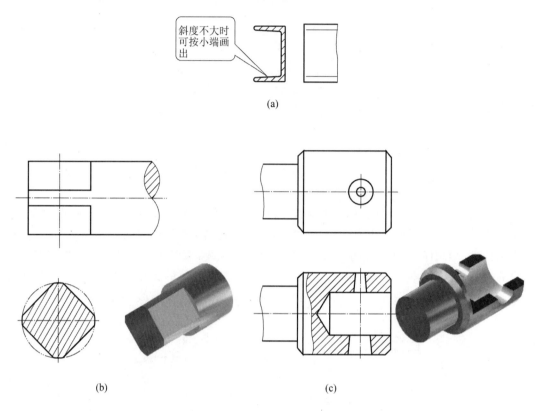

图 5-56　较小结构的简化画法

（4）与投影面倾斜角度≤30°的斜面上的圆或圆弧,手工绘图时,其投影可以用圆或圆弧代替,如图 5-57 所示。

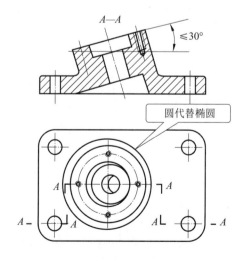

图 5-57　倾斜圆的简化画法

(5)在不引起误解时,物体上的小圆角、锐边的小倒圆或 45°小倒角,允许省略不画,但必须注明尺寸或在技术要求中加以说明,如图 5-58 所示。

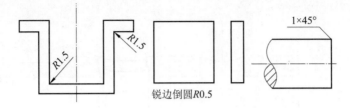

锐边倒圆R0.5

图 5-58 小圆角、小倒角和 45°小倒角的简化画法

【任务实施】

任务实施详细画图步骤如表 5-6 所示。

表 5-6 画图步骤(二)

方法步骤	图示
(1)画主视图外部形状轮廓的投影以及基准线	
(2)在主视图中画内部主体结构形状轮廓的投影	
(3)画剖切平面所切到的通槽、圆柱孔以及螺纹孔的投影(注意:图中各线段的位置可利用"偏移"命令定位,由于图形上下对称,可先画出一半,另一半利用"镜像"完成)	

续表

方 法 步 骤	图　　示
（4）在主视图中用虚线作出键槽的投影，为了进一步表达键槽的深度，作 B—B 断面图，为了将右边的细小结构表达清楚，作局部放大图；在剖切面上画剖切符号（注意：局部放大图直接利用编辑工具条上的"比例"命令完成，并修剪多余部分）	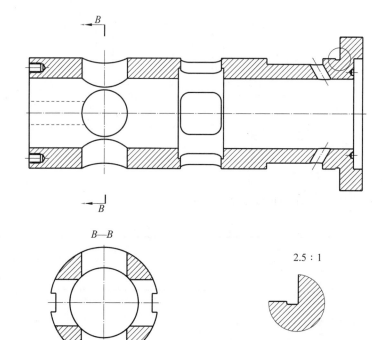
（5）根据机件的形状特征在相应视图上标注尺寸	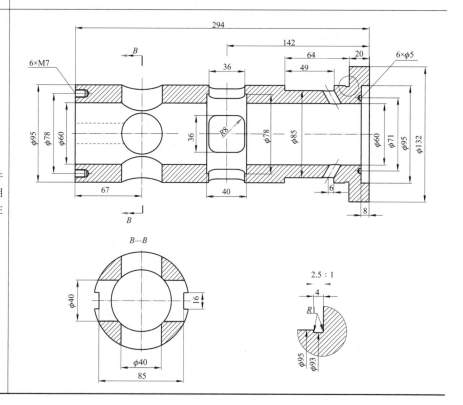

任务 4 机件表达方法的综合应用

【任务单】

任务名称	机件表达方法的综合应用
任务描述	根据如图 5-59 所示四通管的结构,选择合适的表达方法对其内外结构表达清楚 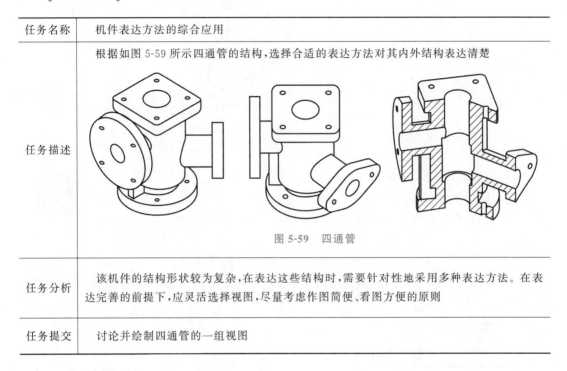 图 5-59 四通管
任务分析	该机件的结构形状较为复杂,在表达这些结构时,需要针对性地采用多种表达方法。在表达完善的前提下,应灵活选择视图,尽量考虑作图简便、看图方便的原则
任务提交	讨论并绘制四通管的一组视图

【知识储备】

5.4.1　机件各种表达方法的综合应用

　　表达方法的综合应用是指根据机件的结构特点,灵活运用视图、剖视图、断面图及简化画法等各种图样表达方法,将机件的内、外结构形状表达清楚。选择机件的表达方案时,首先应考虑看图方便,在完整、清晰地表达机件各部分形状和相对位置的前提下,力求作图简便。

　　例如,根据图 5-60 所示支架的结构,选择合适的表达方法。

　　(1)分析:如图 5-60 所示,该支架由三部分构成,上部是带斜凸台的侧垂圆筒,下部是侧面有两个沉头孔的正垂圆筒,中间部分通过十字肋板连接上下两个圆筒。因为有带螺纹孔的斜凸台和带沉头孔的圆筒,因此需要采用斜剖视图和局部剖视图进行表达。

　　(2)表达方案选择:采用 4 个视图进行表达,一个主视图、一个斜视图、一个移出断面图和一个局部剖视图。其中主视图表达支架的整体结构;斜视图表达支架上部斜凸台的结构;移出断面图表达中间十字肋板的结构;局部剖视图表达支架下部带沉头孔的圆筒的结构,如

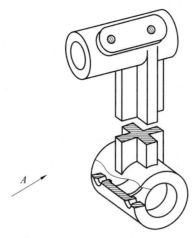

图 5-60 支架

图 5-61 所示。

对比方案（a）和（b），找出最佳表达方案。

方案（b）中的主视图是在方案（a）中的主视图的基础上增加了局部剖视图，以表达斜凸台上螺纹孔的结构，同时与方案（a）中的移出断面图 $B—B$ 剖切位置对齐省略标注。斜剖视图 A 采用局部剖视图，将方案（a）中斜视图 A 和局部剖视图 $C—C$ 的上半部分进行融合，既表达了斜凸台的外部形状和螺纹孔的相对位置，也表达了侧垂圆筒内部的结构；同时按向视图移位配置在其他的位置，并进行旋转，便于读图。

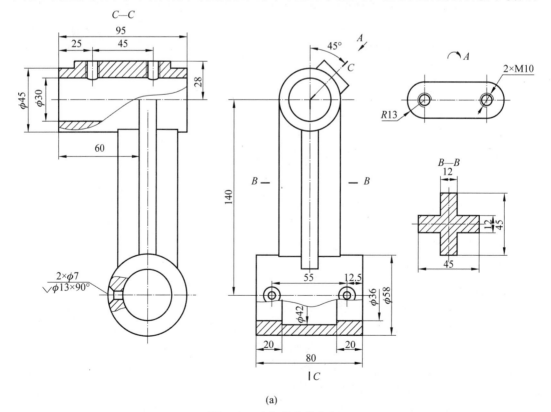

(a)

图 5-61 支架的表达方案

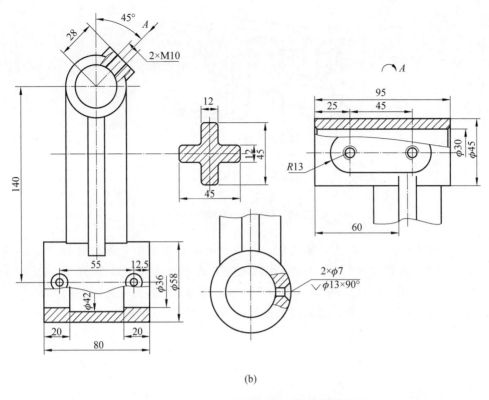

(b)

续图 5-61

最后一个局部剖视图来自方案(a)中局部剖视图 C—C 的下半部分,按投影关系配置在主视图的右方,可省略标注。因此整个图形看起来简洁、紧凑,更符合我们的读图习惯,故方案(b)优于方案(a)。

【任务实施】

任务具体实施步骤如下:

1. 形体分析

如图 5-62 所示,该四通管由六部分构成,四通管的主体是上大、下小的铅垂圆筒,其内部是阶梯孔;顶板是带四个小孔的倒圆角中空方板;底板是均布四个小孔的中空圆板;左侧凸台是均布四个小孔的中空圆盘形凸缘和侧垂圆筒;其中,圆筒与底板之间有肋板支撑;右侧凸台是带两个小孔的中空卵圆形凸缘和斜圆筒。因四通管结构复杂,需要用到局部剖视图和斜剖视图等。

2. 表达方案选择

(1) 初步确定采用 5 个视图进行表达,主视图是采用两个相交的剖切平面剖切而得到的 A—A 全剖视图,主要表达四通管内部各孔的贯通情况;俯视图是由两个平行的剖切平面剖切而得到的 B—B 全剖视图,主要表达右边斜圆筒的位置,以及与主体铅垂圆筒的夹角,还有剖切面之后底板的结构;一个 C 向局部视图表达顶板的结构;一个斜剖视图 E—E 表达卵圆形凸缘和斜圆筒的结构;一个剖视图 D—D 表达底板、肋板和铅垂圆筒的内部结构,如图 5-63(a)所示。

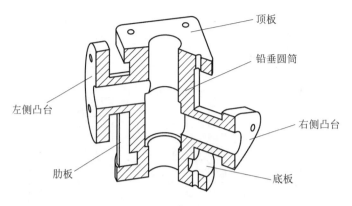

图 5-62　四通管的形体分析

（2）对上述表达方法进行进一步优化。因在全剖的俯视图中左侧凸台的表达与主视图中的表达有重复，可以考虑用视图的方式来表达其位置，这样顶板的投影可以在俯视图中显示，从而减少一个 *C* 向的局部视图，而俯视图左侧照样还是用水平面在左侧凸台的轴心线处进行剖切，如图 5-63（b）所示。

视频：
四通管的表达

(a)

图 5-63　四通管的表达方案确定和优化

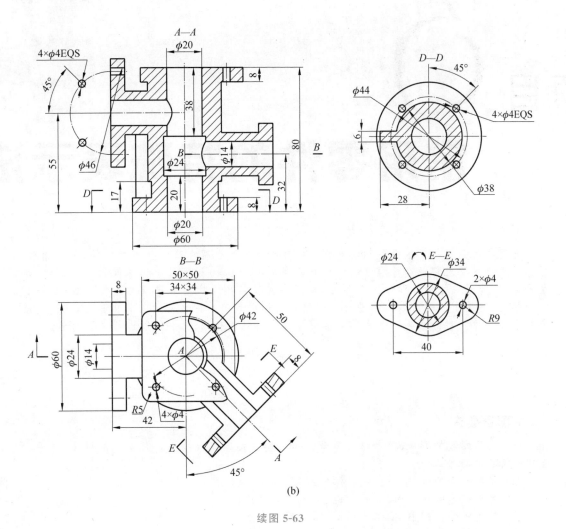

(b)

续图 5-63

项目 6

常用零件的特殊表示法

常用零件是指在机械设备和仪器仪表的装配及安装过程中广泛使用的零件,包括结构、尺寸以及技术要求都已经标准化的常用标准件(如螺钉等)和不属于标准件的常用零件(如齿轮等)。为了减少设计和绘图工作量,常用机件及某些多次重复出现的结构要素(如螺钉上的螺纹、齿轮上的轮齿等),绘图时可按照国家标准规定的特殊表示法简化画出,并进行必要的标注。本项目的主要任务是学会常用零件的特殊简化画法,并能够进行必要的标注。

项目要求

(1) 了解螺纹的形成,熟悉螺纹要素、分类;能够按照螺纹的规定画法绘制螺纹,并进行正确的标记和标注;

(2) 了解常用的螺纹紧固件,熟悉螺纹紧固件连接的画法;

(3) 熟悉键连接的用途、键的标记、键连接的画法;

(4) 熟悉销连接的用途、销的标记、销连接的画法;

(5) 了解常见齿轮传动的类型,熟悉圆柱齿轮的结构、参数和画法;

(6) 了解弹簧种类和用途,能够绘制圆柱螺旋压缩弹簧工作图;

(7) 了解滚动轴承的结构以及分类,熟悉常用滚动轴承的表示法以及轴承的标记;

(8) 学习 AutoCAD 图块创建和插入的方法,建立标准件图库。

项目思政

螺 钉 精 神

雷锋同志曾说:"一个人的作用,对于革命事业来说,就如一架机器上的一颗螺丝钉……螺丝钉虽小,其作用是不可估量的。我愿永远做一颗螺丝钉。"雷锋是言行一致的,他在平凡的岗位上持之以恒地做利国利民的好事,"把有限的生命,投入到无限的为人民服务中去"。习近平总书记在考察雷锋第二故乡抚顺时指出,学习雷锋精神,就要把崇高的理想信念和道德品质追求融入日常的工作生活,在自己岗位上做一颗永不生锈的螺丝钉。螺丝钉精神并没有过时,而具有新的历史意义和时代价值,我们需要发扬新时代的螺丝钉精神。

我们每个人无论是在学习中还是在将来的工作中,都要立足本职,做好每一件小事。螺丝钉要时常清洗才不会生锈,人的品格也要时常磨砺,才能保持高洁。做一时的好事简单,难的是持之以恒地做一辈子好事。雷锋同志之所以能够坚持做好事,在于他有强大的理想信念的支撑,在于他不断自我修炼、自我提高。希望每一个同学都要学习雷锋的螺钉精神,不断磨砺品格,提高修养。

◀ 任务 1 绘制联轴节装配图 ▶

【任务单】

任务名称	绘制联轴节装配图
任务描述	如图 6-1 所示，根据给定的联轴节装配关系，按照各零件图以及连接用标准件，绘制联轴节装配图 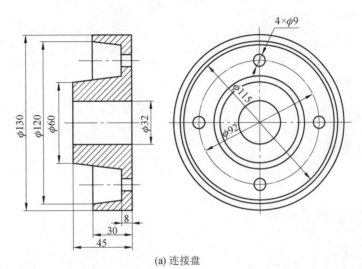 (a) 连接盘 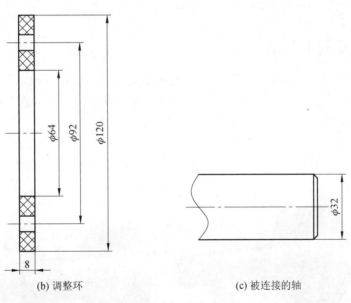 (b) 调整环　　　　　　　(c) 被连接的轴 图 6-1　联轴节及其相关零件

续表

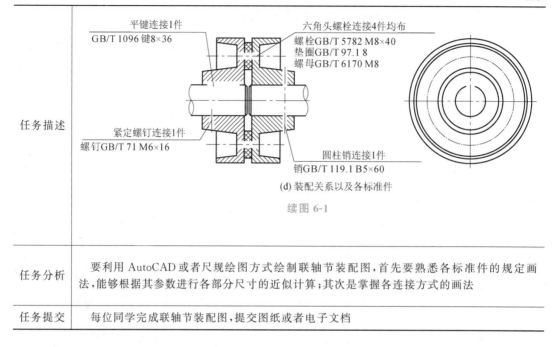

(d) 装配关系以及各标准件

续图 6-1

任务分析	要利用 AutoCAD 或者尺规绘图方式绘制联轴节装配图,首先要熟悉各标准件的规定画法,能够根据其参数进行各部分尺寸的近似计算;其次是掌握各连接方式的画法
任务提交	每位同学完成联轴节装配图,提交图纸或者电子文档

【知识储备】

6.1.1 螺纹

一、螺纹的形成

螺纹是在圆柱或圆锥表面上,经过机械加工而形成的具有规定牙型的螺旋线沟槽。在圆柱或圆锥外表面上形成的螺纹称为外螺纹,在内表面上形成的螺纹称为内螺纹。

螺纹可以采用不同的方法加工。图 6-2 所示为车床上加工螺纹的情况,圆柱形工件作等速旋转运动,车刀沿着工件轴向作匀速直线运动,刀尖相对于工件即形成螺旋线。由于刀刃的形状不同,工件表面切去部分的截面形状也不同,所以可以加工出各种不同的螺纹。

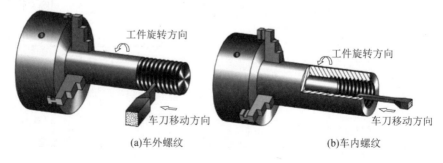

(a)车外螺纹　　　　　　　　　　　　　(b)车内螺纹

图 6-2　在车床上加工螺纹

二、螺纹要素

螺纹的尺寸和结构是由牙型、公称直径、螺距和导程、线数、旋向等要素确定的,要保证内外螺纹相互旋合,这些要素必须相同。

1. 牙型

通过螺纹轴线剖切螺纹所得的剖面形状称为螺纹的牙型。牙型不同的螺纹,其用途也各不相同。常见的螺纹牙型有三角形、梯形、锯齿形和矩形。其中,矩形螺纹尚未标准化,其余牙型的螺纹均为标准螺纹。

2. 公称直径

螺纹的直径有大径(外螺纹用 d 表示、内螺纹用 D 表示)、小径和中径之分(见图 6-3)。外螺纹的大径和内螺纹的小径亦称为顶径。

螺纹的公称直径为大径(管螺纹直径的大小用尺寸代号表示)。

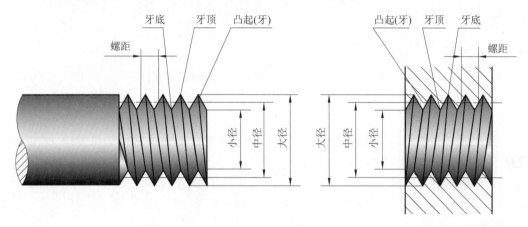

图 6-3　螺纹直径

3. 线数

螺纹有单线和多线之分。沿一条螺旋线所形成的螺纹,称为单线螺纹[见图 6-4(a)];沿两条或两条以上在轴向等距分布的螺旋线所形成的螺纹,称为多线螺纹[图 6-4(b)所示为双线螺纹]。

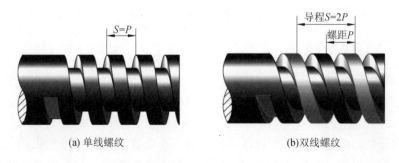

(a) 单线螺纹　　　　　　　(b)双线螺纹

图 6-4　螺距和导程

4. 螺距和导程

螺距是指相邻两牙在中径线上对应两点间的轴向距离;导程是指在同一条螺旋线上的相邻两牙在中径线上对应两点间的轴向距离(见图6-4)。

对于单线螺纹,导程＝螺距;对于线数为 n 的多线螺纹,导程＝$n\times$螺距。

5. 旋向

螺纹分左旋和右旋两种。顺时针旋转时旋入的螺纹为右旋螺纹,逆时针旋转时旋入的螺纹为左旋螺纹。

旋向也可按图6-5所示方法判定。

螺纹要素的含义是:牙型是选择刀具几何形状的依据;外径表示螺纹制在多大的圆柱表面上,内径决定切削深度;螺距或导程供调配机床齿轮之用;线数确定分不分度;旋向则确定走刀方向。

(a)右旋螺纹 (b)左旋螺纹

图 6-5 螺纹的旋向

三、螺纹的分类

国家标准对螺纹的牙型、大径、螺距等作了规定,按符合国标的情况,螺纹分为以下三类。

1. 标准螺纹

牙型、大径和螺距都符合国家标准的规定,只要知道此类螺纹的牙型和大径,即可从有关标准中查出螺纹的全部尺寸。

2. 特殊螺纹

牙型符合标准规定,直径和螺距不符合标准规定。

3. 非标准螺纹

牙型、大径、螺距均不符合标准规定。

螺纹按用途可分为两类:

(1)连接螺纹。

连接螺纹即起连接作用的螺纹。常用的连接螺纹有普通螺纹、管螺纹、锥管螺纹。其中,普通螺纹分粗牙和细牙两种,管螺纹又分为密封管螺纹和非密封管螺纹。

(2)传动螺纹。

传动螺纹即用于传递动力和运动的螺纹。常用的传动螺纹有梯形螺纹、锯齿形螺纹。

四、螺纹的规定画法

1. 外螺纹的画法

视频:螺纹的
规定画法

外螺纹的牙顶(大径)和螺纹终止线用粗实线表示;牙底(小径)用细实线表示。通常,小径按大径的 0.85 画出,即 $d_1=0.85d$。在平行于螺纹轴线的视图中,表示牙底的细实线应画入倒角或倒圆内。在垂直于螺纹轴线的视图中,表示牙底的细实线只画约 3/4 圈,此时,螺纹的倒角按规定省略不画。在螺纹的剖视图(或断面图)中,剖面线应画到粗实线止,如图6-6所示。

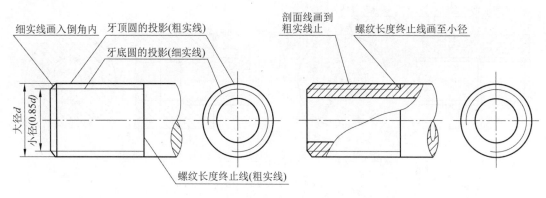

图 6-6 外螺纹画法

2. 内螺纹的画法

在视图中,内螺纹若不可见,则所有图线均用虚线绘制。剖开表示时,螺纹的牙顶(小径)及螺纹终止线用粗实线表示;牙底(大径)用细实线表示,剖面线画到粗实线止。在投影为圆的视图中,表示牙底的细实线圆只画约 3/4 圈,倒角/圆省略不画。

对于不穿通的螺孔(俗称盲孔),应分别画出钻孔深度 H 和螺纹深度 L,钻孔深度比螺纹深度深 $(0.3\sim0.5)D$(D 为螺孔大径)。当内螺纹为不可见时,螺纹的所有图线均用细虚线绘制,如图 6-7 所示。

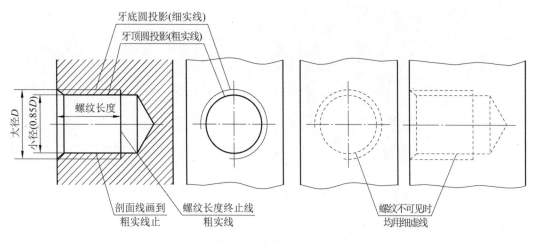

图 6-7 内螺纹画法

注意:
盲孔内螺纹的锥角为 118°,一般按照 120°简化画出。

3. 内外螺纹连接的画法

内、外螺纹旋合(连接)后,旋合部分按外螺纹画,其余部分仍按各自的画法表示。必须注意,表示大、小径的粗实线和细实线应分别对齐,如图 6-8 所示。

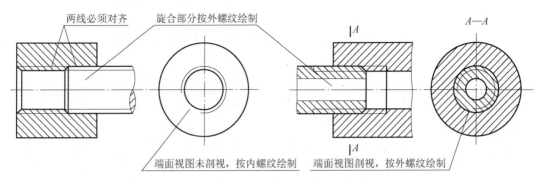

图 6-8　螺纹连接画法

五、螺纹的图样标注

螺纹按照规定画法画出后,在视图上并不能反映它的牙型、螺距、线数和旋向等结构要素,因此,必须按规定的标记在图样中进行标注。

1. 螺纹标记规定

(1) 普通螺纹的螺纹标记构成:

例如:

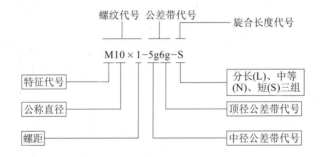

(2) 梯形螺纹和锯齿形螺纹的螺纹标记构成:

(3) 管螺纹的螺纹标记构成:

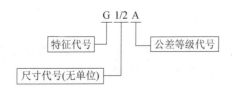

例如:

2. 螺纹的标注

常用螺纹的标注示例见表 6-1。

表 6-1　常用螺纹的标注示例

螺　纹　种　类		标记及其标注示例	标　记　说　明	标注注意事项
紧固螺纹	普通螺纹（M）	M20—5g6g—S	普通粗牙螺纹，公称直径为 20 mm，右旋，中径、顶径公差带分别为 5 g、6 g，短旋合长度	① 粗牙螺纹不注螺距，细牙螺纹注螺距 ② 右旋省略不注，左旋以"LH"表示 ③ 中径和顶径公差带代号相同时，只注写一个公差代号。中等公差精度（公称直径≤1.4 mm 的 5H、6h 和公称直径≥1.6 mm 的 6H、6g）可不注公差带代号 ④ 旋合长度分为短（S）、中（N）、长（L）三组，中等旋合长度的旋合代号 N 可省略 ⑤ 螺纹标记应直接注在大径的尺寸线或延长线上
		M20×1.5LH—7H	普通细牙螺纹，公称直径为 20 mm，螺距为 1.5 mm，左旋，中径、顶径公差带均为 7H，中等旋合长度	
传动螺纹	梯形螺纹（Tr）	Tr36×12(P6)—7H	梯形螺纹，公称直径为 36 mm，螺距为 6 mm，导程为 12 mm，双线，右旋，中径公差带为 7H，中等旋合长度	① 单线螺纹标注螺距，多线螺纹标注导程（P 螺距） ② 两种螺纹只注中径公差带代号 ③ 旋合长度只有中等旋合长度（N）和长旋合长度（L）两种，中等旋合长度规定不标
	锯齿形螺纹（B）	B40×6LH—8c	锯齿形螺纹，公称直径为 40 mm，螺距为 6 mm，单线，左旋，中径公差带为 8c，中等旋合长度	
管螺纹	55°非密封管螺纹（G）	G1$\frac{1}{2}$A	55°非密封管螺纹，尺寸代号为 1$\frac{1}{2}$，公差等级为 A 级，右旋	① 管螺纹一律标注在引出线上，引出线由螺纹大径处引出或由对称中心线处引出 ② 55°非密封管螺纹，内、外螺纹都是圆柱管螺纹，外螺纹的公差等级代号分为 A、B 两级，内螺纹公差等级只有一种，不标记 ③ 55°密封管螺纹只注螺纹特征代号、尺寸代号和旋向代号 ④ 密封管螺纹的特征代号为： R1 表示与圆柱内螺纹相配合的圆锥外螺纹 R2 表示与圆锥内螺纹相配合的圆锥外螺纹 Rc 表示圆锥内螺纹 Rp 表示圆柱内螺纹
	55°密封管螺纹（R1）（R2）（Rc）（Rp）	Rc$\frac{1}{2}$	55°密封管螺纹，圆锥内螺纹，尺寸代号为 $\frac{1}{2}$，右旋	

6.1.2　常用螺纹连接

螺纹紧固件的种类很多,常用的紧固件有螺栓、双头螺柱、螺钉、螺母、垫圈等,如图 6-9 所示。

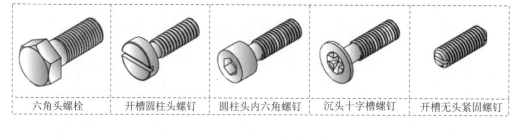

| 六角头螺栓 | 开槽圆柱头螺钉 | 圆柱头内六角螺钉 | 沉头十字槽螺钉 | 开槽无头紧固螺钉 |

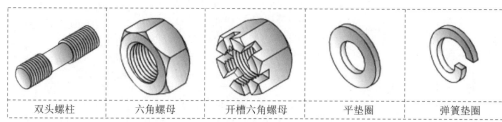

| 双头螺柱 | 六角螺母 | 开槽六角螺母 | 平垫圈 | 弹簧垫圈 |

图 6-9　常用螺纹紧固件

一、螺纹紧固件的标记

表 6-2 列出了常用螺纹紧固件的图例、标记及说明。

表 6-2　常用螺纹紧固件的图例、标记及说明

名称及国标代号	图　　例	标记及说明
六角头螺栓 GB/T 5782		螺栓 GB/T 5782 M10×50 　表示螺纹规格为 M10、公称长度为 $l=50$ mm、性能等级为 8.8 级、表面氧化、杆身半螺纹、产品等级为 A 级的六角头螺栓
双头螺柱 GB 898 ($b_m=1.25d$)	A型 B型	螺柱 GB 898 M10×50 　表示螺纹规格为 M10、公称长度为 $l=50$ mm、性能等级为 4.8 级、不经表面处理、B 型、$b_m=1.25d$ 的双头螺柱 　当螺柱为 A 型时,将螺柱规格大小写成 AM10×50
内六角圆柱头螺钉 GB/T 70.1		螺钉 GB/T 70.1 M10×60 　表示螺纹规格为 M10、公称长度为 $l=60$ mm、性能等级为 8.8 级、表面氧化的内六角圆柱头螺钉

名称及国标代号	图　例	标记及说明
开槽沉头螺钉 GB/T 68	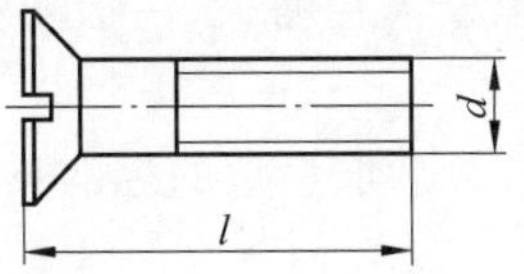	螺钉 GB/T 68 M10×40 表示螺纹规格为 M10、公称长度为 $l=40$ mm、性能等级为常用的 4.8 级、不经表面处理、产品等级为 A 级的开槽沉头螺钉
开槽长圆柱端紧定螺钉 GB/T 75	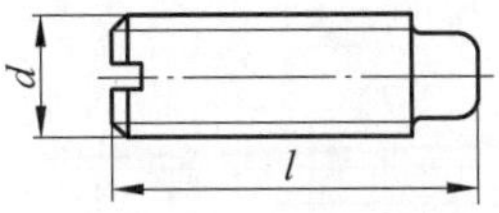	螺钉 GB/T 75 M5×12 表示螺纹规格为 M5、公称长度为 $l=12$ mm、性能等级为常用的 14H 级、表面氧化的开槽长圆柱端紧定螺钉
I 型六角螺母 GB/T 6170	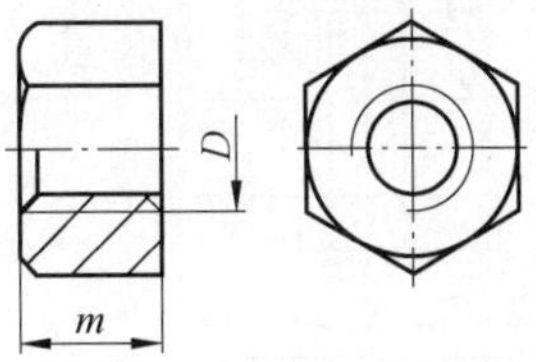	螺母 GB/T 6170 M12 表示螺纹规格为 M12、性能等级为常用的 8 级、不经表面处理、产品等级为 A 级的 I 型六角螺母
平垫圈 GB/T 97.1	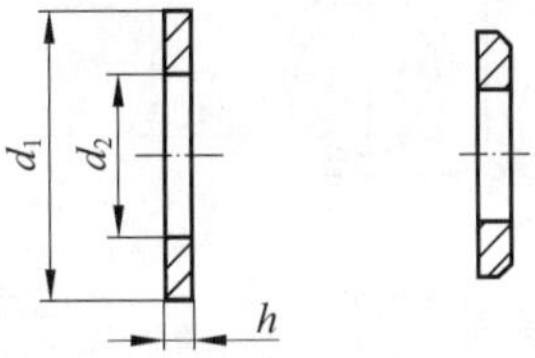	垫圈 GB/T 97.1　12 表示公称直径为 12 mm、性能等级为 200 HV 级、表面氧化、产品等级为 A 级的平垫圈
弹簧垫圈 GB 93	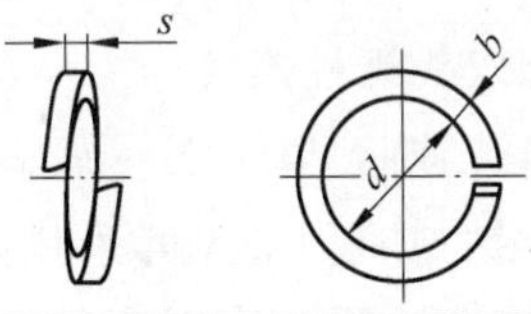	垫圈 GB 93　12 表示公称直径为 12 mm、材料为 65 Mn、表面氧化的标准型弹簧垫圈
螺栓紧固轴端挡圈 GB 892	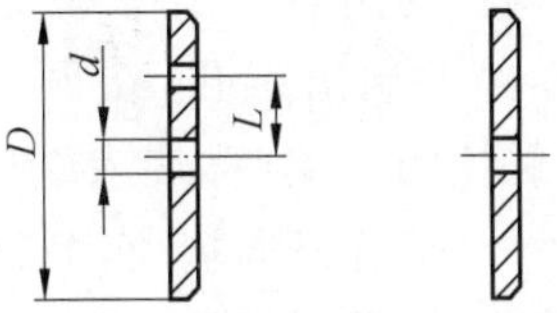	挡圈 GB 892　45 表示公称直径为 45 mm、材料为 Q235、不经表面处理的 A 型螺栓紧固轴端挡圈

二、螺纹紧固件的连接画法

画螺纹紧固件的连接时应遵守如下规定：

(1) 当剖切平面通过螺杆的轴线时，螺栓、螺柱、螺钉以及螺母、垫圈等均按未剖切绘制；

(2) 在剖视图上，两零件接触表面画一条线，不接触表面画两条线；

(3) 相接触两零件的剖面线方向相反；

(4) 在连接图中，常用的螺纹紧固件可按简化画法绘制。

在装配体中，零件与零件或部件与部件间常用螺纹紧固件进行连接，最常用的连接形式有：螺栓连接、螺柱连接和螺钉连接。由于装配图主要是表达零、部件之间的装配关系，因此，装配图中的螺纹紧固件不仅可按上述画法的基本规定简化地表示，而且图形中的各部分尺寸也可简便地按比例画法绘制。

1. 螺栓连接

螺栓适用于连接两个不太厚的并能钻成通孔的零件,如图 6-10 所示。连接时将螺栓穿过被连接的两零件上光孔(孔径比螺栓大径略大,一般可按 1.1d 画出),套上垫圈,然后用螺母紧固。

螺栓的公称长度 $L \geq \delta_1 + \delta_2 + h + m + a$(查表计算后取最短的标准长度)。

根据螺纹公称直径 d 按下列比例作图:

$b=2d \quad h=0.15d \quad m=0.8d \quad a=0.3d \quad k=0.7d \quad e=2d$

视频:螺栓连接的画法

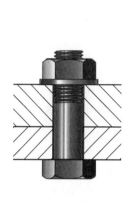
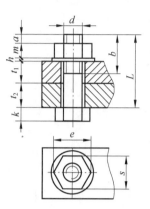

图 6-10　螺栓连接及简化画法

视频:双头螺柱的画法

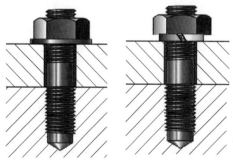

2. 双头螺柱连接

当被连接零件之一较厚,不允许被钻成通孔时,可采用螺柱连接(见图 6-11)。螺柱的两端均制有螺纹。连接前,先在较厚的零件上制出螺孔,在另一零件上加工出通孔,将螺柱的一端(称旋入端)全部旋入螺孔内,再在另一端(称紧固端)套上制出通孔的零件,加上弹簧垫圈,拧紧螺母,即完成了螺柱连接。

螺柱旋入端的长度 b_m 随被旋入零件(机体)材料的不同而有不同规格:如钢的 $b_m=d$;铸铁或铜的 $b_m=1.25d \sim 1.5d$;铝的 $b_m=2d$。旋入端的螺纹终止线应与结合面平齐,表示旋入端已拧紧。螺柱的公称长度 $L=\delta+s+m+a$(查表计算后取接近的标准长度)。弹簧垫圈用作防松,其开槽的方向为阻止螺母松动的方向,画成与水平线呈 60°左上斜的两条平行粗实线。按比例作图时,取 $s=0.2d$,$D=1.5d$。

3. 螺钉连接

螺钉用于连接时按用途可分为连接螺钉和紧定螺钉两种,前者用于连接零件,后者用于固

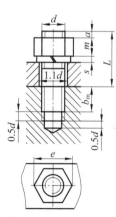

图 6-11　螺柱连接及简化画法

定零件。螺钉连接用于受力不大和经常拆卸的场合。装配时将螺钉直接穿过被连接零件上的通孔,再拧入另一被连接零件上的螺孔中,靠螺钉头部压紧被连接零件。螺钉连接的装配图画法仍可采用比例画法。

图 6-12(a)所示为开槽圆柱头螺钉的连接画法,图 6-12(b)所示为一字槽沉头螺钉的连接画法。

螺钉的公称长度 $l=$ 螺纹旋入深度 b_m+ 通孔两件厚度 δ,b_m 与螺柱连接相同。

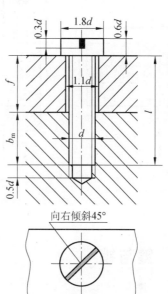

(a)

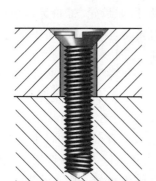

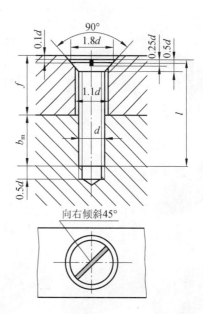

(b)

图 6-12 螺钉连接及简化画法

螺钉头部的一字槽或十字槽的投影可以涂黑表示，在投影为圆的视图上，这些槽应画成45°倾斜位置，线宽为粗实线线宽的两倍，如图6-12所示。

紧定螺钉也是机械上经常使用的一种螺钉，它常用来固定两个零件的相对位置，使它们不产生相对运动。图6-13中的轴和齿轮（图中齿轮仅画出轮毂部分），用一个开槽锥端紧定螺钉旋入轮毂的螺孔中，使螺钉端部的90°锥坑压紧，从而固定轴和齿轮的相对位置。

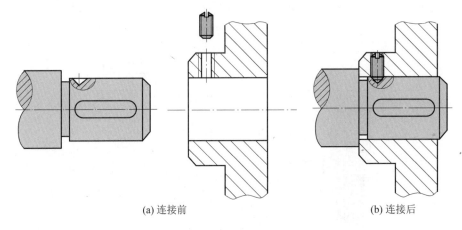

(a) 连接前　　　　　　　　　　(b) 连接后

图 6-13　紧定螺钉连接的画法

6.1.3　键与销

一、键及其连接的画法

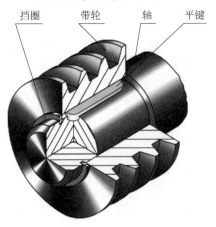

挡圈　带轮　轴　平键

图 6-14　键连接

键连接是一种可拆连接。键用于连接轴和轴上的传动件（如齿轮、带轮等），使轴和传动件不产生相对转动，保证两者同步旋转，传递扭矩和旋转运动（见图6-14）。

键是标准件，键有普通平键、半圆键和楔键等，如图6-15所示，最常用的是普通平键。普通平键有三种结构类型：A型（圆头）、B型（平头）、C型（单圆头）。在轴和轮毂上分别加工出键槽，装配时先将键嵌入轴的键槽内，再将轮毂上的键槽对准轴上的键，把轮子装在轴上。传动时，轴和轮子便一起转动。

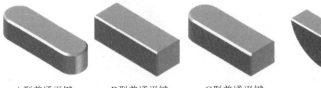

A型普通平键　　B型普通平键　　C型普通平键　　半圆键　　钩头楔键

图 6-15　常用的键

1. 普通平键的标记

标记示例：

宽度 $b=16$ mm、高度 $h=10$ mm、长度 $L=100$ mm 的普通 A 型平键的标记为：

GB/T 1096　键 $16\times10\times100$

注意：

普通 A 型平键的 A 可以省略不注，而 B 型和 C 型要在尺寸前加注"B"或"C"。

2. 键槽画法及尺寸标注

因为键是标准件，所以一般不必画出零件图，但要画出零件上与键相配合的键槽。键槽的宽度 b 可根据轴的直径 d 查表确定，轴上的槽深 t_1 和轮毂上的槽深 t_2 可从键的标准中查得，键的长度 L 应小于或等于轮毂的长度。键槽的画法及尺寸标注如图 6-16 所示。

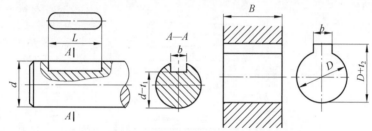

图 6-16　键槽的画法及尺寸标注

3. 键连接画法

图 6-17 是普通平键连接的装配图画法，主视图中键被剖切面纵向剖切，键按不剖处理。为了表示键在轴上的装配情况，采用了局部剖视。在 $A—A$ 剖视图中，键被剖切面横向剖切，键要画剖面线（注意与其他零件的剖面线方向相反或间隔不等）。由于平键的两个侧面是其工作表面，键的两个侧面分别与轴的键槽和轴孔的键槽两个侧面配合、键的底面与轴的键槽底面接触，画一条线，而键的顶面不与轮毂键槽底面接触，画两条线。

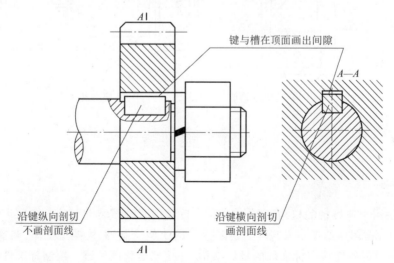

图 6-17　普通平键连接的装配图画法

二、销及其连接的画法

销连接也是一种可拆连接,在机械零件中,销主要用于连接、定位或防松等。常用的销有圆柱销和圆锥销、开口销等,它们的类型、图例及标记示例如表 6-3 所示。

表 6-3　销的类型、图例及标记示例

名称	标准代号	图　例	标记示例
圆柱销	GB/T 119.1—2000		公称直径 $d=8$ mm,公差为 m6,公称长度 $l=30$ mm,材料为钢,不经淬火,不经表面处理的圆柱销标记为: 销 GB/T 119.1　8m6×30
圆锥销	GB/T 117—2000		公称直径 $d=6$ mm,公称长度 $l=30$ mm,材料为 35 钢,热处理硬度为 28～38 HRC,表面氧化处理的 A 型圆锥销标记为: 销 GB/T 117　6×30
开口销	GB/T 91—2000		公称直径 $d=5$ mm,公称长度 $l=50$ mm,材料为低碳钢,不经表面处理的开口销标记为: 销 GB/T 91　5×50

销连接的画法如图 6-18 所示。

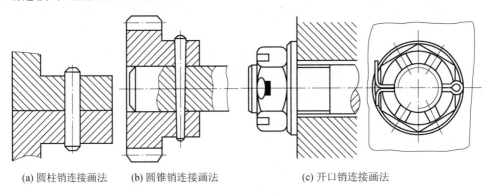

(a) 圆柱销连接画法　　(b) 圆锥销连接画法　　(c) 开口销连接画法

图 6-18　销连接的画法

【任务实施】

联轴节是用于连接轴的机构,利用 AutoCAD 绘制联轴节装配图的方法和步骤如下:
(1) 参照图 6-1 所给图形及尺寸,按照 1∶1 的比例绘制轴、连接盘主体、调整环的图形;
(2) 查表确定各连接用标准件的具体结构,并按照简化画法逐一绘制标准件的图形;
(3) 按照装配关系拼画联轴节装配图。结果如图 6-19 所示。

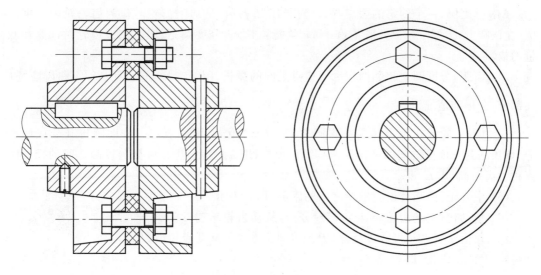

图 6-19　联轴节装配图

6.1.4　齿轮

齿轮是广泛用于机器或部件中的传动零件,它用来传递动力,改变转速和回转方向。齿轮的轮齿部分已标准化。图 6-20 是齿轮传动中常见的三种类型:圆柱齿轮,用于平行两轴间的传动;锥齿轮,用于相交两轴间的传动;蜗轮蜗杆,用于交叉两轴间的传动。

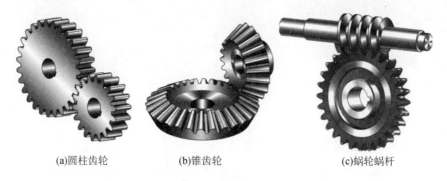

(a)圆柱齿轮　　　　　　(b)锥齿轮　　　　　　(c)蜗轮蜗杆

图 6-20　常见齿轮传动

一、圆柱齿轮

圆柱齿轮按轮齿方向的不同分为直齿、斜齿、人字齿三种。

1. 直齿圆柱齿轮的几何要素及尺寸关系

直齿圆柱齿轮的几何要素及代号如图 6-21 所示。

(1) 齿顶圆:通过轮齿顶部的圆,其直径用 d_a 表示。

(2) 齿根圆:通过轮齿根部的圆,其直径用 d_f 表示。

（3）分度圆：一个约定的假想圆，其直径用 d 表示，是加工齿轮时作为齿轮轮齿分度的圆，在该圆上，齿厚 s 等于齿槽宽 e（s 和 e 均指弧长）。分度圆是设计、制造齿轮时计算和测量的依据。

（4）齿距：分度圆上相邻两齿廓对应点之间的弧长，用 p 表示，它包括齿厚 s 和齿槽宽 e 两部分，在标准情况下，$s=e=\dfrac{1}{2}p$。

（5）齿高：轮齿在齿顶圆与齿根圆之间的径向距离，用 h 表示。分度圆将其分成两部分，齿顶圆到分度圆之间的径向距离称为齿顶高，用 h_a 表示；齿根圆到分度圆之间的径向距离称为齿根高，用 h_f 表示。$h=h_a+h_f$。

（6）中心距：两啮合齿轮轴线之间的距离，用 a 表示。

（7）传动比：主动齿轮转速 n_1（转/分）与从动齿轮转速 n_2（转/分）之比，用 i 表示。由于转速与齿数成反比，因此传动比也等于从动齿轮齿数 z_2 与主动齿轮齿数 z_1 之比，即 $i=n_1/n_1=z_2/z_1$。

视频：
渐开线直齿圆
柱齿轮的结构

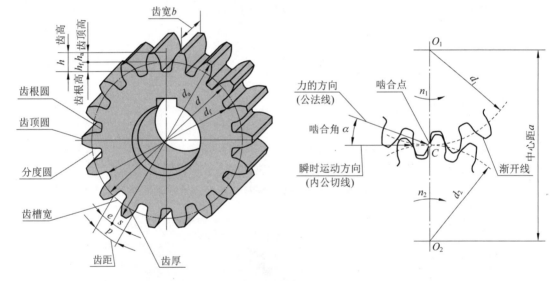

图 6-21　齿轮的几何要素及代号

2. 直齿圆柱齿轮的基本参数

（1）齿数 z：齿轮上轮齿的个数。

（2）模数 m：齿轮的分度圆周长 $\pi d=zp$，则 $d=\dfrac{p}{\pi}z$，令 $p/\pi=m$，则 $d=mz$。模数是设计、加工齿轮的一个重要参数，模数越大，齿轮的轮齿就越大，因此齿轮的承载能力也越强。为了便于设计和制造，模数已经标准化，我国规定的标准模数数值见表 6-4。

表 6-4　渐开线圆柱齿轮模数（GB/T 1357—2008）

第一系列	1　1.25　1.5　2　2.5　3　4　5　6v8　10　12　16　20　25　32　40　50																
第二系列	1.125　1.375　1.75　2.25　2.75　3.5　4.5　5.5(6.5)　7　9　11　14　18　22　28　35　45																

（3）齿形角 α：通过齿廓曲线上与分度圆交点所作的切线与径向所夹的锐角。根据 GB/T 1356—2001 的规定，我国采用的标准齿形角 α 为 $20°$。两标准直齿圆柱齿轮正确啮合传动的条件是模数 m 和齿形角 α 相等。

3. 直齿圆柱齿轮各部分尺寸的计算公式

齿轮的基本参数 z、m、a 确定以后，齿轮各部分尺寸可按表 6-5 中公式计算。

表 6-5　渐开线圆柱齿轮几何要素的尺寸计算

名　称	代　号	计　算　公　式
齿顶高	h_a	$h_a = m$
齿根高	h_f	$h_f = 1.25m$
齿高	h	$h = 2.25m$
分度圆直径	d	$d = mz$
齿顶圆直径	d_a	$d_a = m(z+2)$
齿根圆直径	d_f	$d_f = m(z-2.5)$
中心距	a	$a = \dfrac{1}{2}(d_1+d_2) = \dfrac{1}{2}m(z_1+z_2)$

4. 单个圆柱齿轮的画法

齿轮的轮齿部分属于标准结构，在绘图时应按照 GB/T 4459.2—2003 的规定画法绘制（见图 6-22）：

（1）齿顶圆和齿顶线用粗实线表示；分度圆和分度线用细点画线表示；齿根圆和齿根线用细实线画或省略不画。

（2）在剖视图中，齿根线用粗实线表示，轮齿部分不画剖面线。

（3）对于斜齿或人字齿的圆柱齿轮，可用三条细实线表示轮齿的方向。齿轮的其他结构按投影画出。

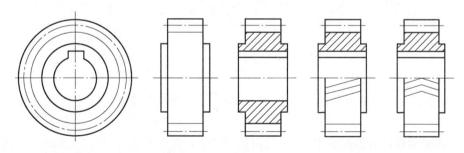

图 6-22　单个圆柱齿轮的画法

图 6-23 所示为直齿齿轮零件图。

5. 两齿轮啮合的画法

两标准齿轮互相啮合时，两齿轮分度圆处于相切的位置，此时分度圆又称为节圆。两齿轮的啮合画法，关键是啮合区的画法，其他部分仍按单个齿轮的画法规定绘制。啮合区的画法规定如下（见图 6-24）：

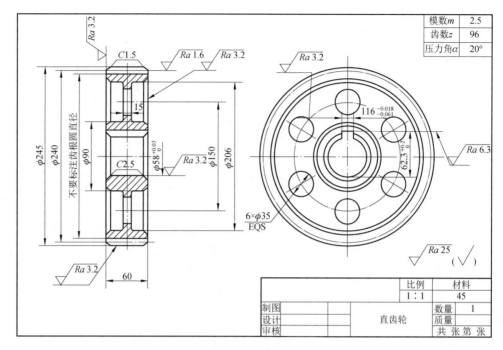

模数m	2.5
齿数z	96
压力角α	20°

比例		材料	
1：1		45	
制图			数量	1
设计		直齿轮	质量	
审核			共 张 第 张	

图 6-23　直齿齿轮零件图

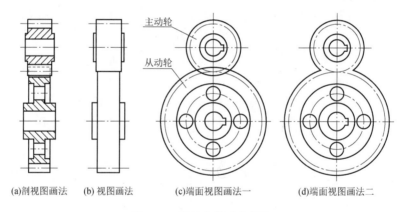

(a)剖视图画法　　(b) 视图画法　　(c)端面视图画法一　　(d)端面视图画法二

图 6-24　圆柱齿轮啮合画法

（1）在投影为圆的视图中，两齿轮的节圆相切。啮合区内的齿顶圆均画粗实线，也可以省略不画。

（2）在非圆投影的剖视图中，两齿轮节线重合，画细点画线，齿根线画粗实线。齿顶线的画法是将一个齿轮的轮齿作为可见画成粗实线，另一个齿轮的轮齿被遮住部分画成虚线，该虚线也可省略不画。

（3）在非圆投影的外形视图中，啮合区的齿顶线和齿根线不必画出，节线画成粗实线。

6.齿轮与齿条啮合画法

当齿轮的直径无限大时，齿轮就成为齿条，如图 6-25（a）所示。此时，齿顶圆、分度圆、齿根圆和齿廓曲线（渐开线）都成为直线。齿轮与齿条相啮合时，齿轮旋转，齿条则作直线运动。齿条的模数和齿形角应与相啮合的齿轮的模数和齿形角相同。

齿轮和齿条啮合的画法与两圆柱齿轮啮合的画法基本相同,如图 6-25(b)所示。在主视图中,齿轮的节圆与齿条的节线应相切。在全剖的左视图中,应将啮合区内的齿顶线之一画成粗实线,另一轮齿被遮部分画成虚线或省略不画。

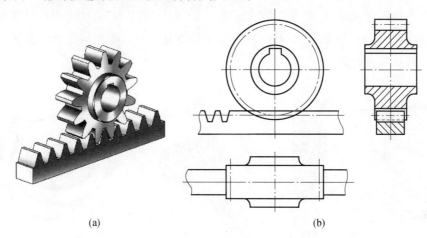

(a)   (b)

图 6-25　齿轮和齿条啮合的画法

二、锥齿轮、蜗轮与蜗杆的啮合画法

锥齿轮的啮合画法如图 6-26 所示;蜗轮和蜗杆啮合的画法如图 6-27 所示。

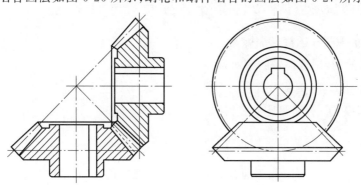

图 6-26　锥齿轮的啮合画法

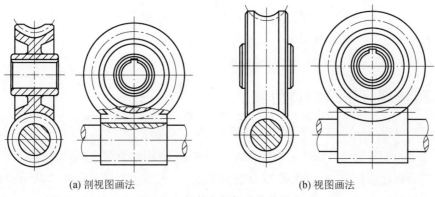

(a) 剖视图画法　　　　　　　　　(b) 视图画法

图 6-27　蜗轮和蜗杆啮合的画法

6.1.5 弹簧

弹簧是一种用来减震、夹紧、储存能量和测力的零件,种类很多,用途很广。常用的弹簧如图 6-28 所示。弹簧的特点是去掉外力后,能立即恢复原状。本教材仅介绍普通圆柱螺旋压缩弹簧的画法和尺寸计算。

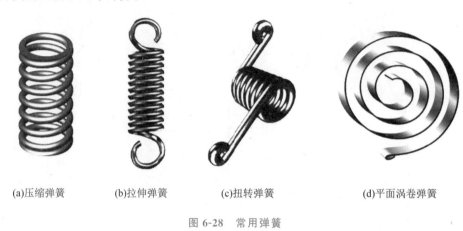

(a)压缩弹簧   (b)拉伸弹簧   (c)扭转弹簧   (d)平面涡卷弹簧

图 6-28　常用弹簧

一、圆柱螺旋压缩弹簧各部分名称及尺寸计算

图 6-29 所示为圆柱螺旋压缩弹簧。

(1) 簧丝直径 d:制造弹簧的钢丝直径。

(2) 弹簧外径 D:弹簧最大直径。

(3) 弹簧内径 D_1:弹簧最小直径。

(4) 弹簧中径 D_2:弹簧的平均直径,$D_2 = \dfrac{D+D_1}{2} = D_1 + d = D - d$。

(5) 节距 t:除支承圈外,相邻两有效圈上对应点之间的轴向距离。

(6) 有效圈数 n、支承圈数 n_2 和总圈数 n_1。为了使螺旋压缩弹簧工作时受力均匀,增加弹簧的平稳性,将弹簧的两端并紧、磨平。并紧、磨平的圈数主要起支承作用,称为支承圈。保持相等节距的圈数,称为有效圈数。有效圈数与支承圈数之和称为总圈数,即 $n_1 = n + n_2$。

(7) 自由高度 H_0:弹簧在不受外力作用时的高度(或长度)。

(8) 展开长度 L:制造弹簧时坯料的长度。

二、圆柱螺旋压缩弹簧的画法

1. GB/T 4459.4—2003 对弹簧画法的规定

(1) 在平行于螺旋弹簧轴线的投影面的视图中,其各圈的轮廓应画成直线。

(2) 有效圈数在四圈以上时,可以每端只画出 1~2 圈(支承圈除外),其余省略不画。省略后,允许适当缩短图形的长度,但应注明弹簧设计要求的自由高度,如图 6-29 所示。

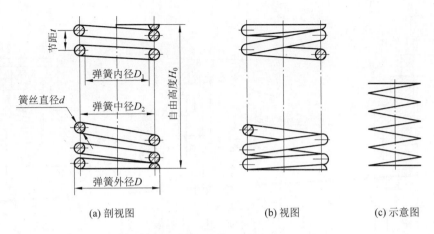

(a) 剖视图　　　　　　　　(b) 视图　　　　　(c) 示意图

图 6-29　圆柱螺旋压缩弹簧

（3）螺旋弹簧均可画成右旋,但左旋弹簧不论画成左旋或右旋,均需注写旋向"左"字。

（4）螺旋压缩弹簧如要求两端并紧且磨平时,不论支承圈多少均按支承圈 2.5 圈绘制,必要时也可按支承圈的实际结构绘制。

2. 单个圆柱螺旋压缩弹簧的作图步骤

单个圆柱螺旋压缩弹簧的作图步骤如图 6-30 所示。

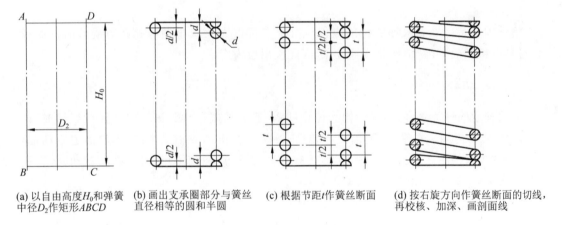

(a) 以自由高度H_0和弹簧　(b) 画出支承圈部分与簧丝　(c) 根据节距t作簧丝断面　(d) 按右旋方向作簧丝断面的切线,
中径D_2作矩形$ABCD$　直径相等的圆和半圆　　　　　　　　　　　　　再校核、加深、画剖面线

图 6-30　单个圆柱螺旋压缩弹簧的作图步骤

三、装配图中圆柱螺旋压缩弹簧的画法

（1）弹簧被剖切后,无论之间各圈是否省略,被弹簧挡住的结构一般不画,其可见部分应从弹簧的中径线画起,如图 6-31(a)所示。

（2）当弹簧钢丝的直径在图上等于或小于 2 mm 时,其断面可以涂黑表示或采用示意画法,如图 6-31(b)、(c)所示。

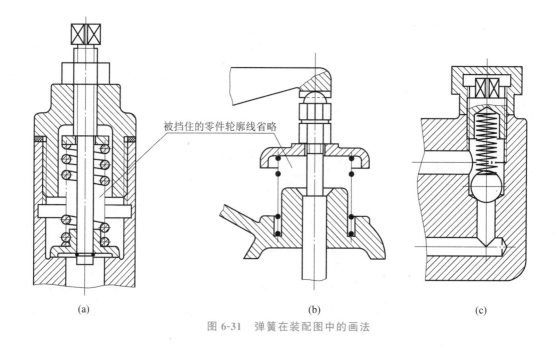

被挡住的零件轮廓线省略

(a)   (b)   (c)

图 6-31   弹簧在装配图中的画法

6.1.6   滚动轴承

滚动轴承是用来支承轴的标准组件。由于它可以大大减小轴与孔相对旋转时的摩擦力,且具有机械效率高、结构紧凑等优点,因此应用极为广泛。

一、滚动轴承的种类

滚动轴承的种类繁多,但其结构大体相同,一般由外圈、内圈、滚动体和保持架组成,如图 6-32 所示。内圈装在轴上,随轴一起转动;外圈装在机体或轴承座内,一般固定不动;滚动体安装在内、外圈之间的滚道中,其形状有球形、圆柱形和圆锥形等,当内圈转动时,它们在滚道内滚动;保持架用来隔离滚动体。

滚动轴承按其受力方向可分为三类:

(1) 向心轴承:主要受径向力,如深沟球轴承。

(2) 推力轴承:只受轴向力,如推力球轴承。

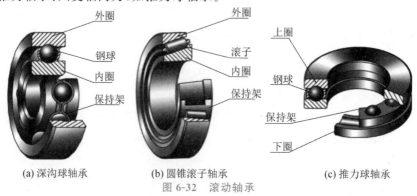

(a) 深沟球轴承   (b) 圆锥滚子轴承   (c) 推力球轴承

图 6-32   滚动轴承

(3) 向心推力轴承:同时承受径向和轴向力,如圆锥滚子轴承。

二、滚动轴承的代号

滚动轴承的代号一般打印在轴承的端面上,由前置代号、基本代号、后置代号三部分组成,排列顺序如下:

| 后置代号 | 前置代号 | 基本代号 |

1.基本代号

基本代号表示轴的基本结构、尺寸、公差等级、技术性能等特征。滚动轴承的基本代号(滚针轴承除外)由轴承类型代号、尺寸系列代号、内径代号三部分组成。

(1) 轴承类型代号。

轴承类型代号用阿拉伯数字或大写拉丁字母表示,见表6-6。类型代号如果是"0"(双列角接触球轴承),按规定可以省略不注。

表 6-6　滚动轴承类型代号

代号	轴 承 类 型	代号	轴 承 类 型
0	双列角接触球轴承	7	角接触球轴承
1	调心球轴承	8	推力圆柱滚子轴承
2	调心滚子轴承和推力调心滚子轴承	N	圆柱滚子轴承(双列或多列用字母 NN 表示)
3	圆锥滚子轴承	U	外球面球轴承
4	双列深沟球轴承	QJ	四点接触球轴承
5	推力球轴承	C	长弧面滚子轴承(圆环轴承)
6	深沟球轴承		

注:在代号后或前加字母或者数字表示该类轴承中的不同结构。

(2) 尺寸系列代号。

尺寸系列代号由滚动轴承的宽(高)度系列代号和直径系列代号组合而成,用两位数字表示。它主要用来区别内径相同而宽(高)度和外径不同的轴承。

(3) 内径代号。

内径代号表示轴承的内径,用两位数字表示。

当内径代号数字为00、01、02、03时,分别表示内径 $d=10$ mm、12 mm、15 mm、17 mm。当代号数字为04~99时,代号数字乘以5,即为轴承内径。

2.补充代号

前置代号和后置代号是轴承在结构形状、尺寸、公差、技术要求等有改变时,在其基本代号前、后添加的补充代号。具体情况可查阅相关的国家标准。

3.滚动轴承标记示例

滚动轴承　02 03　GB/ T 276−2013

内径代号：*d*=17

尺寸系列代号　02表示轻窄系列

轴承类型代号　0表示双列角接触球轴承

滚动轴承　3 03 05　GB/ T 276−2013

内径代号：*d*=5×5=25

尺寸系列代号　03表示中窄系列

轴承类型代号　3表示圆锥滚子轴承

滚动轴承　5 12 07　GB/ T 276−2013

内径代号：*d*=7×5=35

尺寸系列代号　12表示5100型的12系列

轴承类型代号　5表示推力球轴承

三、滚动轴承的画法

滚动轴承剖视图轮廓应按外径 *D*、内径 *d*、宽度 *B* 等实际尺寸绘制,轮廓内可用通用画法、特征画法、规定画法绘制,如表6-7所示。

（1）通用画法:当不需要确切地表示滚动轴承的外形轮廓、载荷特征和结构特征时采用。

（2）特征画法:当需要较形象地表示滚动轴承的结构特征时采用。

（3）规定画法:滚动轴承的产品图样、产品样本、产品标准和产品说明书中采用。

表 6-7　轴承画法

名称和标准号	查表主要数据	画　　法				装配示意图
		简 化 画 法		规 定 画 法		
		通 用 画 法	特 征 画 法			
深沟球轴承（GB/T 276—2013）	*D* *d* *B*					

名称和标准号	查表主要数据	画法			装配示意图
		简化画法		规定画法	
		通用画法	特征画法		
圆锥滚子轴承（GB/T 297—2015）	D d B T C				
推力球轴承（GB/T 301—2015）	D d T				

6.1.7　AutoCAD 图块创建与插入

在机械产品中,有些标准件如螺栓、双头螺柱、螺母、螺钉等,会经常反复用到,虽然在不同的位置使用时其大小会有所不同,但其形状是相似的。为了避免重复绘制,在 AutoCAD 中我们可以把经常要绘制的图样以图块的形式保存起来,在需要用的时候,只要将之前保存的图块插入当前图形文件中,并根据当前图形文件的要求修改对应的比例、尺寸等,就可以快速满足图形需求。

一、创建块

如图 6-33 所示为我们经常在机械图样上看到的螺纹孔,比如按照螺纹规格为 M10,螺纹深为 15,孔深为 20 绘制。

单击【块】命令组中的【创建】命令,弹出图 6-34 所示【块定义】对话框;在对话框中自行给定"名称";利用【拾取点】方式在窗口对应的图形上的某个点上单击(通常基点选在对称中心线上的特定位置,以方便插入图形时好定位),返回对话框;继续点击对话框中的【选择对象】按钮,在窗口中选择要创建为块的对象,单击右键结束选择,返回对话框后可设置所选择的对象是保留原图性质还是转变为块或者删除;单击【确定】按钮完成图块的创建。

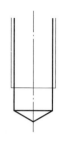

图 6-33　螺纹孔

图 6-34　【块定义】对话框

二、插入块

单击【块】命令组中的【插入块】命令,选中所创建的"螺纹孔"块,命令行提示:

指定插入点或 [基点(B)/比例(S)/X/Y/Z/旋转(R)]:

根据提示,可以直接将所选中的图块插入指定位置,也可以进一步修改基点位置、图块的比例以及旋转角度等,再将修改后的图块插入指定的位置。

正是由于在插入块的时候可以修改比例和旋转角度,所以可方便地进行同类形状图形的创建。

三、保存块

为了使所创建的块不仅能够在当前图形中使用,还可以在其他图形文件中也能使用,我们可以利用【写块】命令将图块保存在自己设定的文件夹中。

【写块】命令的调用方法如下:

- 功能区:【插入】选项卡,【块定义】命令组,单击【写块】按钮。

• 命令行：WBLOCK（快捷命令 W）✓。

打开如图 6-35 所示【写块】对话框，选中【源】栏目中的单选项【块】，单击块名称下拉箭头，在弹出的下拉列表中选中要保存的图块，在【目标】栏设定保存的文件名和路径，单击【确定】按钮，完成图块的保存。

在其他图形文件中需要用到该图块时，点击【插入块】命令，单击【更多选项】，打开【插入】对话框，如图 6-36 所示，在该对话框中单击【浏览】按钮，找到保存的块文件，即可将保存的图块插入当前的图形文件中，同样可以修改图形的比例和旋转角度等。

图 6-35　【写块】对话框

图 6-36　【插入】对话框

在 AutoCAD 中除了可以创建这种普通的图块外，还可以创建带有属性的块和动态块，此处不再赘述。

项目 7

零件图的绘制与识读

任何一台机器或一个部件都是由若干零件按一定的装配关系和设计、使用要求装配而成的。制造机器或部件时，必须先加工出零件，然后再装配成机器或部件，因此，零件是组成机器或部件的基本单元。表达单个零件的结构形状、大小及技术要求的图样称为零件图。在零件的生产过程中，必须以技术部门提供的零件图为依据，它是用来指导零件的加工、制造和检验的重要的技术文件。熟练掌握绘制和识读零件图的方法，是工程技术人员必备的基本技能。

项目要求

(1) 了解零件图的内容和作用，以及零件上常见的工艺结构；
(2) 掌握零件图的视图选择原则，熟悉典型零件的结构特点及视图表达方案；
(3) 能正确、完整、清晰并较合理地标注零件图的尺寸；
(4) 能正确地标注和识读零件图上的尺寸公差、几何公差和表面粗糙度等技术要求；
(5) 掌握绘制和阅读零件图的方法，能正确绘制和阅读中等复杂程度的零件图。

项目思政

君子学以致其道

"君子学以致其道"，习近平总书记无论是参加座谈还是大会讲话，无论是国外演讲还是国内报告，总能娴熟地引经据典，并在高屋建瓴、因时因势、紧扣主题的前提下，亲切自然、深入浅出，用最浅显的语言阐明最深刻的道理。这背后，离不开他对传统优秀文化的珍视，更离不开他孜孜不倦地学习与积累。早在梁家河插队时，就留下了很多关于他在炕头的煤油灯下学习的佳话。他还曾这样勉励各级领导干部，"要力戒浮躁，多用一些时间静心读书、静心思考，主动加快知识更新、优化知识结构，使自己任何时候才不枯、智不竭。"

青年学生在学习知识的时候，要发扬挤劲、钻劲、韧劲，锲而不舍的学习精神，沉下心来，刻苦钻研，才能更好地肩负起时代赋予的职责使命。

一知半解很危险

在西方，有一句经典的俚语叫：a little knowledge is dangerous. 一知半解最危险。说的是，当一个人不懂时，会谨慎小心，避免做出错误的决定；当一个人对事物"一知半解"时，认为自己不懂，同样会谨慎小心。然而，更多人实际上是"一知半解"，却认为自己"很懂"，因此就很有自信、很坚决地做了决定，以至于付出大大小小的代价，危机也就一次次地出现。

一切没有切入本质的阅读都是走马观花。在学习专业知识的过程中，对知识的理解切记不能"一知半解"，否则就会形成懒惰的思维习惯，终成劣习。

◀ 任务 1　零件图表达方案的选择 ▶

【任务单】

任务名称	零件图表达方案的选择
任务描述	根据轴承座零件的立体图,如图 7-1 所示,选择合适的表达方案,并绘制图形 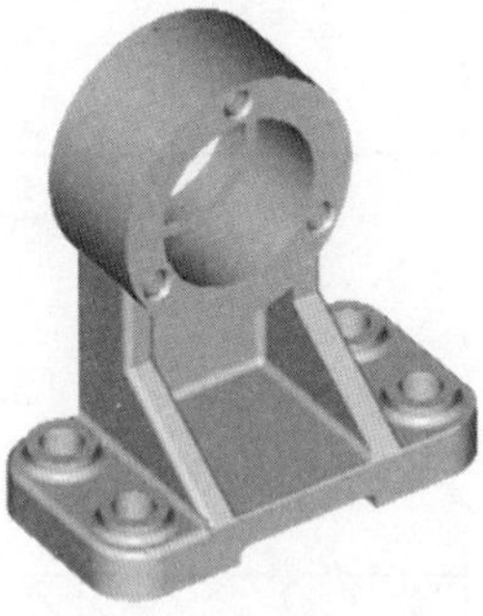 图 7-1　轴承座
任务分析	根据零件的内外结构特征及各部分结构的功能,并考虑零件的安装和加工要求,综合运用机件的各种表示方法,合理选择表达方案
任务提交	以 3~5 人为一个小组,结合任务进行讨论,确定合适的表达方法,徒手绘制零件草图,比例自定,尺寸大小合适即可

【知识储备】

7.1.1　零件图概述

一、零件图的作用

用于表示零件的结构形状、大小及技术要求的图样,称为零件图,如图 7-2 所示为柱塞套的零件图。在生产过程中,从备料、加工、检验到成品都必须以零件图为依据,因此,它是指导零件生产过程的重要技术文件。

二、零件图的内容

为了保证设计要求,制造出合格的零件,零件图必须包括制造和检验该零件时所需的全部资料。如图 7-2 所示,一张完整的零件图包括以下四个方面的内容。

1. 一组图形

根据有关标准规定,运用视图、剖视图、断面图及其他表达方法,完整、清晰地表达零件的内、外结构形状。

2. 完整的尺寸

正确、完整、清晰、合理地标注出制造和检验零件时所需的全部尺寸。

3. 技术要求

用国家标准规定的符号、数字、字母和文字等说明零件在制造、检验时应达到的各项技术要求。如尺寸公差、几何公差、表面结构、热处理、表面处理等。

4. 标题栏

说明零件的名称、材料、数量、比例、图号，以及设计者、审核者的姓名和日期等内容。

模型：
柱塞套实体

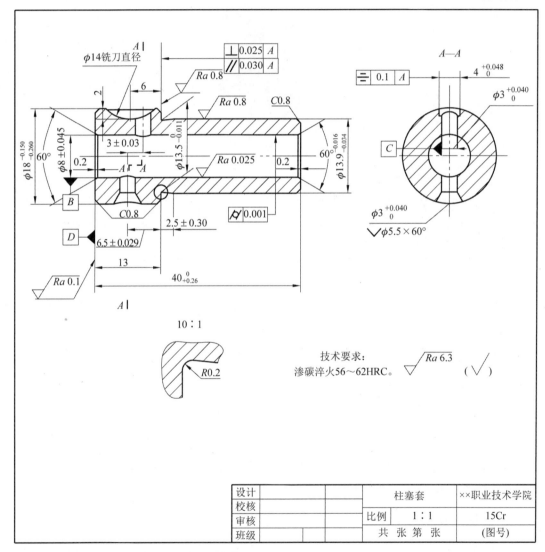

图 7-2　柱塞套的零件图

7.1.2　零件的工艺结构

零件在机器中所起的作用,决定了它的结构形状。设计零件时,首先必须满足零件的工作性能要求,同时还应考虑制造、检验和装配的工艺合理性,以便有利于加工制造。

一、铸造工艺结构

1. 起模斜度

用铸造的方法制造零件毛坯时,为了便于在砂型中取出木模,一般沿木模起模方向做成一定的斜度,称为起模斜度,如图 7-3(a)所示。起模斜度常在 1:20~1:10 之间,即 3°~6°。绘制零件图时若起模斜度较小,在图中不画也不标注起模斜度,必要时可在技术要求中用文字说明;起模斜度较大时,则要画出和标注出斜度。

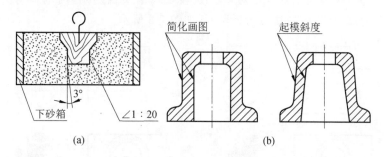

图 7-3　起模斜度

2. 铸件壁厚

用铸造方法制造零件的毛坯时,为了避免浇注后零件各部分因冷却速度不同而产生缩孔或裂纹,铸件的壁厚应保持均匀或逐渐过渡,如图 7-4 所示。

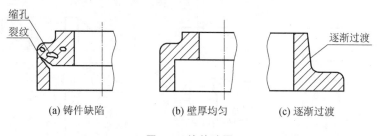

图 7-4　铸件壁厚

3. 铸造圆角

在起模和浇注铁水时,为防止型腔在尖角处产生落砂以及铁水冷却过程中产生缩孔和裂缝,将铸件的转角处制成圆角,这种圆角称为铸造圆角,如图 7-5 所示。铸造圆角在图样上一般应画出,但其大小可统一在技术要求中说明。

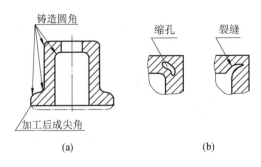

铸造圆角

图 7-5　铸造圆角

4.过渡线

由于铸件表面相交处有铸造圆角,使表面的交线变得不太明显,为使看图时能区分不同表面,交线仍要画出,这种交线通常称为过渡线。过渡线的画法与表面相交处无圆角时其交线的画法基本相同,只是表示时稍有差异。过渡线用细实线绘制,两端不与圆角轮廓线接触,两曲面相切的过渡线,应在切点附近断开,如图 7-6 所示。

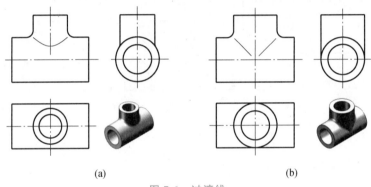

图 7-6　过渡线

(1)肋板过渡线的画法,如图 7-7 所示。

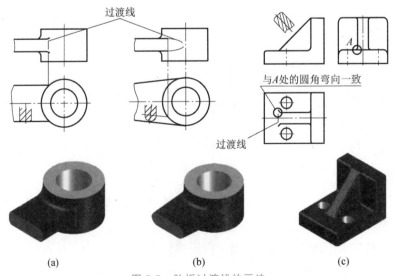

图 7-7　肋板过渡线的画法

220

（2）过渡线的画法实例，如图 7-8 所示。

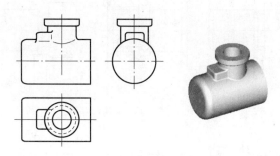

图 7-8　过渡线的画法实例

二、零件机械加工的工艺结构

1. 倒角和倒圆

为了去除零件加工表面的毛刺、锐边和便于装配，在轴或孔的端部一般加工出倒角。为了避免阶梯轴轴肩的根部因应力集中而产生裂纹，在轴肩处加工成圆角过渡，称为倒圆，如图 7-9（a）所示。45°倒角和圆角的尺寸标注形式如图 7-9（b）、（c）、（d）所示。对于非 45°倒角，按图 7-9（e）、（f）所示标注；当倒角的尺寸很小时，在图样中不必画出，但必须注明尺寸或在技术要求中加以说明，如图 7-9（g）所示。

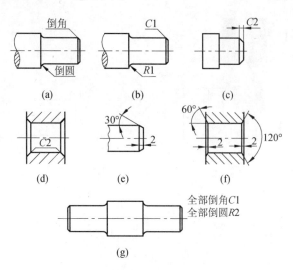

图 7-9　倒角和倒圆

2. 退刀槽和砂轮越程槽

零件在切削（特别是在车螺纹和磨削）加工中，为了便于退出刀具或砂轮，同时保证相关的零件在装配时能够靠紧，预先在待加工表面的末端（台肩处）制出退刀槽或砂轮越程槽，如图 7-10 所示。退刀槽的尺寸标注形式如图 7-11 所示，其中标注槽宽是为了便于选择切槽刀；槽深应由最接近槽底的一个面算起。

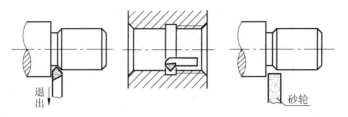

图 7-10 退刀槽和砂轮越程槽

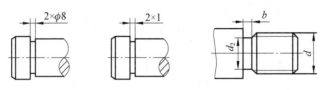

图 7-11 退刀槽的标注形式

3. 钻孔结构

如图 7-12(a)所示，钻孔加工时，钻头应与孔的端面垂直，以保证钻孔精度，避免钻头歪斜、折断。如必须在斜面或曲面上钻孔时，则应先把该表面铣平或预先铸出凸台或凹坑，然后再钻孔，如图 7-12(b)所示。用钻头钻盲孔时，在底部有一个 120°的锥角，钻孔深度指的是圆柱部分的深度，不包括锥角，如图 7-12(c)所示。在阶梯形钻孔的过渡处，也存在锥角为 120°的圆台，如图 7-12(a)所示。

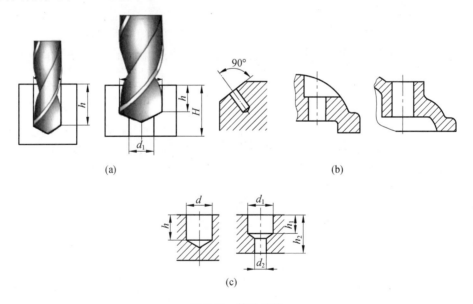

图 7-12 钻孔结构

4. 凸台和凹坑

为使零件表面接触良好，应将接触部位制成凸台或凹坑、凹槽等结构，以减少切削加工面积，如图 7-13、图 7-14 所示。

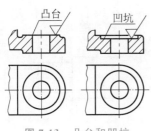

图 7-13　凸台和凹坑

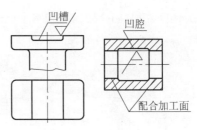

图 7-14　凹槽和凹腔

7.1.3　零件图的视图选择

零件图的视图选择,应根据零件结构形状的特点,以及它在机器中所处的工作位置和机械加工位置等因素综合考虑,灵活选择视图、剖视图、断面图等表示方法,将零件的内外结构形状正确、完整、清晰地表述出来,达到便于读图和简化绘图的目的。

一、主视图的选择

主视图是表达零件的一组视图的核心,绘图和读图一般先从主视图着手,主视图选择是否正确、合理,将直接关系到其他视图的数量及配置,也会影响读图和绘图的方便性。

选择主视图一般应遵循以下原则。

1.投射方向的选择

主视图是反映零件的结构形状信息量最多的视图,应选择最明显、最充分地反映零件主要部分的形状及各组成部分相对位置的方向作为主视图的投射方向,即体现零件的形状特征原则。

如图 7-15 所示传动器箱体,分别从 A、B 两个方向投射,显然 A 向作为主视图,最能反映该零件的结构特征,它是由底板、圆筒、支撑、肋板四个部分组成,同时也反映了各部分之间的相对位置。

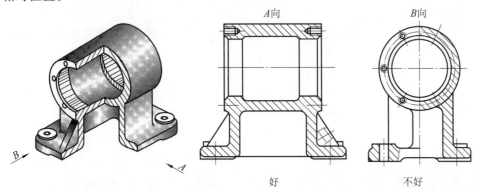

图 7-15　箱体主视图的投射方向

2.零件位置的选择

(1)加工位置原则。

主视图的摆放位置应尽量与零件在机械加工时的装夹位置保持一致,这样工人加工该零件时方便看图和测量尺寸,以减少差错。

如图 7-15 所示,箱体主视图的位置符合镗孔时的加工位置。又如图 7-16 所示的阶梯轴和图 7-17 所示的端盖的主视图,轴线水平放置,符合零件在车床上的加工位置。

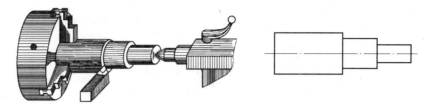

图 7-16 阶梯轴的加工位置

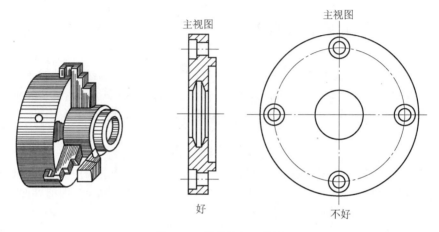

图 7-17 端盖的加工位置

(2)工作位置原则。

当零件的工序较多,加工位置不是唯一时,可将主视图按照零件在机器(或部件)中的工作位置放置,便于看图和指导安装。

如图 7-18 所示,吊钩的主视图按其工作位置画,对画图和看图都较为方便。

(3)自然安放位置原则。

如果零件的加工位置有多个,且工作位置不固定(如运动件),可按其自然摆放平稳的位置为画主视图的位置。

(4)重要几何要素水平、垂直安放原则。

对机器中一些不规则的零件,其加工位有多个,工作位置也会变化,或者无法自然安放,可按其重要的轴线、平面等几何要素水平或垂直安放主视图。如图 7-19 所示的挂轮架的主视图。

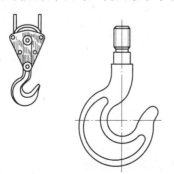

图 7-18 吊钩的工作位置

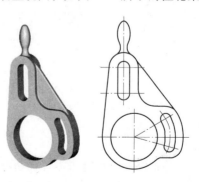

图 7-19 挂轮架按轴线垂直放置主视图

零件的形状结构千差万别,在选择主视图时,上述原则最好同时兼顾,如不能同时满足时,首先按形状特征原则确定投射方向,其次根据加工位置原则或工作位置原则确定图形摆放位置。此外,还应适当考虑零件形态的平稳性和图幅布局的合理性。

3. 主视图表示方法的选择

结合零件的内外形状,选择采用视图或剖视图绘制主视图,力求能较多地反映零件的结构特征。

例如,图 7-15 所示箱体的主视图,采用全剖的表示方法,可进一步表达箱体的内部结构。

二、其他视图的选择

主视图确定后,还应该选择适当的其他视图对主视图没有表达清楚的部分加以补充。选择其他视图时应从以下几个方面考虑:

(1)根据零件的复杂程度和结构特征,其他视图应对主视图中没有表达清楚的结构形状特征和相对位置进行补充表达。每个视图都应有明确的表达目的,不应出现表达重复。

(2)选择其他视图时,应优先考虑选用基本视图,并尽量在基本视图中选择剖视。

(3)对尚未表达清楚的局部形状和细小结构,可补充必要的局部视图、斜视图和局部放大图,尽量按投影关系配置。

(4)选择视图除考虑完整、清晰外,视图数量选择要恰当,以免主次不分,但有时为了保证尺寸标注能够正确、完整、清晰,也可适当增加某个图形。

零件的表示方案不是唯一的,应多考虑几种方案,进行比较,然后确定一个较佳方案。

【任务实施】

选择图 7-20 所示的轴承座的表达方案。

分析:轴承座由轴承孔、底板、支撑板等组成,其主要功用是用于支撑轴和轴上的零件。由轴承座的形状特征和安放位置可以确定其主视图,如图 7-21 所示。为了表示底板上的安装孔,在主视图上做了局部剖。为了反映宽度,需补充俯视图或左视图,而为了表达轴承孔的内部结构,在左视图做剖切更为合适,同时也可反映两侧支撑板的形状。对于底板和支撑板的表达有以下两种方案:

图 7-20　轴承座

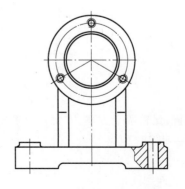

图 7-21　轴承座的主视图

方案一：如图 7-22 所示，采用局部视图表示底板形状，采用 A—A 断面图表示支撑板的端面。

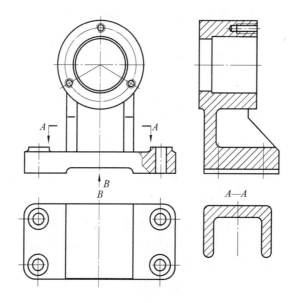

图 7-22　轴承座的视图表达方案一

方案二：如图 7-23 所示，采用 B—B 剖视图同时表达底板形状和支撑板的断面形状。

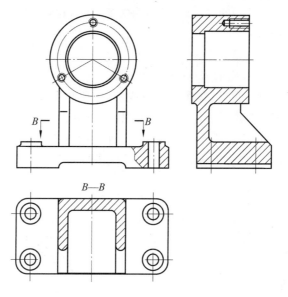

图 7-23　轴承座的视图表达方案二

综合分析、比较两个方案，方案二可节省一个视图，并且同样可将零件表达完整清晰，故方案二更好一些。

◀ 任务 2 零件图尺寸标注 ▶

【任务单 1】

任务名称	回转体类零件的尺寸标注
任务描述	标注图 7-24 所示轴的尺寸,并指出尺寸基准 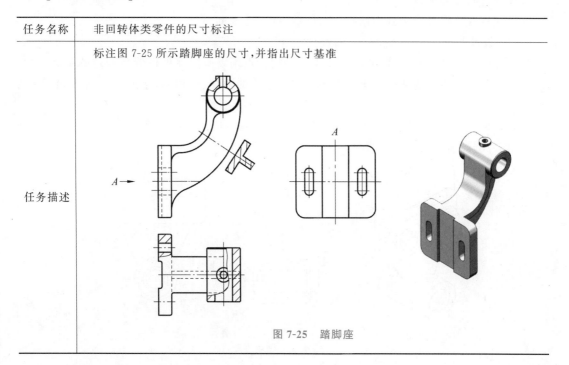 图 7-24 轴
任务分析	结合轴上安装的零件及其各部分结构的功能,以及轴的加工要求,标注轴的尺寸,并指出尺寸基准
任务提交	每位同学提交利用 AutoCAD 绘制的轴的零件图,并标注尺寸

【任务单 2】

任务名称	非回转体类零件的尺寸标注
任务描述	标注图 7-25 所示踏脚座的尺寸,并指出尺寸基准 图 7-25 踏脚座

续表

任务分析	踏脚座属于座体类零件,由安装底板、圆柱筒、连接筋板三个部分组成。在选择尺寸基准时一般从长、宽、高三个方向选择。需要标注每个部分的定形尺寸和每个部分的定位尺寸,还要协调标注总体尺寸
任务提交	每位同学提交利用 AutoCAD 绘制的踏脚座的零件图,并标注尺寸

【知识储备】

7.2.1 零件图的尺寸标注

零件图中的视图用来表达零件的结构形状,而零件各部分结构的大小则要由标注的尺寸来确定,它是零件加工和检验的重要依据。零件图尺寸标注的要求是:正确、完整、清晰、合理。前三点在前述项目中已介绍过,本节着重介绍怎样合理地标注零件的尺寸,使所注尺寸既符合设计要求,又满足加工、测量的需要。合理地标注尺寸,需要有较多的生产实际经验和有关的专业知识,本节仅介绍合理标注尺寸的基本知识和常见结构的尺寸注法。

一、正确选择尺寸基准

标注和测量尺寸的起点称为尺寸基准。要使尺寸标注合理,首先要正确选择尺寸基准。零件有长、宽、高三个方向的尺寸,每个方向至少要有一个尺寸基准,但对于回转体零件只有径向和轴向两个方向的尺寸基准。尺寸基准可以选择平面(如零件的安装底面、端面、对称面和结合面)、直线(如零件的轴线和中心线等)和点(如圆心、坐标原点等)。

1. 尺寸基准的种类

尺寸基准根据其作用分为两种:设计基准和工艺基准。

(1) 设计基准。

在设计零件时,根据零件的使用要求及结构特点用以确定零件位置而选定的基准,称为设计基准。常见的设计基准有零件上主要回转结构的轴线、对称面、重要支承面、装配面、结合面以及主要加工面等。

如图 7-26(a)所示轴承架,根据其安装方式,可确定长、宽、高三个方向的设计基准分别为如图 7-26(b)所示的Ⅰ、Ⅱ、Ⅲ处。

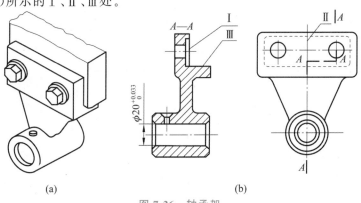

(a)   (b)

图 7-26 轴承架

（2）工艺基准。

在加工零件时为保证加工精度和方便测量而选用的基准称为工艺基准。工艺基准大多是加工时作为零件定位的和对刀起点及测量起点的面、线和点。

如图 7-27 所示的阶梯轴，$\phi15$ 的左端台肩用于齿轮的轴向定位，此为轴向设计基准，而在加工时测量尺寸则从右端面进行测量，右端面为工艺基准。

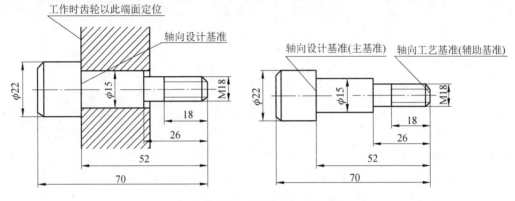

图 7-27　轴的设计基准和工艺基准

2. 尺寸基准的选择原则

（1）零件的某个方向可能会有两个或两个以上的基准。一般只有一个是主要基准，其他为次要基准，或称辅助基准。应选择零件上重要几何要素作为主要基准。决定零件主要尺寸的基准称为主要基准；而附加的基准称为辅助基准。在一般情况下，主要基准为设计基准，辅助基准为工艺基准，主要基准和辅助基准之间必须有尺寸相联系。

（2）标注尺寸时，应尽量使设计基准与工艺基准重合，这样既能满足设计要求，又能满足工艺要求。若两者不能统一时，应以设计基准为主。

二、标注尺寸需注意的问题

1. 重要尺寸要直接注出

零件上的配合尺寸、安装尺寸、特性尺寸等，即影响零件在机器中的工作性能和装配精度等要求的尺寸，都是设计上必须保证的重要尺寸。重要尺寸必须直接注出，以保证设计要求。

图 7-28 中的 l_2 为轴承座的中心高，是一个重要尺寸，必须直接从安装底面注出，如图7-28(a)所示；若注成图 7-28(b)所示的形式，l_2 尺寸由 l_1 和 l_3 间接得到，由于加工误差的影响，l_2 尺寸将很难得到保证。同理，安装时，为保证轴承上两个 $\phi6$ 孔与机座上的孔正确装配，两个 $\phi6$ 孔的定位尺寸应该如图 7-28(a)所示直接注出中心距 k，而不应由 k_1 和 k_2 来确定[见图 7-28(b)]。

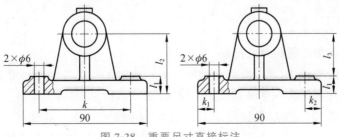

图 7-28　重要尺寸直接标注

2. 符合加工顺序

按加工顺序标注尺寸,便于看图、测量,且容易保证加工精度。

图 7-29(a)表示了一个零件在加工过程中的尺寸标注情况,按这个加工顺序标注的尺寸如图 7-29(b)所示。而图 7-29(c)所示的尺寸注法不符合加工顺序,是不合理的。

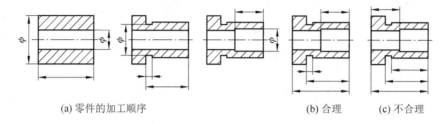

(a) 零件的加工顺序　　　　　　　　　(b) 合理　　　(c) 不合理

图 7-29　符合加工顺序

3. 便于测量

如图 7-30 所示,在加工阶梯孔时,一般先加工小孔,然后依次加工出大孔。因此,在标注轴向尺寸时,应从两个端面注出大孔的深度,以便于测量。

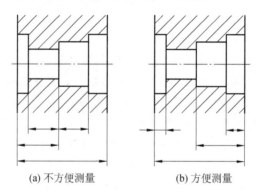

(a) 不方便测量　　　　　　　(b) 方便测量

图 7-30　标注尺寸应便于测量(一)

又如图 7-31 所示,其中图 7-31(a)所示零件标注尺寸不方便测量,而图 7-31(b)所示零件标注尺寸方便测量,故图 7-31(b)所示的标注尺寸是合理的。

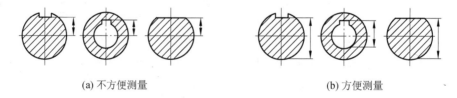

(a) 不方便测量　　　　　　　　　　(b) 方便测量

图 7-31　标注尺寸应便于测量(二)

4. 加工面和非加工面的尺寸标注

对于铸造或锻造零件,同一方向上的加工面和非加工面应各选择一个基准分别标注,并且两个基准之间只允许有一个联系尺寸。如图 7-32(a)所示,零件的非加工面上标注的一组尺寸是 M_1、M_2、M_3、M_4,加工面由另一组尺寸 L_1、L_2 确定。加工基准面与非加工基准面之间只用一个尺寸 A 相联系。按图 7-32(b)所示标注的一组尺寸是不合理的。

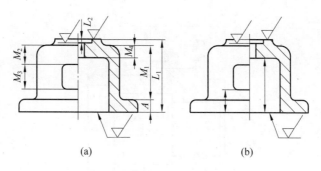

(a)   (b)

图 7-32　加工面和非加工面的尺寸标注

5. 应避免注成封闭尺寸链

零件在同一方向按一定顺序依次连接起来排成的尺寸标注形式称为尺寸链。组成尺寸链的每个尺寸称为环。在一个尺寸链中，若将每个环全部注出，首尾相接，就形成了封闭尺寸链，如图 7-33(a)所示。为了保证重要尺寸的精度要求，通常在链中挑出尺寸精度要求最低的一环空出不注（称为开口环），如图 7-33(b)所示；若有特殊需要必须注出时，可将此尺寸数值用括号括起来，称为"参考尺寸"，见图 7-33(c)中 L_1 的标注形式。另外小尺寸不能作开口环。

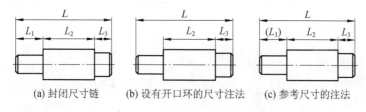

(a) 封闭尺寸链　　(b) 设有开口环的尺寸注法　　(c) 参考尺寸的注法

图 7-33　应避免注成封闭尺寸链

6. 按加工要求标注尺寸

如图 7-34 所示的轴瓦，加工时，上、下部分合起来镗（车）孔。工作时，支承轴转动，所以径向尺寸应标注 ϕ，不能标注 R。

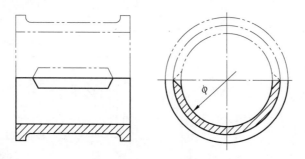

图 7-34　按加工要求标注尺寸

7. 内外尺寸分开标注

零件的内、外结构尺寸宜分开标注，如图 7-35 所示。

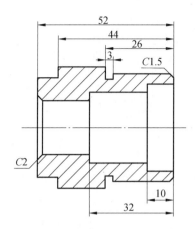

图 7-35　内外尺寸分开标注

三、零件上常见孔的尺寸标注

常见孔的尺寸注法如表 7-1 所示。

表 7-1　常见孔的尺寸注法

类型		简 化 注 法		普 通 注 法	说 明
光孔	一般孔	4×φ4▽10	4×φ4▽10	4×φ4	▽孔深符号 4×φ4 表示直径为 4 mm 均匀分布的 4 个光孔，孔深 10 mm 孔深可与孔径连注，也可以分开注出
	精加工孔	4×φ4▽10 孔▽12	4×φ4▽10 孔▽12	4×φ4H7	光孔深为 12 mm；钻孔后需精加工至 $\phi 4H7\binom{0.012}{0}$ mm，深度为 10 mm，光孔深 12 mm
	锥孔	锥销孔φ4 装配时配作	锥销孔φ4 装配时配作	φ4 配作	φ4 mm 为与锥销孔相配合的圆锥销的公称直径（小头直径） 锥销孔通常是两零件装在一起后加工的
沉孔	锥形沉孔	6×φ6.6 ▽φ12.8×90°	6×φ6.6 ▽φ12.8×90°	90° φ12.8 6×φ6.6	▽埋头孔符号 6×φ6.6 表示直径为6.6 mm 均匀分布的六个孔 沉孔尺寸为锥形部分尺寸，可以旁注，也可以直接注出

类型		简化注法	普通注法	说　明
沉孔	柱形沉孔	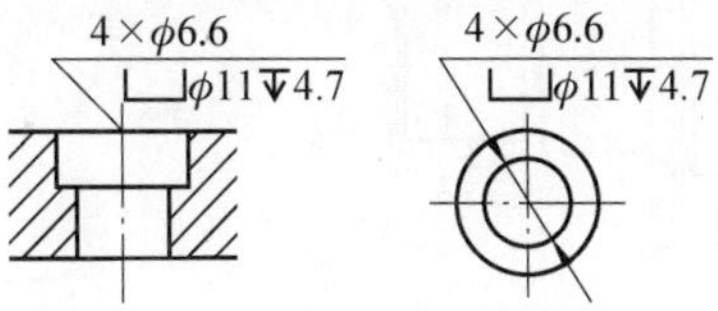 4×φ6.6　⌴φ11▽4.7　　4×φ6.6　⌴φ11▽4.7	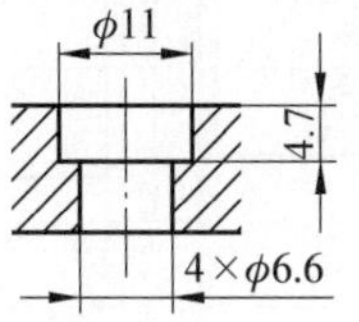 φ11　4.7　4×φ6.6	⌴ 锪平孔及沉孔符号　柱形沉孔的小直径为 φ6.6 mm，大直径为 φ11 mm，深度为 4.7 mm，均需标注
	锪平沉孔	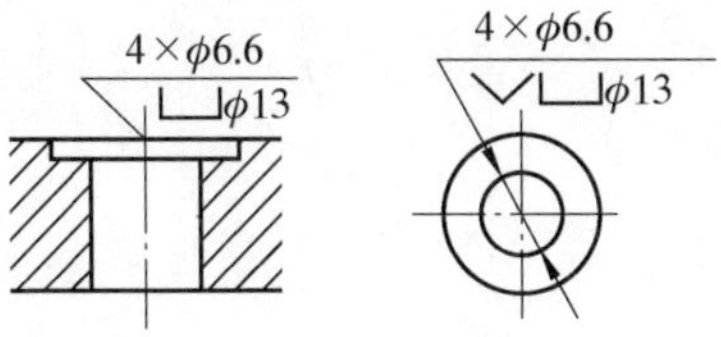 4×φ6.6　⌴φ13　　4×φ6.6　⌴φ13	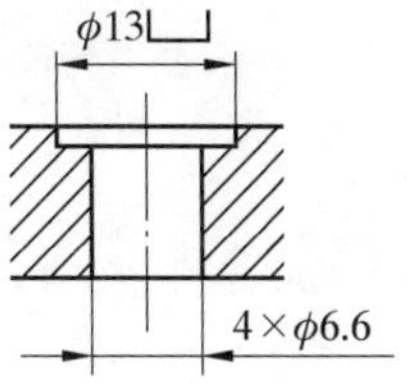 φ13⌴　4×φ6.6	锪平 φ13 mm 的深度不需标注，一般锪平到不出现毛面为止
螺孔	通孔	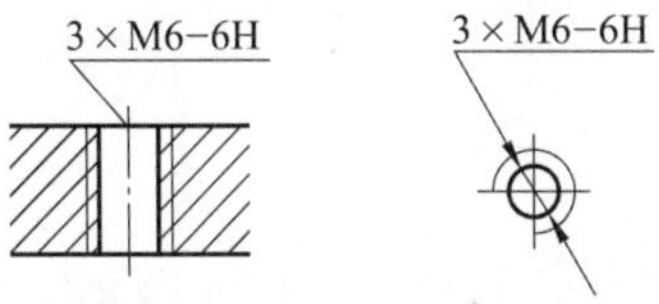 3×M6-6H　　3×M6-6H	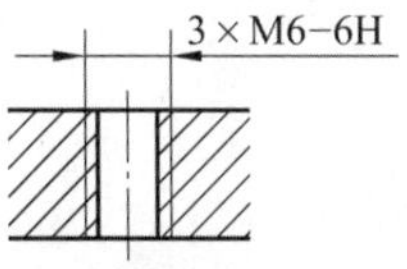 3×M6-6H	3×M6－6H 表示公称直径为 6 mm 的三个螺孔　可以旁注，也可以直接注出
	不通孔	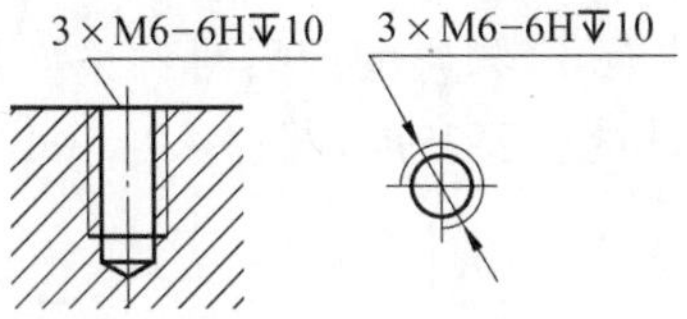 3×M6-6H▽10　3×M6-6H▽10	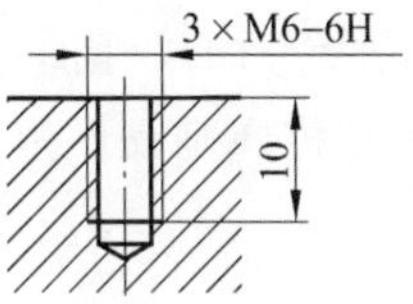 3×M6-6H　10	螺孔深度可与螺孔直径连注，也可分开注出
		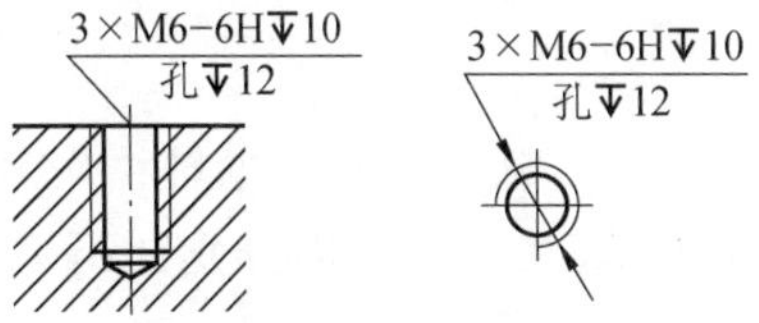 3×M6-6H▽10　孔▽12　　3×M6-6H▽10　孔▽12	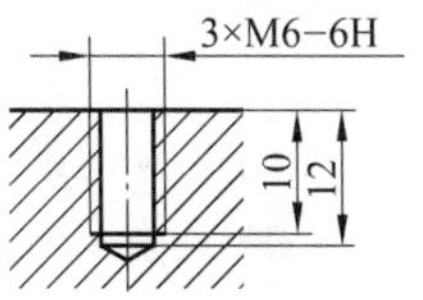 3×M6-6H　10　12	需要注出孔深时，应明确标注孔深尺寸

【子任务 1 实施】

轴零件的尺寸标注方法与步骤如下：

（1）确定尺寸主要基准。

按轴的加工特点和轴上零件的安装顺序，选择轴线为径向主要基准，选择与齿轮左端面接触的轴肩为轴向主要基准，选择左右两端面为轴向辅助基准，如图 7-36 所示。

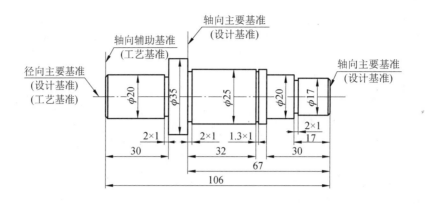

图 7-36　轴的尺寸标注

（2）标注径向尺寸。

由径向基准注出各轴段直径 $\phi20$、$\phi35$、$\phi25$、$\phi20$、$\phi17$。

（3）标注轴向尺寸。

由轴向主要基准标注尺寸 32、67，由轴向辅助基准标注其余轴向尺寸。

（4）标注退刀槽尺寸。

（5）检查尺寸，完成标注。

【子任务 2 实施】

踏脚座零件的尺寸标注方法与步骤如下：

（1）确定尺寸主要基准。

踏脚座的安装板左端面是长度方向尺寸的主要基准，踏脚座的前后对称平面是宽度方向尺寸的主要基准，安装板水平对称面是高度方向尺寸的主要基准，圆柱 $\phi38$ mm 的轴线是高度方向尺寸的辅助基准。

（2）标注轴承定位尺寸。

由长度方向尺寸基准安装板左端面注出尺寸 74，由高度方向尺寸基准安装板水平对称面注出尺寸 95，从而确定上部轴承的轴线位置。

（3）标注轴承定形尺寸。

以由长度方向的定位尺寸 74 和高度方向的定位尺寸 95 确定的轴承的轴线作为径向辅助基准，注出轴承的径向尺寸 $\phi20$、$\phi38$，由轴承的轴线出发，在高度方向分别注出 22、11，确定轴承顶面的位置。

（4）标注连接板、肋板的定形定位尺寸。

由宽度方向尺寸基准踏脚座的前后对称平面，在俯视图中注出尺寸 30、40、60，在 A 向局部视图中注出尺寸 60、90，以及其他尺寸。

（5）注出安装尺寸。

（6）检查尺寸，完成标注。结果如图 7-37 所示。

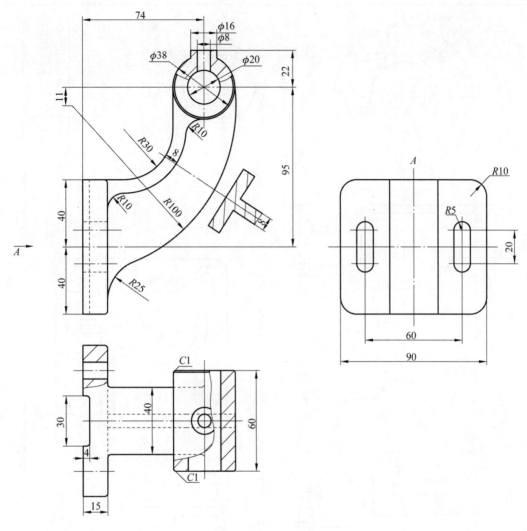

图 7-37 踏脚座尺寸标注

任务 3 识读零件图

【任务单】

任务名称	识读零件图
任务描述	根据图 7-38 所示蜗杆蜗轮减速器箱体零件图,弄清其形状、尺寸基准,并读懂其技术要求
任务分析	零件图的图形及尺寸可通过前述的方法阅读,本次任务重点是看懂技术要求
任务提交	能读懂零件图,想出形状,能分析尺寸基准,并能读懂各项技术要求

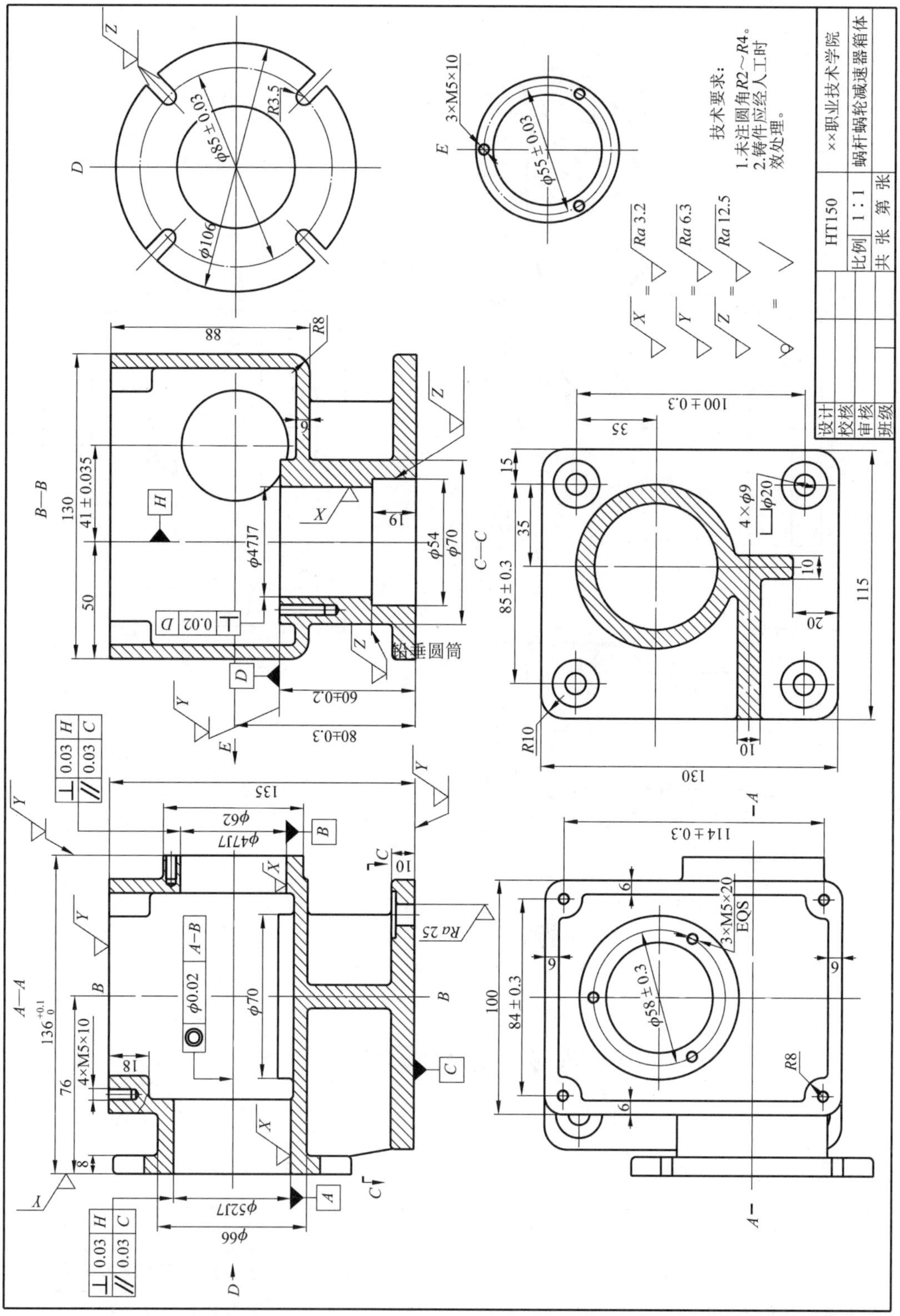

技术要求：
1. 未注圆角R2~R4。
2. 铸件应经人工时效处理。

××职业技术学院

蜗杆蜗轮减速器箱体

| HT150 | 1：1 | 第 张 |

X = √ Ra 3.2
Y = √ Ra 6.3
Z = √ Ra 12.5
= √

设计
校核
审核
班级

φ85±0.03 R3.5 φ106

E 3×M5×10 φ55±0.03

88 R8
B—B 130 41±0.035 50
φ47J7 φ54 φ70
H ⊥ 0.02 D
X Z 19
C—C 铅垂圆筒
Z Y D E 60±0.2 80±0.3

135 φ62 φ47J7
B B
⊥ 0.03 H // 0.03 C
A—A 136₀⁺⁰·¹
76 4×M5×10 18
φ0.02 A—B φ70
Ra 25
C 10
φ52J7 φ66
⊥ 0.03 H // 0.03 C

100±0.3 35 15 35
4×φ9 ⌴φ20
85±0.3 10 20 115
R10 10 130

114±0.3
3×M5×20 EQS
100 84±0.3 φ58±0.3
6 6 6
R8

图 7-38 蜗杆蜗轮减速器箱体零件图

模型：蜗杆蜗轮
减速器箱体

【知识储备】

7.3.1 零件图的技术要求

零件图上除了视图和尺寸外,还需用文字或符号注明对零件在加工工艺、验收检验和材料质量等方面提出的要求。

零件图上的技术要求包括表面结构、极限与配合、几何公差、热处理、其他有关制造要求等内容。这些项目凡是有规定代号的,可用代号直接标注在图上;无规定代号的则可用文字说明,书写在标题栏上方。

一、表面结构要求及其标注

1. 表面结构的概念

零件的表面结构是对零件表面质量给出的技术要求,它是表面粗糙度、表面波纹度、表面缺陷、表面纹理和表面几何形状的总称。本节主要介绍表面粗糙度表示法。

2. 表面粗糙度

加工零件时,由于刀具在零件表面上留下刀痕和切削分裂时表面金属的塑性变形等影

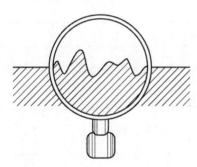

图 7-39 粗糙度放大状况

响,使零件表面存在着间距较小的轮廓峰谷,如图 7-39 所示。这种表面上具有较小间距的峰谷所组成的微观几何形状特性,称为表面粗糙度。机器设备对零件各个表面的要求不一样,如配合性质、耐磨性、抗腐蚀性、密封性、外观要求等,因此,对零件表面粗糙度的要求也各有不同。一般来说,凡零件上有配合要求或有相对运动的表面,表面粗糙度参数值小。因此,应在满足零件表面功能的前提下,合理选用表面粗糙度参数。

3. 表面粗糙度的评定参数

(1) 轮廓算术平均偏差 Ra 是指在一个取样长度 l 内,被测轮廓偏距(Z 方向上轮廓线上的点与基线之间的距离)$Z(x)$ 绝对值的算术平均值,如图 7-40 所示。

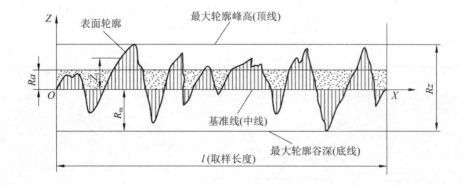

图 7-40 表面粗糙度的概念

$$Ra = \frac{1}{l} \int_0^l |y(x)| z(x) \, \mathrm{d}x$$

或近似为：

$$Ra = \frac{1}{n} \sum_{i=1}^n |z_i|$$

式中：z——轮廓线上的点到基准线（中线）之间的距离；

l——取样长度。

国家标准规定的 Ra 值如表 7-2 所示。

表 7-2　轮廓算数平均偏差的数值　　　　　　　　　　（单位：μm）

Ra 系列值	0.012	0.025	0.050	0.100	0.20	0.40	0.80
	1.60	3.2	6.3	12.5	25.0	50.0	100

（2）轮廓最大高度 Rz 是指在同一取样长度内，最大轮廓峰高和最大轮廓谷深之间的高度，如图 7-40 所示。

4. 表面结构的图形符号

表面结构的图形符号及意义如表 7-3 所示。

表 7-3　表面结构的图形符号及意义

符 号 名 称	符　　号	含　　义
基本图形符号	√	未指定表面加工方法的表面，当通过一个注释解释时可单独使用
扩展图形符号	▽	用去除材料方法获得的表面
	◇	不去除材料的表面，也可表示保持上道工序形成的表面
完整图形符号		在上述三个符号的长边上加一横线，以便注写对表面结构的各种要求

表面结构图形符号的画法及其尺寸关系如图 7-41 所示。

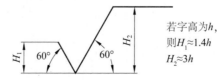

图 7-41　表面结构图形符号的画法及其尺寸关系

5.表面结构代号

表面结构符号中注写了具体参数代号及数值等要求后即称为表面结构代号。表面结构参数和数值包括传输带、取样长度、加工工艺、表面纹理及方向、加工余量等。这些要求在图形符号中的注写位置如图 7-42 所示。表面结构代号及其含义如表 7-4 所示。

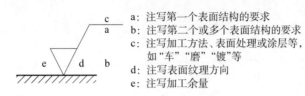

a: 注写第一个表面结构的要求
b: 注写第二个或多个表面结构的要求
c: 注写加工方法、表面处理或涂层等，如"车""磨""镀"等
d: 注写表面纹理方向
e: 注写加工余量

图 7-42 补充要求的注写位置

表 7-4 表面结构代号及其含义

代 号	含 义
$\sqrt{}$ *Ra* 6.3	表示任意加工方法，单向上限值，算术平均偏差为 6.3 μm
$\sqrt{}$ *Ra* 6.3	表示去除材料，单向上限值，算术平均偏差为 6.3 μm
$\sqrt{}$ *Ra* 6.3	表示不去除材料，单向上限值，算术平均偏差为 6.3 μm
$\sqrt{}$ U *Ra* max 6.3 L *Ra* 1.6	表示不去除材料，双向极限值；上限值：算术平均偏差为 6.3 μm，下限值：算术平均偏差为 1.6 μm

6.表面粗糙度在图样上的标注方法

（1）表面结构要求对每一表面一般只注一次。除非另有说明，所标注的表面结构要求是对完工零件表面的要求。

（2）表面结构要求标注在轮廓线上或指引线上，其符号尖端应从材料外指向并接触表面，如图 7-43 所示。必要时，表面结构符号也可用带箭头或黑点的指引线引出标注，如图 7-44 所示。注写和读取方向与尺寸的注写和读取方向一致。

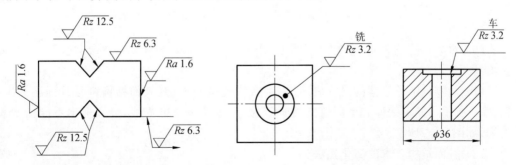

图 7-43 表面结构要求在轮廓线上的标注　　　图 7-44 用指引线引出标注表面结构要求

（3）在不致引起误解时，表面结构要求可以标注在给定的尺寸线上，如图 7-45 所示。

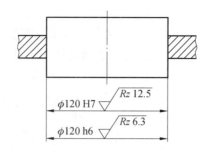

图 7-45　表面结构要求标注在尺寸线上

（4）表面结构要求可标注在几何公差框格的上方，如图 7-46 所示。

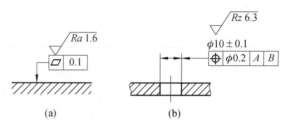

图 7-46　表面结构要求标注在几何公差框格的上方

（5）表面结构要求可以直接标注在延长线上，或用带箭头的指引线引出标注，如图 7-47 所示。

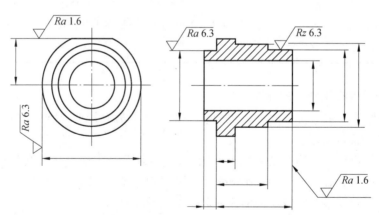

图 7-47　表面结构要求标注在圆柱特征的延长线上

（6）对零件连续表面及重要要素（孔、槽、齿）的表面，其表面结构符号只标注一次，如图 7-48 所示。

（7）对零件上不连续的同一表面，用细实线连接起来，其表面结构符号只标注一次，如图 7-49 所示。同一表面有不同表面结构要求，用细实线作分界线，分别标出不同结构表面符号，如图 7-50 所示。

（8）表面结构要求的简化注法。

① 如果在工件的多数（包括全部）表面有相同的表面结构要求，则其表面结构要求可统一标注在图样的标题栏附近，如图 7-51 所示。

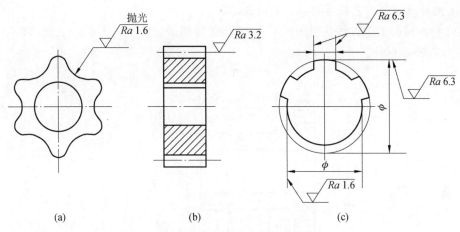

图 7-48 连续表面的表面结构只标注一次

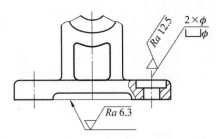

图 7-49 不连续表面的表面结构标注

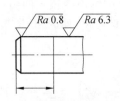

图 7-50 同一表面有不同要求的表面结构标注

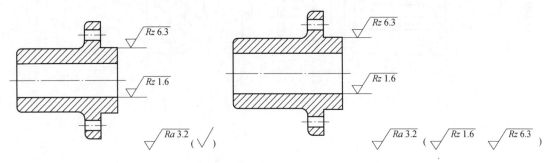

图 7-51 大多数表面有相同表面结构要求的简化注法(一)

② 当多个表面具有相同的表面结构要求或图纸空间有限时,可以采用简化注法,如图 7-52 所示。

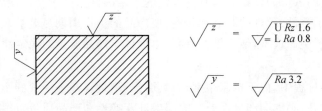

图 7-52 在图纸空间有限时的简化注法

（9）两种或多种工艺获得的同一表面的注法。

由几种不同的工艺方法获得的同一表面,当需要明确每种工艺方法的表面结构要求时,可按图 7-53 所示标注。

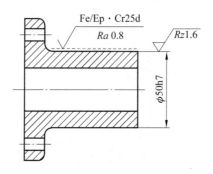

图 7-53　同时给出镀覆前后的表面结构要求的注法

（10）常见的机械结构表面结构要求的标注示例。

常见的机械结构,如圆角、倒角、螺纹、退刀槽的表面结构要求的标注如图 7-54 所示。

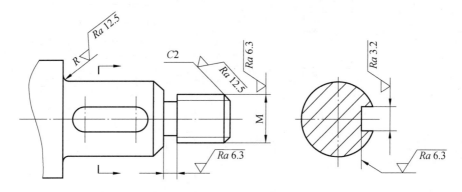

图 7-54　常见机械结构的表面结构要求的标注

二、极限与配合

1.互换性

在同一规格的一批零件中,不需任何挑选、修配或再调整,就可装在机器(或部件)上,并且达到规定的使用性能要求(如工作性能、零件间配合的松紧程度等),这种性质称为互换性。具有上述性质的零(部)件称为具有互换性的零(部)件。由于互换性原则在机器制造中的应用,大大简化了零件、部件的制造和装配,使产品的生产周期显著缩短,这样不但提高了劳动生产率,降低了生产成本,便于维修,而且也保证了产品质量的稳定性。

2.基本术语

在零件的加工过程中,由于机床精度、刀具磨损、测量误差等因素的影响,不可能把零件的尺寸做得绝对准确,必然会产生误差。为了保证互换性和产品质量,可将零件尺寸的加工误差控制在一定的范围内,规定尺寸变动量,这个允许的尺寸变动量就称为尺寸公差,简称公差。下面用图 7-55(图中对尺寸变动部分采用了夸大画法)来说明极限与配合的有关术语。

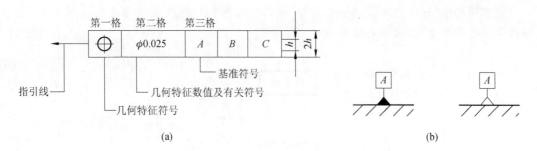

图 7-55 尺寸、公差、偏差的基本概念

(1) 公称尺寸：由图样规范确定的理想形状要素的尺寸，如图 7-56 中的 $\phi 32$。

(2) 极限尺寸：允许尺寸变动的两个界限值。两个界限值中较大的一个称为上极限尺寸，较小的一个称为下极限尺寸。图 7-56 所示的孔的上极限尺寸 $D_{max}=32.039$，下极限尺寸 $D_{min}=32.000$；轴的上极限尺寸 $d_{max}=31.975$，下极限尺寸 $d_{min}=31.950$。

(3) 实际尺寸：零件加工完后实际测量得到的尺寸。

实际尺寸必须在允许的尺寸变动范围内，即在上极限尺寸和下极限尺寸之间，才算合格，反之为不合格。如图 7-56 中的孔、轴合格尺寸范围如下：

孔在 32～32.039 mm 之间；轴在 31.950～31.975 mm 之间。

(4) 尺寸偏差（简称偏差）：某一尺寸与公称尺寸的代数差，偏差的数值可以是正值、负值或零。

上极限偏差＝上极限尺寸－公称尺寸。孔代号 ES，轴代号 es。

下极限偏差＝下极限尺寸－公称尺寸。孔代号 EI，轴代号 ei。

如孔：$ES=32.039-32.000=0.039$；$EI=32.000-32=0$。

如轴：$es=31.975-32=-0.025$；$ei=31.950-32=-0.050$。

(5) 尺寸公差（简称公差）：允许尺寸的变动量。

公差＝上极限尺寸－下极限尺寸＝上极限偏差－下极限偏差

公差是尺寸精度和配合精度的一种度量。公差越小，零件的精度越高，实际尺寸的允许变动量越小，越难加工；公差越小，配合间隙和过盈的允许变动量越小，配合精度越高。

(6) 尺寸公差带（简称公差带）和公差带图解。

以公称尺寸为零线，用适当比例画出两极限偏差，以表示尺寸允许变动的界限和范围，称为公差带图，如图 7-56 所示。在公差带图中，由代表上、下极限偏差或上、下极限尺寸的两条直线限定一个区域。

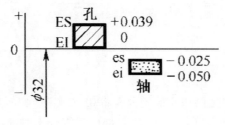

图 7-56 公差带图（一）

3. 标准公差与基本偏差

公差带是由"标准公差"与"基本偏差"两部分组成的。标准公差确定公差带大小,基本偏差确定公差带位置,如图 7-57 所示。

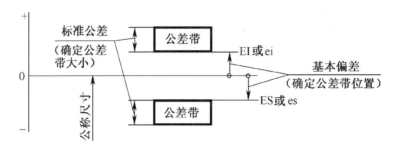

图 7-57 公差带图(二)

(1)标准公差与公差等级。

国家标准规定的、用于确定公差带大小的任一公差称为标准公差。标准公差数值是由基本尺寸和公差等级所决定的。公差等级表示尺寸精确程度。国家标准将公差等级分为 20 级,即 IT01、IT0、IT1、IT2……IT18。IT 表示标准公差,后面的阿拉伯数字表示公差等级。从 IT0 至 IT18,尺寸的精度依次降低,而相应的标准公差数值依次增大,如表 7-5 所示。

表 7-5 标准公差数值

公称尺寸/ mm		标准公差等级																	
		IT1	IT2	IT3	IT4	IT5	IT6	IT7	IT8	IT9	IT10	IT11	IT12	IT13	IT14	IT15	IT16	IT17	IT18
大于	至	μm											mm						
—	3	0.8	1.2	2	3	4	6	10	14	25	40	60	0.1	0.14	0.25	0.4	0.6	1	1.4
3	6	1	1.5	2.5	4	5	8	12	18	30	48	75	0.12	0.18	0.3	0.48	0.75	1.2	1.8
6	10	1	1.5	2.5	4	6	9	15	22	36	58	90	0.15	0.22	0.36	0.58	0.9	1.5	2.2
10	18	1.2	2	3	5	8	11	18	27	43	70	110	0.18	0.28	0.43	0.7	1.1	1.8	2.7
18	30	1.5	2.5	4	6	9	13	21	33	52	84	130	0.21	0.33	0.52	0.84	1.3	2.1	3.3
30	50	1.5	2.5	4	7	11	16	25	39	62	100	160	0.25	0.39	0.62	1	1.6	2.6	3.9
50	80	2	3	5	8	13	19	30	46	74	120	190	0.3	0.46	0.74	1.2	1.9	3	4.6
80	120	2.5	4	6	10	15	22	35	54	87	140	220	0.35	0.54	0.87	1.4	2.2	3.5	5.4
120	180	3.5	5	8	12	18	25	40	63	100	160	250	0.4	0.63	1	1.6	2.5	4	6.3
180	250	4.5	7	10	14	20	29	46	72	115	185	290	0.46	0.72	1.15	1.85	2.9	4.6	7.2
250	315	6	8	12	16	23	32	52	81	130	210	320	0.52	0.81	1.3	2.1	3.2	5.2	8.1

(2)基本偏差。

基本偏差是国家标准规定的用于确定公差带相对于零线位置的上极限偏差或下极限偏差,一般指靠近零线的那个极限偏差。当公差带位于零线上方时,基本偏差为下极限偏差;当公差带位于零线的下方时,基本偏差为上极限偏差,如图 7-58 所示。

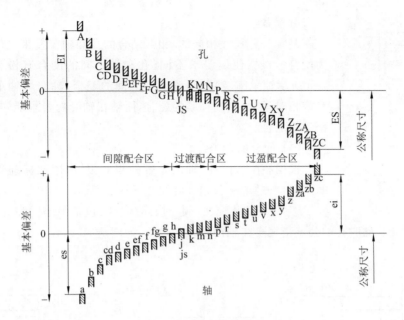

图 7-58 基本偏差系列

国家标准对孔和轴各规定了 28 个基本偏差,它们的代号用拉丁字母表示,大写字母表示孔;小写字母表示轴。

孔的基本偏差从 A 到 H 为下偏差,从 K 到 ZC 为上偏差;JS 的上下偏差对称分布在零线的两侧,因此,其上偏差为 IT/2 或下偏差为 IT/2;轴的基本偏差从 a 到 h 为上偏差,从 k 到 zc 为下偏差;js 为上偏差(IT/2)或下偏差(IT/2)。

根据孔与轴的基本偏差和标准公差,可计算孔和轴的另一偏差:

孔　　　　　　　　　　　$ES=EI+IT$　或　$EI=ES-IT$

轴　　　　　　　　　　　$es=ei+IT$　或　$ei=es-IT$

(3) 孔和轴的公差带代号。

公差带代号由基本偏差代号和标准公差代号(省略"IT"字母)所组成。两种代号并列,位于基本尺寸之后,并与其字号相同,如图 7-59 所示。

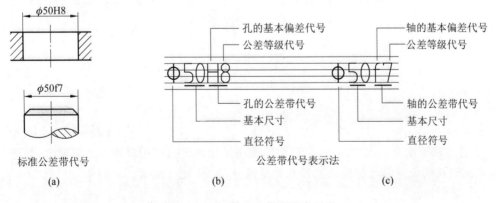

图 7-59　孔、轴公差带代号表示法

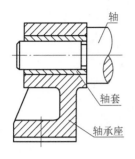

图 7-60 配合的概念

4.配合

基本公称尺寸相同的,相互结合的孔和轴公差带之间的关系称为配合。根据使用要求不同,孔和轴之间的配合有松有紧。如图7-60所示轴承座、轴套和轴三者之间的配合,轴套与轴承座之间不允许相对运动,应选择紧的配合,而轴在轴套内要求能转动,应选择松动的配合。

(1)配合的种类。

根据相配合的孔、轴公差带的相对位置,国家标准将其规定为间隙配合、过盈配合和过渡配合三种类型。

① 孔与轴装配在一起时具有间隙(包括最小间隙为零)的配合称为间隙配合。此时孔的公差带完全在轴的公差带之上,如图7-61所示。

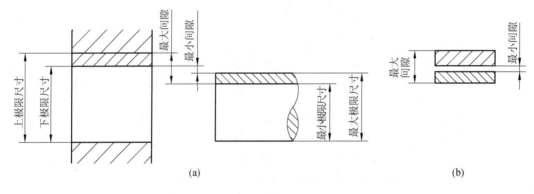

图 7-61 间隙配合

② 孔与轴装配在一起时具有过盈(包括最小过盈为零)的配合称为过盈配合。此时孔的公差带完全在轴的公差带之下,如图7-62所示。

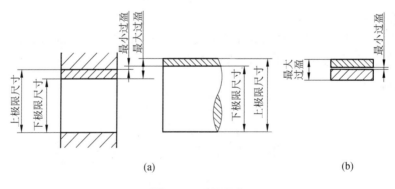

图 7-62 过盈配合

③ 孔与轴装配在一起时可能具有间隙,也可能出现过盈的配合称为过渡配合,如图7-63所示。此时孔的公差带与轴的公差带有重叠部分,如图7-64所示。

(2)配合制。

通过改变孔和轴的公差带的位置可以得到多种配合,为便于现代化生产,简化标准,国家标准对配合规定了两种配合制,即基孔制和基轴制。

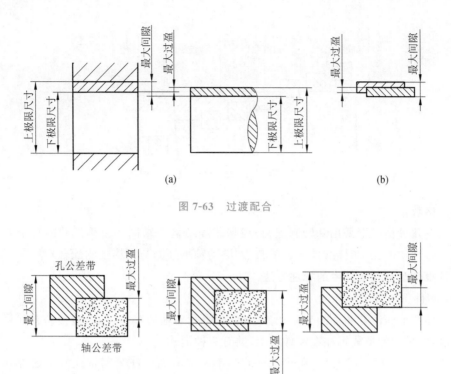

图 7-63 过渡配合

图 7-64 过渡配合轴和孔的公差带位置

① 基本偏差为一定的孔的公差带,与不同基本偏差的轴的公差带形成各种配合的一种制度,称为基孔制配合,如图 7-65 所示。

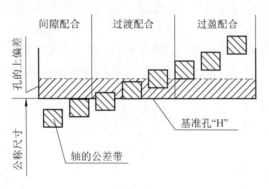

图 7-65 基孔制配合

基孔制配合的孔称为基准孔,基本偏差代号为 H,其下偏差为零。与基准孔相配合的轴的基本偏差 a~h 用于间隙配合,j~n 用于过渡配合,p~zc 用于过盈配合。

② 基本偏差为一定的轴的公差带,与不同基本偏差的孔的公差带形成各种配合的一种制度,称为基轴制配合,如图 7-66 所示。

基轴制配合的轴称为基准轴,基本偏差代号为 h,其上偏差为零。与基准轴相配合的孔的基本偏差 A~H 用于间隙配合,J~N 用于过渡配合,P~ZC 用于过盈配合。

（3）配合的选用。

一般情况下,优先采用基孔制配合,因为孔的加工比轴的难度大,同时还可以减少刀具、

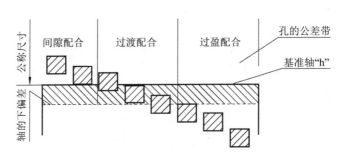

图 7-66　基轴制配合

量具的规格数量。

　　在以下几种情况下采用基轴制配合:根据装配结构要求同一公称尺寸的轴上装配有几个不同配合性质的孔;与标准件的轴配合(如滚动轴承外圈与箱体孔的配合)等。

5.极限与配合在图样中的标注方法

(1) 零件图上极限的标注。

　　在零件图上标注孔和轴的公差,实际上就是将孔和轴的基本尺寸,包括公差代号或极限偏差数值,用尺寸的形式标注在零件图上,共有三种形式:

　　① 如图 7-67(a)、(d)所示,在孔或轴的基本尺寸后面标注公差带代号。这种标注法适用于大批量生产的零件图。

　　② 如图 7-67(b)、(e)所示,注出基本尺寸和上、下偏差数值。这种标注法适用于单件小批量生产的零件图。

　　标注上、下偏差数值时应注意:偏差数字比基本尺寸数字的字高小一号;上偏差注在基本尺寸的右上方,下偏差应与基本尺寸注在同一底线上;上、下偏差小数点须对齐,小数点后的位数相同;若一个偏差为"零"时,用"0"标出,并与另一个偏差小数点的个位数对齐;若上、下偏差数值相同,只需在数值前标注"±"符号,且字高与基本尺寸相同,如图 7-67 所示。

　　③ 如图 7-67(c)、(f)所示,注出公称尺寸,并同时注出公差带代号和上、下极限偏差数值。

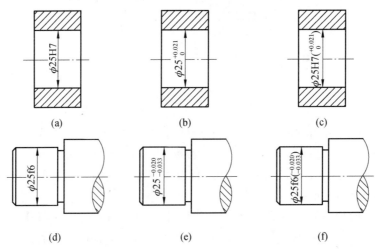

图 7-67　零件图上极限的标注

（2）装配图上配合的标注。

装配图上标注线性尺寸的配合代号时，其代号必须注在基本尺寸的右边，用分数形式注出，分子为孔的公差带代号，分母为轴的公差带代号：

$$公称尺寸\frac{孔的公差代号}{轴的公差代号} \quad 如：\phi25\frac{H7}{f6} \ 或 \ \phi25H7/f6$$

其注写形式有两种，如图 7-68 所示。

当配合的零件之一为标准件时，可只标注出一般零件的公差代号，如图 7-69 所示。

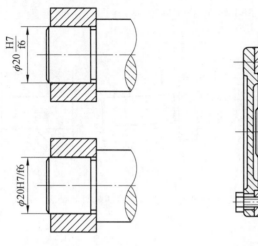

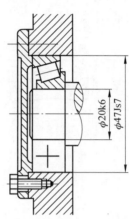

图 7-68　装配图上配合的标注　　　　图 7-69　配合标注示例

6. 查表方法

【例 7-1】 确定 $\phi30H8/k7$ 中孔和轴的上、下偏差，画出公差带图，并说明其配合制和配合类型。

由式中基本偏差代号中的大写字母 H 可知，此配合为基孔制配合。在孔、轴极限偏差表（见相关工具书）的基本尺寸栏找到 $>24\sim30$，再从表的上行找出公差代号 H7，可查得该孔的上偏差为 $+0.033$，下偏差为 0；用同样方法得该轴的上偏差为 $+0.023$，下偏差为 $+0.002$。孔的公差为 $IT=(0.033-0)mm=0.033 \ mm$，轴的公差 $IT=(0.023-0.002)mm=0.021 \ mm$。画出公差带图，如图 7-70 所示。由公差带图可知，该配合为过渡配合，最大间隙 $=(0.033-0.002)mm=0.031 \ mm$，最大过盈 $=(0.023-0)mm=0.023 \ mm$。

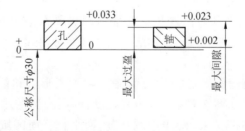

图 7-70　孔轴配合公差带图

孔和轴的标准公差值也可根据基本尺寸 $\phi30$ 和标准公差等级 IT7、IT6，由标准公差数值表查出。

三、几何公差

1. 概念

任何零件的加工过程中不仅产生尺寸误差,也会产生几何形状和相对位置误差。图 7-71(a)所示的齿轮轴轴颈加工后轴线不是理想直线,产生的这种误差称为形状误差;而图 7-71(b)所示的齿轮轴加工后,轴颈的轴线与轮齿部分的端面不垂直,这种误差称为位置误差。如果这两种误差过大,则不能使齿轮轴与图 7-71(c)所示的零件正常装配。为保证产品质量,保证零件之间的可装配性,根据零件的实际需要,在图样上应合理地给出形状和位置误差的允许变动量,即几何公差。

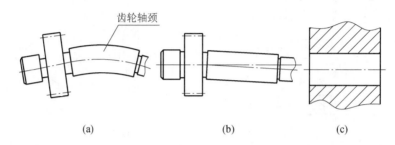

图 7-71 齿轮轴加工时产生的形状误差和位置误差对其装配的影响

(1)基本术语。

① 要素:构成零件特征的点、线、面。要素可以是实际存在的零件轮廓上的点、线或面,也可以是由实际要素取得的轴线或中心平面等。

② 实际要素:零件上实际存在的要素。通常用测量得到的要素代替。

③ 理想要素:具有几何学意义的要素。它是按设计要求,由设计图样给定的点、线、面的理想状态。

④ 被测要素:给出了几何公差要求的要素。

⑤ 基准要素:用来确定被测要素方向或位置的要素。

(2)形状公差。

形状公差指被测实际要素的几何形状相对理想要素的几何形状所允许的变动量,如图 7-72 所示的圆度和圆柱度。

(3)位置公差。

位置公差指被测实际要素的位置相对基准与理想要素的位置所允许的变动量,如图 7-73所示的顶面对底面 A 的平行度、ϕd 轴线对底面 A 的垂直度。

(4)公差带及其形状。

公差带是由几何公差值所确定的,用于限制实际要素形状和位置的变动区域。常见公差带有:两平行直线区域,如图 7-74(a)中的直线度;两同心圆的区域,如图 7-72(a)中的圆度;两同轴圆柱面区域,如图 7-72(b)中的圆柱度;两平行平面区域,如图 7-73(a)中的平行度;一个圆柱面,如图 7-73(b)中的轴线垂直度和图 7-74(b)中的轴线同轴度等。

2. 几何特征符号

国家标准规定了 14 个几何公差项目,各项用的名称及对应的符号如表 7-6 所示。

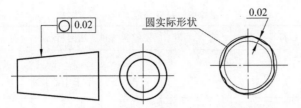

(a)在垂直于轴线的任意正截面上，被测圆必须位于
半径差为0.02的同心圆之间的区域内

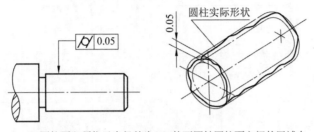

(b)圆柱面必须位于半径差为0.05的两同轴圆柱面之间的区域内

图 7-72　形状公差举例

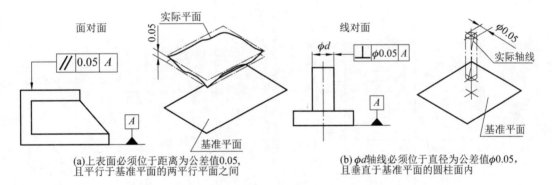

(a)上表面必须位于距离为公差值0.05，
且平行于基准平面的两平行平面之间

(b) φd轴线必须位于直径为公差值φ0.05，
且垂直于基准平面的圆柱面内

图 7-73　位置公差举例

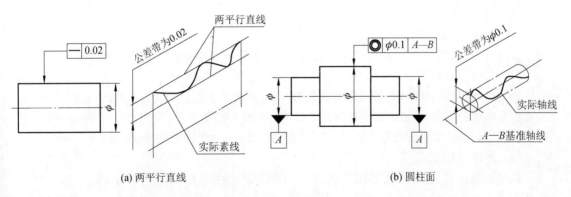

(a) 两平行直线

(b) 圆柱面

图 7-74　几何公差带形状

表 7-6　几何特征符号

公差类型	几何特征	符　号	有无基准	公差类型	几何特征	符　号	有无基准
形状	直线度	—	无	位置	同心度（用于中心点）	◎	有
	平面度	▱	无		同轴度（用于轴线）	◎	有
	圆度	○	无		对称度	≐	有
	圆柱度	⌭	无		位置度	⊕	有
	线轮廓度	⌒	无		线轮廓度	⌒	有
	面轮廓度	⌓	无		面轮廓度	⌓	有
方向	平行度	∥	有	跳动	圆跳动	↗	有
	垂直度	⊥	有				
	倾斜度	∠	有		全跳动	⌰	有
	线轮廓度	⌒	有				
	面轮廓度	⌓	有				

注：符号的笔画宽度与字体笔画宽度相等。

3.几何公差的标注方法

在图样中,几何公差一般采用框格进行标注,也可在技术要求中用文字进行说明。

(1)几何公差框格。

公差框格用细实线绘制,可画两格或多格,框格应水平或垂直放置。框格的高度是图样中尺寸数字高度的两倍,框格的长度根据需要而定。框格中的数字、字母和符号与图样中的数字等高。标注时公差框格与被测要素之间用带箭头的指引线(细实线)连接,如图 7-75(a)所示。

(2)基准符号。

标注位置公差的基准时,要用基准符号。基准符号的画法如图 7-75(b)所示,基准符号是基准方格(用细实线绘制)内有大写字母,用细实线与一个涂黑的或空白的三角形相连。无论基准三角形在图样上的方向如何,方格内的字母均应水平书写。表示基准的字母还应标注在公差框格内。

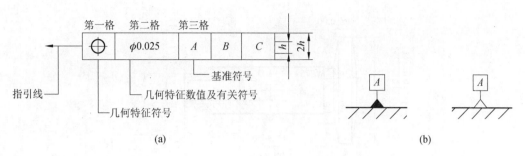

图 7-75　几何公差框格和基准符号

（3）被测要素的标注。

① 当被测要素为轮廓线或表面时，指引线的箭头应直接指在轮廓线、表面或它们的延长线上，并明显地与其尺寸线的箭头错开，如图 7-76（a）、（b）所示。

② 当被测要素为轴线、中心平面或由带尺寸的要素确定的点时，指引线的箭头应与尺寸线的延长线重合，如图 7-76（c）、（d）所示。

③ 当指引线的箭头需要指向实际表面时，可直接指在带点（该点在实际表面上）的参考线上，如图 7-76（e）所示。

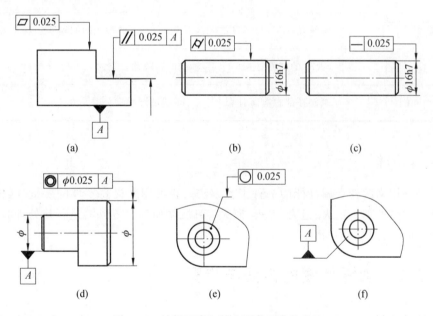

图 7-76　被测要素和基准要素的标注方法

（4）基准要素。

① 当基准要素为轮廓线或表面时，基准符号应标注在该要素的轮廓线、表面或它们的延长线上，基准符号中的细实线与其尺寸线的箭头应明显错开，如图 7-76（a）所示。

② 当基准要素为轴线、中心平面或由带尺寸的要素确定的点时，基准符号中的细实线与尺寸线对齐，如图 7-76（d）所示。

③ 基准符号也可标注在用圆点指向实际表面的参考线上，如图 7-76（f）所示。

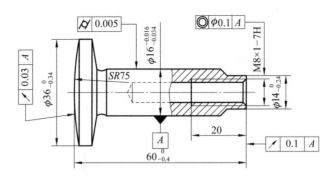

图 7-77　气门阀杆的几何公差标注

4.几何公差标注示例

在图 7-77 中,气门阀杆零件图上几何公差标注的含义如表 7-7 所示。

表 7-7　气门阀杆几何公差标注的含义

几何公差内容	含　　义
⌀ 0.005	气阀杆部 $\phi16^{-0.016}_{-0.034}$ 的圆柱度公差为 0.005
◎ ϕ0.1 A	螺纹孔 M8×1—7H 的轴线对 $\phi16^{-0.016}_{-0.034}$ 的轴线的同轴度公差为 ϕ0.1
↗ 0.03 A	SR75 的球面对 $\phi16^{-0.016}_{-0.034}$ 轴线的圆跳动公差为 0.03
↗ 0.1 A	气阀杆部右端面对 $\phi16^{-0.016}_{-0.034}$ 轴线的圆跳动公差为 0.1

四、热处理

热处理是用来改变金属性能的一种工艺方法。它可用来提高零件的质量、延长其使用寿命。常用的热处理有正火、退火、淬火、回火、渗碳、调质等。零件需进行热处理时,应在技术要求中说明,如图 7-2 所示。

7.3.2　读零件图的方法与步骤

在零件设计制造、机器安装、使用和维修及技术交流等工作中,常常需要看零件图。看零件图就是根据零件图分析和想象该零件的结构形状,弄清全部尺寸及各项技术要求等内容,以便指导生产和解决有关的技术问题,这就要求工程技术人员必须具有熟练阅读零件图的能力。

一、看零件图的基本要求

(1) 了解零件的名称、用途和材料。
(2) 分析零件各组成部分的几何形状、结构特点及作用。
(3) 分析零件各部分的定形尺寸和各部分之间的定位尺寸。

（4）熟悉零件的各项技术要求。

（5）初步确定出零件的制造方法（在制图课中可不做此要求）。

二、看零件图的方法和步骤

1. 整体分析

从标题栏内了解零件的名称、材料、比例、件数等，并浏览视图，初步得出零件的用途和形体概貌、制造时的工艺要求，估计零件的实际大小。同时可参考有关技术资料如装配图进一步熟悉零件。

2. 详细分析

（1）分析表达方案。

① 浏览全图，找出主视图。

② 以主视图为主，搞清楚其他视图名称、投射方向、相互之间的投影关系。

③ 若有剖视图或断面图，应在对应的视图中找出剖切面位置。

④ 若有局部视图、斜视图，必须找出表示部位的字母和表示投射方向的箭头。

⑤ 检查有无局部放大图及简化画法。

通过上述分析，初步了解每一视图的表示目的，为视图的投影分析做准备。

（2）分析形体、想出零件的结构形状。

先从主视图出发，联系其他视图进行分析。用形体分析法分析零件各部分的结构形状，难以看懂的结构，运用线面分析法分析，最后想出整个零件的结构形状。分析时若能结合零件结构功能来进行，会使分析更加容易。

（3）分析尺寸。

先找出零件长、宽、高三个方向的尺寸基准，然后从基准出发，找出主要尺寸。再用形体分析法找出各部分的定形尺寸和定位尺寸。在分析中要注意检查是否有多余和遗漏的尺寸、尺寸是否符合设计和工艺要求。

（4）分析技术要求。

分析零件的尺寸公差、形位公差、表面粗糙度和其他技术要求，弄清哪些尺寸要求高，哪些尺寸要求低，哪些表面要求高，哪些表面要求低，哪些表面不加工，以便进一步考虑相应的加工方法。

3. 归纳总结

综合前面的分析，把图形、尺寸和技术要求等全面系统地联系起来思索，并参阅相关资料，得出零件的整体结构、尺寸大小、技术要求及零件的作用等完整的概念。

必须指出，在看零件图的过程中，上述步骤不能把它们机械地分开，往往是穿插进行的。另外，对于较复杂的零件图，往往要参考有关技术资料，如装配图、相关零件的零件图及说明书等，才能完全看懂。对于有些表达不够理想的零件图，需要反复仔细地分析，才能看懂。

【任务实施】

读蜗杆蜗轮减速器箱体零件图（见图 7-38）。

1. 看标题栏

（1）该零件名是蜗杆蜗轮减速器箱体，在装配体中只有 1 件该零件，绘图比例为 1∶1。

箱体的作用是安装一对啮合的蜗杆蜗轮,运动由蜗杆传入,经啮合后传给蜗轮,得到较大的降速后,再由输出轴输出。

(2)该零件的材料是 HT150,先铸造成毛坯,然后经过机械加工而成,因此零件上有铸造圆角、起模斜度的结构。

2. 分析表达方案

(1)该箱体零件图采用了四个基本视图和两个局部视图。

(2)由视图的配置关系可知,A—A 为主视图,在俯视图上可找到剖切平面 A—A 的剖切位置,同时左上方做了局部剖,它主要表达了箱体沿水平轴线(蜗杆轴线)剖切后的内部结构,并兼顾上方螺孔深度的表达。左视图 B—B 为全剖视图,在主视图上可找到剖切平面 B—B 的剖切位置,它表达了箱体沿铅垂轴线(蜗轮轴线)剖切后的内部结构。俯视图为表达外形的视图,上述三个视图按基本视图投影关系配置。

(3)C—C 视图在主视图上可找到剖切平面 C—C 的剖切位置,它用来表达底板和肋板的结构形状,如图 7-78 所示。

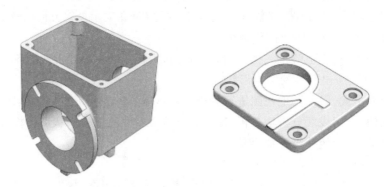

图 7-78 蜗杆蜗轮减速器箱体 C—C 剖视图

(4)D 向、E 向局部视图的投射方向分别标注在主视图的左侧和右侧,用于表达箱体左右两侧凸缘凸台的形状。

3. 分析零件结构形状

应用形体分析法和线面分析法以及剖视图的读图方法,分析零件内外结构。

箱体零件图的左视图 B—B 剖视图分解为四个主要部分,如图 7-79 所示。按投影关系找出其他视图上的对应投影,可以看出:

① 是箱体上部的长方腔体,用来容纳啮合的蜗杆蜗轮。

② 是铅垂方向带阶梯孔的空心圆柱,是箱体的蜗轮轴的轴孔。

③ 是长方形底板,为安装箱体之用。

④ 为"T"形肋板,用来加强上述三部分的相互连接。

箱体两侧凸缘、凸台的形状反映在 D、E 局部视图上,联系主视图,可看清箱体的蜗杆轴的轴孔。各部分还有螺孔、通孔等结构,保证箱体与其他零件的连接。

最后按各个部分的相对位置可知,该箱体的结构比较复杂,基础形体由底板、箱壳、"T"形肋板、互相垂直的蜗杆轴孔(水平)和蜗轮轴孔(垂直)组成,蜗轮轴孔在底板和箱壳之间,其轴线与蜗杆轴孔的轴线垂直交错,"T"形肋板将底板、箱壳和蜗轮轴孔连接成一个整体,如图7-80所示。

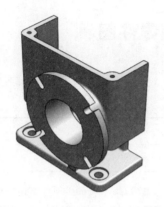 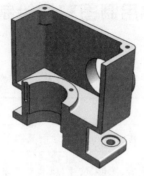 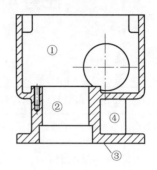

图 7-79　蜗杆蜗轮减速器箱体左视图

4.分析尺寸

(1) 分析长、宽、高三个方向的尺寸基准。箱体蜗杆轴的水平轴线和底面是高度方向的尺寸基准,其中底面是主要基准;过箱体蜗轮轴铅垂轴线的长方形腔体的对称平面、凸缘和凸台端面是长度方向的尺寸基准,其中过铅垂轴线的长方形腔体的对称平面是主要基准;宽度方向的主要基准是蜗轮轴的铅垂轴线。

(2) 从基准出发,弄清哪些是主要尺寸,哪些是次要尺寸。图 7-38 中箱体轴承孔直径及有关轴向尺寸(如尺寸 $\phi47J7$ 和尺寸 60 ± 0.2 等,轴承孔中心距 41 ± 0.035)和轴线与安装面距离即中心高(如尺寸 80 ± 0.3)均属箱体的主要尺寸,其余为次要尺寸。

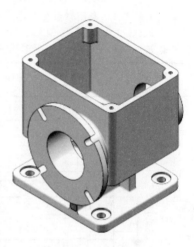

图 7-80　蜗杆蜗轮减速器箱体

(3) 根据结构形状,找出定形、定位和总体尺寸,检查尺寸标注是否齐全、清晰、合理。箱体的各部分尺寸,尽可能配置在反映该部分形状特征的视图上。如同一轴线上的一系列直径尺寸(尺寸 $\phi66$、$\phi52J7$、$\phi47J7$、$\phi62$)配置在主视图上,箱体壁厚 6 注在俯视图上,肋板厚度 10 注在 C—C 剖视图上等。尺寸这样配置,有助于分析箱体的结构形状。

5.分析技术要求

有公差要求的配合尺寸有:轴承孔直径 $\phi47J7$、$\phi52J7$,轴向尺寸 60 ± 0.2、80 ± 0.3 等。

有几何公差要求的尺寸:轴承孔 $\phi52J7$、$\phi47J7$ 轴线与基准平面 H、C 的垂直度、平行度公差均为 0.03 等。轴承孔内表面加工后光滑程度要求较高,Ra 取 3.2 μm;孔的端面的表面粗糙度可略大,Ra 取 6.3 μm。箱体的大多数表面为非加工面。

箱体需经人工时效处理。

6.归纳总结

通过以上几个方面的分析,对零件的结构形状、大小以及在机器中的作用有了全面、深入的认识。在此基础上,可对零件的结构设计、图形表达、尺寸标注、技术要求、加工方法等,提出合理化建议。

以上在零件图的读图过程中,各个步骤不宜孤立地进行,而应对图形、尺寸、技术要求等灵活交叉进行分析。

任务4 用制图软件绘制零件图

任务名称	用 AutoCAD 绘制零件图
任务描述	如图 7-81 所示的零件图,利用 AutoCAD 绘制其图形
任务分析	完整的零件图包含 4 个内容:图形、尺寸、技术要求和标题栏,每一项都必须严格遵守国家标准规定。如图形中的线型线宽、尺寸标注的样式、技术要求的注写、标题栏中的文字等。为了便于作图,提高工作效率,保持图形的绘图标准一致,可事先创建符合国标规定的样板文件。利用样板文件,绘制图形、标注尺寸和技术要求,最后填写标题栏
任务提交	用 AutoCAD 完成零件图的绘制

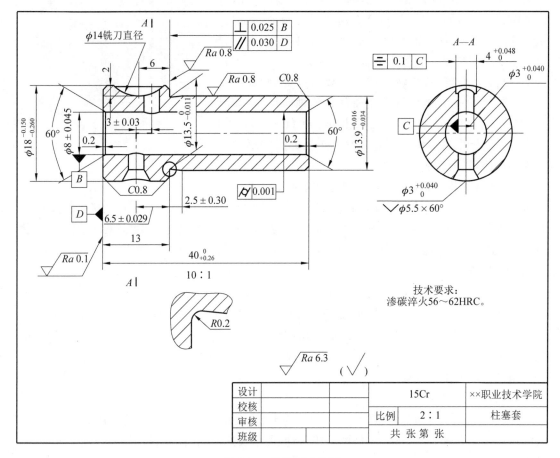

图 7-81　柱塞套零件图

【知识储备】

7.4.1 用 AutoCAD 绘制零件图

一、新建样板文件

单击【新建】,在弹出的【选择样板】对话框中,单击【打开】下的【无样板打开－公制】,如图 7-82 所示。单击【保存】,在弹出的【图形另存为】对话中,选择【文件类型】为"AutoCAD 图形样板(＊.dwt)",如图 7-83 所示,输入文件名"机械样式",单击【保存】。在后续往样板文件添加内容时,随时注意保存。

图 7-82 新建样板文件

图 7-83 图形另存为对话框

二、新建图层

在【图层特性】中,添加如图 7-84 所示图层,其中默认线宽为 0.25。
也可使用【设计中心】将之前创建的图层拖入。
进入【设计中心】的方法:
(1)菜单:【工具】|【选项板】|【设计中心】;

状	名称	开	冻...	锁..	颜色	线型	线宽
✔	0	♀	☼	♂	■白	Continuous	——默认
⊘	Defpoints	♀	☼	♂	■白	Continuous	——默认
⊘	尺寸	♀	☼	♂	■蓝	Continuous	——默认
⊘	粗糙度	♀	☼	♂	■蓝	Continuous	——默认
⊘	粗实线	♀	☼	♂	■白	Continuous	——0.50 毫米
⊘	填充	♀	☼	♂	■洋	Continuous	——默认
⊘	文字	♀	☼	♂	■32	Continuous	——默认
⊘	细点画线	♀	☼	♂	■红	CENTER	——默认
⊘	细实线	♀	☼	♂	■白	Continuous	——默认
⊘	虚线	♀	☼	♂	■绿	HIDDEN	——默认

图 7-84　新建图层

（2）命令选项卡：【插入】|【内容】|【设计中心】；

（3）快捷键：Ctrl＋2。

进入【设计中心】后，在左侧找到要引用图层的文件，如图 7-85 所示，在右侧双击【图层】，打开本文件中所有图层，如图 7-86 所示。按住 Ctrl 键，选中要引用的图层，拖动鼠标至绘图区域，可将其他文件中的图层插入。

图 7-85　设计中心面板

图 7-86　选中文件中的图层

三、添加文字样式

单击【默认】|【注释】|【文字样式】,在弹出的【文字样式】对话框中,单击【新建】,输入新样式名"国标",单击【确定】。设置如图 7-87 所示的"国标"文字样式。

图 7-87 【文字样式】对话框

也可使用【设计中心】将之前创建好的文字样式拖入。

1.添加尺寸样式

利用设计中心将之前创建的"国标标注"的尺寸标注样式拖入。

2.添加表格样式

利用设计中心将之前创建的表格样式拖入。

3.创建多重引线样式

标注表面结构、几何公差、倒角、带引线的尺寸及带引线的注释时,均用到多重引线样式,可创建以下几个多重引线样式,或利用设计中心将以前创建的引线样式拖入。

带箭头:用于标注几何公差和表面结构要求。

基准:用于标注基准符号。

零件序号:用于标注装配图中的零件序号。

不带箭头:用于标注倒角、注释文字等。

四、创建图块

微课:AutoCAD图块的创建与插入

在机械图样中,有一些相同或类似的图形和符号,如标准件图形和表面结构符号,作图时可将它们做成图块,需要时直接插入图块,从而提高工作效率。另外,在标注表面结构要求时,除了有表面结构图形符号,还包含表面粗糙度值等文字信息,这些文字信息可以与图形对象一起做成图块,图块中的文字信息称为图块的属性。为了便于插入具有不同粗糙度值的表面结构图块,可创建带属性的图块。创建表面结构的图块步骤如下:

1.绘制表面结构符号的图形

将"粗糙度"图层置为当前层,在该层上绘制表面结构符号的图形。

根据机械制图国标规定，表面结构符号（如图 7-88 所示）的尺寸与字高的关系见表 7-8。

表 7-8　表面结构的符号（mm）

数字和字母高度 h	2.5	3.5	5	7	10	14	20
高度 H_1	3.5	5	7	10	14	20	28
高度 H_2（最小值）	7.5	10.5	15	21	30	42	60

从上表可知 $H_1 \approx 1.4h$，$H_2 = 3h$，为便于确定插入图块的比例，按文字高度 $h=1$ 绘制表面结构符号的图形，如图 7-89 所示。在后续插入图块时，可根据文字高度，设置插入的比例。如文字高度为 3.5，则插入图块的比例也为 3.5。

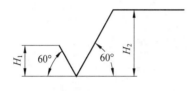

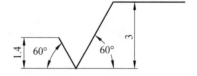

图 7-88　表面结构符号图形　　　　图 7-89　表面结构符号图块尺寸

2.定义图块中的属性

定义块中的属性文字的命令，方法如下：

（1）菜单栏：在【绘图】菜单下，选择【块】【定义属性】命令。

（2）功能区：在【插入】选项卡中，选择【块定义】命令组，单击【定义属性】按钮。

执行【定义属性】命令后，系统弹出【属性定义】对话框，如图 7-90 所示。按图 7-90 所示设置好后，单击【确定】。此时命令行提示指定属性文字标记的对正点，单击表面结构符号的 A 点，如图 7-91 所示，结果如图 7-92 所示。

图 7-90　【属性定义】对话框

图 7-91　属性文字对正点　　　　　　　　图 7-92　属性文字的位置

3. 创建带属性的图块

将图形和属性文字一起创建成图块。

单击【创建块】命令，弹出【块定义】对话框，如图 7-93 所示，在"名称"中输入块名"粗糙度 1"，单击【拾取点】按钮，选择图 7-91 中的 B 点，单击【选择对象】按钮，窗选图 7-92 所示表面结构符号和属性文字，单击【确定】，图块创建完毕。

按照同样的方法，可创建如图 7-94 所示的其他表面结构符号的图块。块名分别为粗糙度 2、粗糙度 3、粗糙度 4。

图 7-93　【块定义】对话框　　　　　　　图 7-94　其他表面结构符号的图块

按照上述图块的创建方法，可将标题栏和标准图幅做成图块。

五、保存样板文件

上述步骤完成后，点击保存按钮，将样板文件保存。

【任务实施】

1. 新建图形文件

单击【新建】按钮，在弹出的【选择样板】对话框中，选择"机械样板.dwt"，单击打开，点击【保存】按钮，弹出【图形另存为】对话框，【文件类型】为默认的"...图形（∗.dwg）"，输入【文件名】"柱塞套"，选择图形文件的保存位置，单击【保存】。在后续绘图过程中，注意随时点击 按钮，或按快捷键 Ctrl＋S 保存文件。

2. 绘制图形

根据该零件的尺寸，可使用 A4 图纸打印输出，为了合理布局，绘图比例设置为 2∶1。具体画图时，先按 1∶1 绘制，再使用缩放命令。绘制的图形如图 7-95 所示。

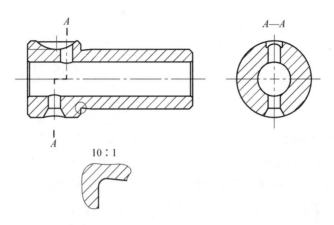

图 7-95 零件图形

绘图注意事项：

① 使用正确的图层，并打开线宽开关。

② 使用精确绘图工具画图，如对象捕捉、对象捕捉追踪、极轴追踪等。

③ 按视图的三等关系画图。

3. 标注尺寸

切换到"尺寸"图层，将"国标标注"作为当前标注样式，标注各尺寸，如图 7-96 所示。

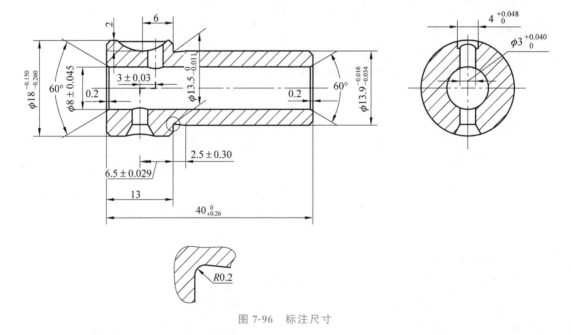

图 7-96 标注尺寸

4. 标注基准符号、倒角、几何公差

利用【多重引线】命令标注基准符号、倒角、几何公差，如图 7-97 所示。

5. 标注表面结构要求

利用插入块的方法，标注表面结构要求，如图 7-98 所示。

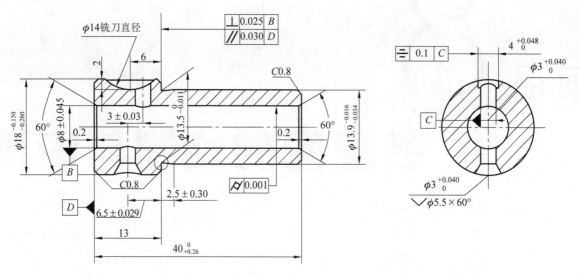

图 7-97 利用【多重引线】命令标注基准符号、倒角、几何公差

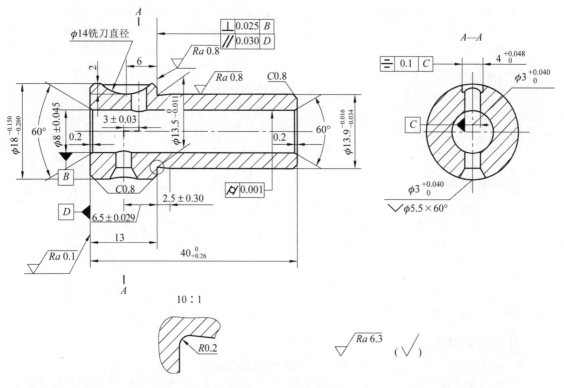

图 7-98 标注表面结构要求

6. 插入图幅、标题栏,填写技术要求

利用插入块的方法,插入 A3 图幅和标题栏。标题栏图块中的源对象是用表格创建的,插入后需先分解,然后单击单元格,填写标题栏。使用移动命令调整图形与图幅的位置,最终结果如图 7-81 所示。

项目 8
装配图的绘制与识读

　　装配图是用来表达机器或者部件的图样。表示一台完整机器的图样称为总装配图,表示一个部件的图样称为部件装配图。装配图主要表达机器或部件的工作原理、装配关系、结构形状和技术要求,用以指导机器或部件的装配、检验、调试、安装、维修等。因此,装配图是机械设计、制造、使用、维修以及进行技术交流的重要技术文件。本项目的主要任务是装配图的绘制与识读。

▌项目要求

　　(1) 了解装配图的作用,熟悉装配图的内容;

　　(2) 理解装配图的图样画法;

　　(3) 能够正确绘制和识读中等复杂程度的装配图;

　　(4) 能够正确、完整、清晰、合理地标注零件的尺寸,正确注写尺寸公差、几何公差以及表面粗糙度;

　　(5) 培养和增强爱岗敬业、认真负责、精益求精的素质和认真、细心、严谨的工作作风和综合素质,培养具有发现问题、分析问题和归纳总结问题的能力及良好的团队协作能力。

▌项目思政

态度决定一切,细节决定成败

　　在我们日常工作中,注重细节,才能将工作真正做出成绩,做到极致。老子曾经说过:"天下难事,必作于易;天下大事,必作于细。"想成就一番事业,必须从细微之处入手。注重细节,就要甘于平淡,认真做好每一件小事,成功就会不期而至,这就是细节的魅力,是水到渠成后的惊喜。成功者的共同特点就是善于发现常被人们忽视的细节,能把每一件小事做到完美。我们在学习和工作中所做的都是一些小事,都是由一些细节组成的,只有具备高度的敬业精神,良好的工作态度,认真对待工作,将小事做细,才能在细节中找到创新与改进的机会,从而不断提高工作成绩。细节来自用心。认真做事只能把事情做对,用心做事才能把事情做好。

任务 1 手工绘制千斤顶装配图

【任务单】

任务名称	手工绘制千斤顶装配图
任务描述	根据图 8-1 所示千斤顶轴测图和图 8-2 所示零件图绘制千斤顶装配图 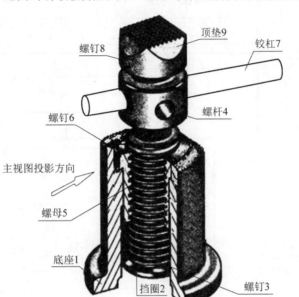 视频：千斤顶 图 8-1 千斤顶轴测图 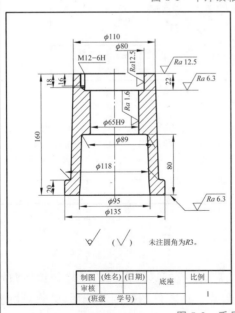 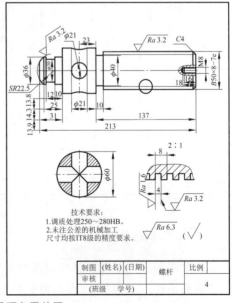 图 8-2 千斤顶各零件图

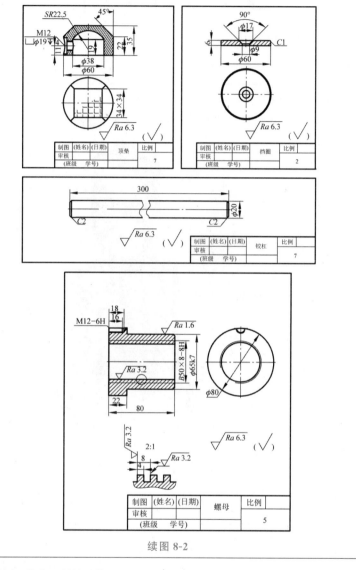

续图 8-2

任务分析	要完成该任务,首先必须熟悉装配图的内容和表达特点,了解装配体的工作原理和零件种类,各零件之间的装配关系以及各零件的作用和结构,了解产品在装配、调试、安装、使用等过程中所必需的尺寸、技术要求等。其次应掌握装配图的表达方法及作图步骤
任务提交	每位同学用 A4 图纸绘制装配图一张

（左侧纵向文字：任务描述）

【知识储备】

装配图和零件图的绘制与识读两大内容,是我们这门课程的最终知识回归点。装配图的绘制和识读,是重要知识点里面的两个要点。由零件图拼画装配图,必须对所表达的部件的工作原理、各个零件之间的装配关系和相对位置有着清醒的认识。而读装配图,不仅仅是要想象出部件的形状,而且更重要的是能够根据装配图上给出的部件工作原理、各零件的相对位置、装配关系、结构、形状,从装配图上把各个零件剥离出来,绘制成零件图,使其能够成为加工制造的技术文件。所以这一阶段的学习尤为重要,它是把前面学过的所有内容在这里面做一个融会贯通。

8.1.1 装配图的作用和内容

一、装配图的概念

装配图是表达机器部件或组件的图样,也就是表达机器或部件的结构、工作原理、传动路线、零件装配关系的图样。

二、装配图的作用

表达机器中某个部件或组件的装配图,称为部件装配图。而表达整台完整的机器的装配图,称为总装配图。在产品设计当中,一般先根据产品的工作原理图画出机器部件和组件的装配示意图和装配草图,然后根据装配图设计,画出零件草图。再对这两种图样交替着进行改进和完善,最后定出完整的装配图和配套的一组零件图。这样就有了一套完整的技术资料。

装配图按设计和生产的过程又分为设计装配图和装配工作图。

设计装配图主要是表达机器和部件的结构形状、工作原理、零件间的相互位置和配合、连接、传动关系以及主要零件的基本形状。装配工作图除了表达产品的结构、零件间的相对位置和配合、连接、传动关系,主要是用来把加工好的零件装配成整体,作为装配、调试和检验的依据。

在产品制造当中,机器、部件和组件的装配工作都必须根据装配图来进行;使用和维修机器的时候,也往往需要通过这张装配图,来了解机器的构造。因此装配图在生产中起着非常重要的作用。

三、装配图的内容

视频:
机用虎钳

一张完整的装配图,包含以下四个基本内容。如图 8-3 所示机用虎钳装配图。

1. 一组视图

用来表达机器或部件的工作原理、零件间的装配关系、连接方式及主要零件的结构形状等。

2. 必要的尺寸

标注出与机器或部件的性能、规格、装配和安装有关的尺寸。

3. 技术要求

用符号代号或文字说明装配体在装配、安装、调试等方面应达到的技术要求。

4. 标题栏、零件序号及明细栏

在装配图上必须对每个零件编号,并在明细栏中依次列出零件序号、代号、名称、数量、材料等。标题栏中,写明装配体的名称、图号、绘图比例及有关人员的签名等。

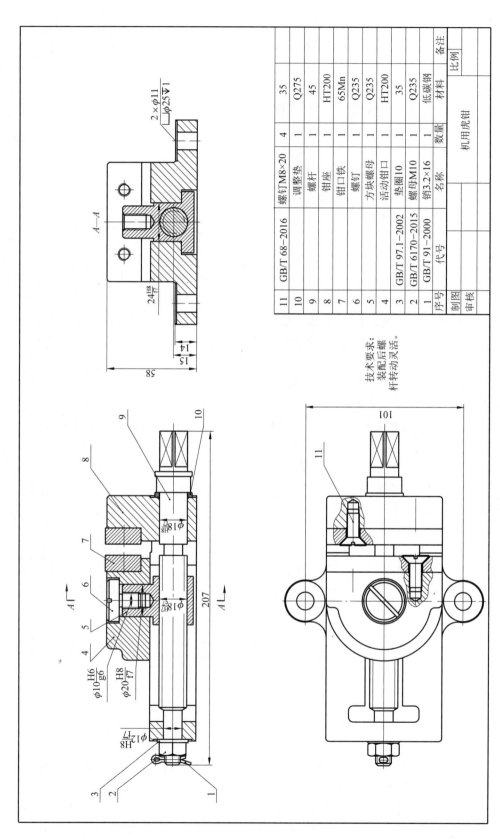

图 8-3 机用虎钳装配图

11		螺钉M8×20	4	35	
10		调整垫	1	Q275	
9		螺杆	1	45	
8		钳座	1	HT200	
7		钳口铁	1	65Mn	
6		螺钉	1	Q235	
5		方块螺母	1	Q235	
4		活动钳口	1	HT200	
3	GB/T 97.1—2002	垫圈10	1	35	
2	GB/T 6170—2015	螺母M10	1	Q235	
1	GB/T 91—2000	销3.2×16	1	低碳钢	
序号	代号	名称	数量	材料	备注

机用虎钳

技术要求：
装配后螺杆转动灵活。

8.1.2 装配图的图样画法

在零件图上所采用的各种表达方法,如视图、剖视图、断面图、局部放大图等也同样适用于画装配图。但是画零件图所表达的是一个零件,而画装配图所表达的则是由许多零件组成的装配体(机器或部件)。因为两种图样的要求不同,所表达的侧重面也不同。装配图应该表达出装配体的工作原理、装配关系和主要零件的主要结构形状。因此,国家标准对绘制装配图制定了规定画法、特殊画法和简化画法等。

一、装配图的视图选择

1. 装配图的视图选用原则及表达目的

(1) 完整而清楚地表达整个部件的形状和位置特征。

(2) 表达机器或部件的工作原理。

(3) 各零件间的装配和连接关系。

(4) 主要零件的结构形状。

2. 主视图的选择

装配图的主视图的表达方法和重点与零件图是有所不同的,一般多采用剖视图,用以表达零件主要装配干线,如工作系统、传动路线等。在一组视图中,主视图是反映部件的关键视图。因此,装配图一般以机器或者部件的工作位置为主视图的安放位置,并且使主视图能够较多地表达该机器或部件的工作原理、零件之间的装配关系以及主要零件的结构、形状特征,如图 8-4 所示球阀装配图。

在选择主视图时,通常要考虑以下几个方面:

视频:球阀

(1) 应能反映机器(或部件)的工作状态或者安装状态。

(2) 应能够反映机器(或部件)的整体形状特征。

(3) 应能表示主装配干线零件的装配关系。

(4) 应能表示机器(或部件)的工作原理。

3. 其他视图的选择

根据确定的主视图,针对装配体在主视图中还没有表达清楚的内容,再选取能够反映其他的装配关系、局部结构以及外形的一些视图。一般情况下,部件中的每一种零件,至少应该在选择的视图中出现一次。

二、装配图的规定画法

1. 相邻零件的轮廓线画法

两相邻零件的接触面或配合面只画一条共有的轮廓线;非接触面和非配合面分别画出各自的轮廓线,如图 8-5 所示。

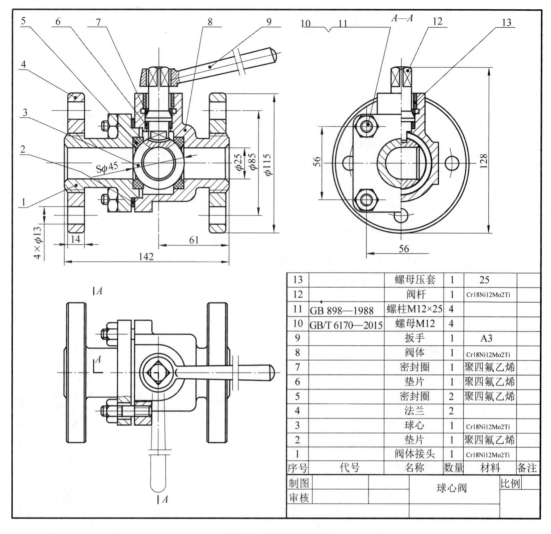

图 8-4　球阀装配图

13		螺母压套	1	25	
12		阀杆	1	Cr18Ni12Mo2Ti	
11	GB 898—1988	螺柱M12×25	4		
10	GB/T 6170—2015	螺母M12	4		
9		扳手	1	A3	
8		阀体	1	Cr18Ni12Mo2Ti	
7		密封圈	1	聚四氟乙烯	
6		垫片	1	聚四氟乙烯	
5		密封圈	2	聚四氟乙烯	
4		法兰	2		
3		球心	1	Cr18Ni12Mo2Ti	
2		垫片	1	聚四氟乙烯	
1		阀体接头	1	Cr18Ni12Mo2Ti	
序号	代号	名称	数量	材料	备注
制图			球心阀		比例
审核					

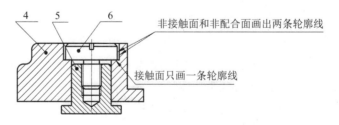

图 8-5　相邻零件的轮廓线画法

2.相邻零件的剖面线画法

在装配图中,同一个零件在所有的剖视、断面图中,其剖面线应保持同一方向,且间隔一致。相邻两零件的剖面线则必须不同,即使其方向相反,或方向相同但间隔不同,相邻两个或多个零件的应有区别,如图8-6所示。

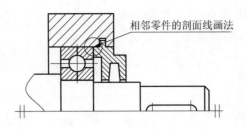

图 8-6 相邻零件的剖面线画法

3. 实心零件画法

在装配图的剖视图中,若剖切平面通过实心零件(如轴、杆等)和标准件(如螺栓、螺母、销、键等)的对称平面或基本轴线时,这些零件按不剖绘制,如图 8-7 所示。在表明这类零件的凹槽、键槽、销孔等构造时,可以用局部剖视表示。

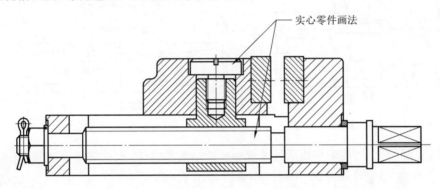

图 8-7 实心零件画法

三、装配图的简化画法

(1)在装配图中,零件的工艺结构如倒角、圆角、退刀槽等允许省略不画,如图 8-8 所示。

(2)在装配图中,对于规格相同的零件组(如螺钉连接),在不影响看图的情况下,允许只详细地画出一处,其余用细点画线表示其装配位置,如图 8-8 所示。

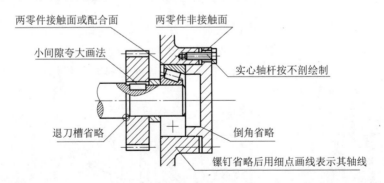

图 8-8 装配图的简化画法

(3)在部件的剖视图中,对称于轴线的同一轴承或油封的两部分,若其图形完全一样,可只画出一部分,另一半按规定示意画法画出,如图 8-8 所示。

（4）零件被弹簧挡住的部分，其轮廓线不画，可见部分应从弹簧丝剖切面的中心线往外画，如图 8-9 所示。

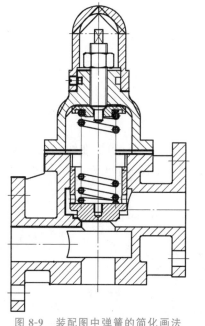

图 8-9　装配图中弹簧的简化画法

油杯画外形

拆去轴承盖等零件

图 8-10　滑动轴承画法

（5）在装配图中，当剖切平面通过某些标准产品的组合件，或该组件已由其他视图表示清楚时，允许只画出外形轮廓，如图 8-10 所示。

（6）沿零件的结合面剖切和拆卸画法。

在装配图中，当某些零件遮住了需要表达的结构和装配关系时，可假想沿某些零件的结合面剖切或假想将某些零件拆卸后绘制，如图 8-10 所示，需要说明时在相应的视图上方加注拆去××等。

四、装配图的特殊画法

1. 假想画法

在装配图中需要表示运动件的极限位置时，可用粗实线画出该零件在一个极限位置上的轮廓，而另一极限位置则用假想画法（细双点画线）来表示。为了表示与本部件有关，但又不属于本部件的相邻零部件时，可采用假想画法，将其他相邻零部件用细双点画线画出，如图 8-11 所示运动零件的极限位置。

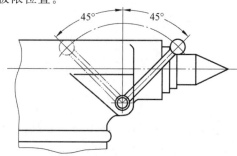

图 8-11　运动零件的极限位置

2. 夸大画法

在装配图中,对于薄片零件或微小间隙以及较小的斜度和锥度,无法按其实际尺寸画出,或图线密集难以区分时,可将零件或间隙适当夸大画出,如图 8-8 所示。

3. 沿结合面剖切和拆卸画法

(1) 在装配图中,为了表示内部结构,可假想沿着某些零件的结合面剖开,如图 8-10 所示滑动轴承画法,俯视图的右半个投影,就是沿着轴承盖和座体的接触面剖切的画法。其中,由于剖切平面相对于螺栓是横向剖切,故对它应画剖面线;对沿结合面剖开的零件,则不画剖面线。

(2) 在装配图的某个视图上,如果有些零件在其他视图上已经表示清楚,而又遮住了需要表达的零件时,可将其拆卸掉不画,而画剩下部分的视图,这种画法称为拆卸画法。为了避免读图时产生误解,可对拆卸画法加以说明,在图上加注"拆去零件××",如图 8-12 铣刀头装配图左视图所示。

4. 单独画出某一零件

在装配图中,当某个零件的形状未表达清楚,或对理解装配关系有影响时,可另外单独画出该零件的某一视图。

5. 展开画法

在传动机构中,为了表示传动关系及各轴的装配关系,可假想用剖切面按传动顺序,沿各轴的轴线剖开,将其展开、摊平后画在一个平面上(平行于某一投影面),如图 8-13 所示的挂轮架装配图。

五、装配图上的尺寸标注

装配图的作用与零件图不同,因此,在图上标注尺寸的要求也不同。零件图中必须标注出零件的全部尺寸,以确定零件的形状和大小;在装配图上应该按照装配体设计、制造的要求来标注某些必要的尺寸,以说明装配体性能规格、装配体各零件的装配关系、装配体整体大小等,即装配图没有必要标注出零件的所有尺寸,只需标出性能尺寸、装配尺寸、安装尺寸和外形尺寸等。

1. 性能(规格)尺寸

性能(规格)尺寸是表示装配体的工作性能或规格大小的尺寸,这些尺寸是设计时确定的,它也是了解和选用该装配体的依据。如图 8-12 所示铣刀头中铣刀盘轴线的高度尺寸 115。

2. 装配尺寸

装配尺寸是表示装配体中各零件之间相互配合关系和相对位置的尺寸,这种尺寸是保证装配体装配性能和质量的尺寸。如图 8-12 中 V 带轮与轴的配合尺寸 $\phi28H8/k7$ 等。

视频:
铣刀头

3. 安装尺寸

安装尺寸是表示将部件安装到机器上或将整机安装到基座上所需的尺寸。如图 8-12 中铣刀头座体的底板上四个沉孔的定位尺寸 155、150 和安装孔 $4\times\phi11$。

4. 外形尺寸

外形尺寸是表示装配体外形大小的总体尺寸,即装配体的总长、总宽、总高。它反映了装配体的大小,提供了装配体在包装、运输和安装过程中所占的空间尺寸。

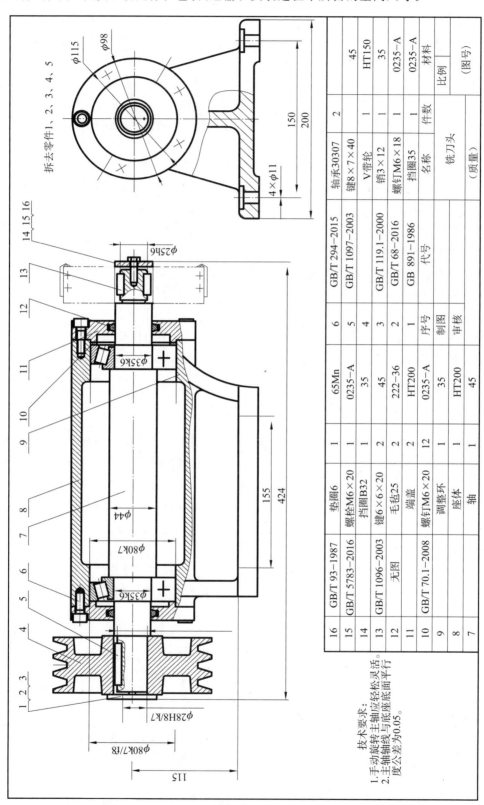

图 8-12 铣刀头装配图

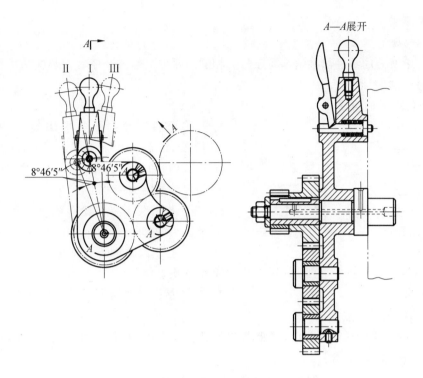

图 8-13 挂轮架装配图

5.其他重要尺寸

其他重要尺寸是指在设计中确定的而又未包括在上述几类尺寸之中的尺寸。其他重要尺寸视需要而定,如主体零件的重要尺寸、齿轮的中心距、运动件的极限尺寸、安装零件要有足够操作空间的尺寸等。

注意:
上述五类尺寸之间并不是互相孤立无关的,实际上有的尺寸往往同时具有多种作用。此外,在一张装配图中,也并不一定需要全部注出上述五类尺寸,而是要根据具体情况和要求来确定。

六、装配图上的技术要求、零件序号及明细栏

1.技术要求

在装配图中,还应在图的右下方空白处,写出部件在装配、安装、检验及使用过程等方面的技术要求,主要包括零件装配过程中的质量要求,以及在检验、调试过程中的特殊要求等。拟定技术要求一般可从以下几个方面来考虑:

(1)装配要求:装配体在装配过程中注意的事项,装配后应达到的要求,如装配间隙、润滑要求等。

(2)检验要求:装配体在检验、调试过程中的特殊要求等。

(3)使用要求:对装配体的维护、保养、使用时的注意事项及要求。

2. 零件序号

（1）一般规定。

装配图中所有的零件都必须编写序号。相同的零件只编一个序号。装配图中零件序号应与明细栏中的序号一致。

（2）零件序号的组成。

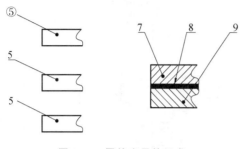

图 8-14 零件序号的组成

① 零件序号由圆点、指引线、水平线或圆（均为细实线）及数字组成，序号写在水平线上或小圆内，如图 8-14 所示。序号数字比装配图中的尺寸数字大一号。

② 指引线不要与轮廓线或剖面线等图线平行。

③ 指引线之间不允许相交，但指引线允许弯折一次。

④ 指引线应自所指零件的可见轮廓内引出，并在其末端画一圆点。

⑤ 若所指的部分不宜画圆点，如很薄的零件或涂黑的剖面等，可在指引线的末端画一箭头，并指向该部分的轮廓。

⑥ 如果是一组螺纹连接件或装配关系清楚的零件组，可以采用公共指引线。如图 8-12 所示铣刀头中零件序号 1、2、3 分别表示挡圈、螺钉和销。

⑦ 标准化组件（如滚动轴承、电动机、油杯等）只能编写一个序号。

（3）序号编排方法。

应将序号在视图的外围按水平或垂直方向排列整齐，并按顺时针或逆时针方向顺序依次编号，不得跳号。

3. 明细栏

在装配图的右下角必须设置标题栏和明细栏。明细栏位于标题栏的上方，并和标题栏紧连在一起。栏内分隔线为细实线。左边外框线为粗实线。栏中的编号与装配图中的零、部件序号必须一致。

明细栏是装配体全部零件的目录，由序号、（代号）名称、数量、材料、备注等内容组成，其序号填写的顺序要由下而上。如位置不够时，可移至标题栏的左边继续编写，如图 8-12 所示。

七、装配图上常见的装置和结构

1. 接触面及接触面转角处的结构合理性

（1）两个零件在同一方向上只能有一个接触面和配合面，如图 8-15 所示。

（2）两配合零件在转角处不应设计成相同的圆角，零件除了应根据设计要求确定其结构外，还要考虑加工和装配的合理性。如轴肩面和孔端面相接触时，应在孔边倒角，或在轴的根部切槽，以保证轴肩与孔的端面接触良好，如图 8-16 所示。

2. 减少加工面积

为了使螺栓、螺钉、垫圈等紧固件与被连接表面接触良好，减少加工面积，应把被连接表

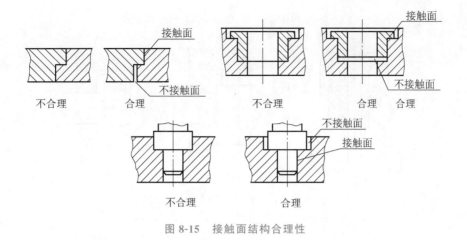

图 8-15 接触面结构合理性

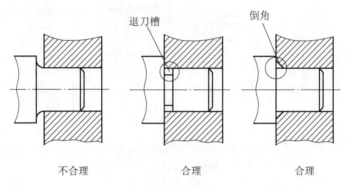

图 8-16 轴肩面和孔端面相接触结构合理性

面加工成凸台或凹坑,如图 8-17 所示。

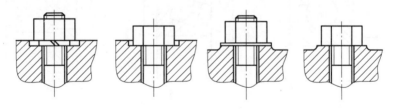

图 8-17 凸台或凹坑

3. 密封装置的结构

在一些部件或机器中,常需要有密封装置,以防止液体外流或灰尘进入。常见密封装置的结构如图 8-18 所示。

4. 防松装置

机器或部件在工作时由于受到冲击或振动,一些紧固件可能产生松动现象,因此在某些装置中需采用防松结构。如图 8-19 所示为几种常见的防松装置结构。

5. 滚动轴承和衬套的定位结构

如图 8-20 所示轴承与轴肩,滚动轴承装在箱体轴承孔及轴上,图 8-20(a)所示是合理的,若设计成图 8-20(b)那样,将无法拆卸。

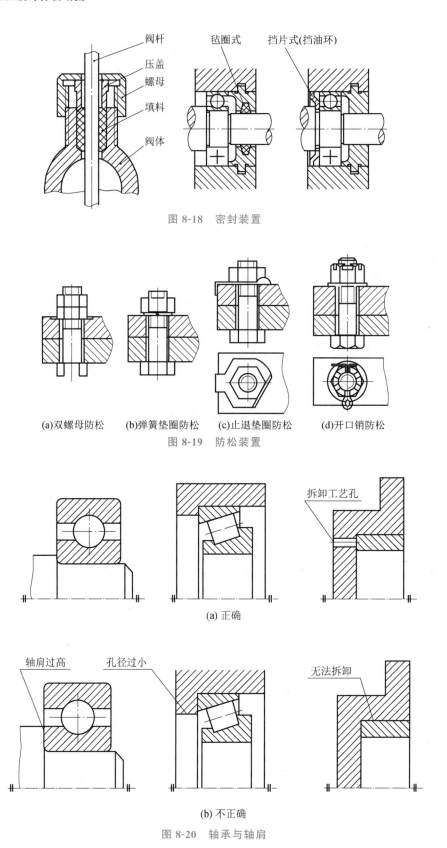

图 8-18 密封装置

(a)双螺母防松   (b)弹簧垫圈防松   (c)止退垫圈防松   (d)开口销防松

图 8-19 防松装置

(a) 正确

(b) 不正确

图 8-20 轴承与轴肩

6. 用螺纹连接的地方要留足装拆时的活动空间

在安排螺钉位置时,应考虑扳手的空间活动范围,和螺钉放入时所需要的空间,如图8-21所示。图8-21(b)中所留空间太小螺钉无法放入,图8-21(a)是正确的结构形式。

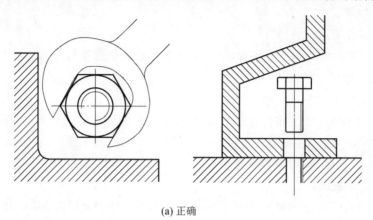

(a) 正确

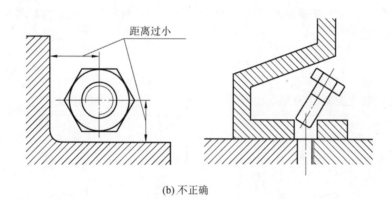

(b) 不正确

图 8-21 留出扳手活动空间

8.1.3 由零件图拼画装配图

画装配图与画零件图的方法步骤类似。画装配图之前,首先要了解装配体的工作原理和零件的种类,每个零件在装配体中的功能和零件间的装配关系等。然后看懂每个零件的零件图,想象出零件的结构形状。

【任务实施】

任务实施方法和步骤如下。

1. 了解装配体,阅读零件图

(1) 了解装配体。

图8-1所示千斤顶是机械安装或汽车修理时用来起重或顶压的工具,它利用螺旋传动顶举重物,由底座、螺杆和顶垫等九种零件组成,图8-2是千斤顶中各零件的零件图。

千斤顶工作时,绞杠7穿入螺杆4上部的通孔中,拨动绞杠,使螺杆4转动,通过螺杆4

与螺母 5 间的螺纹作用使螺杆 4 上升而顶起重物。螺母 5 镶在底座 1 的内孔中,并用螺钉 6 紧定。在螺杆 4 的球面形顶部套一个顶垫 9,顶垫的内凹面是与螺杆顶面半径相同的球面。为了防止顶垫随螺杆一起转动时脱落,在螺杆顶部加工一环形槽,将紧定螺钉 8 的圆柱形端部伸进环形槽锁定。

(2)阅读零件图。

阅读图 8-2 所示千斤顶各零件图,进一步熟悉主要零件的结构、尺寸、技术要求。

2.确定表达方案

(1)选择主视图。

部件的主视图通常按工作位置画出,并选择能反映部件的装配关系、工作原理和主要零件的结构特点的方向作为主视图的投射方向。如图 8-1 所示千斤顶,按箭头所示作为主视图的投射方向,并作剖视,可清楚表达各主要零件的结构形状、装配关系以及工作原理。

(2)选择其他视图。

根据确定的主视图,再考虑反映其他装配关系、局部结构和外形的视图。如图 8-1 所示,以俯视方向采用去除绞杠、沿螺母与螺杆的结合面半剖,表示螺母和底座的外形,同时反映顶垫的顶面结构,再补充一个辅助视图,表示螺杆上部用于穿绞杠的四个通孔的局部结构。

3.画装配图

(1)布置图面,画出作图基准线。

根据部件大小、视图数量定出比例和图纸幅面,然后画出各视图作图基准线,如对称中心线、主要轴线和主要零件的基准面等,如图 8-22(a)所示。

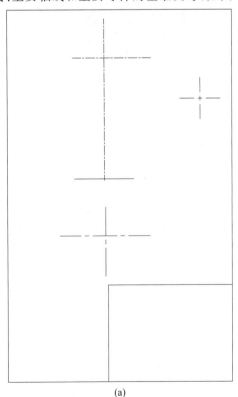
(a)

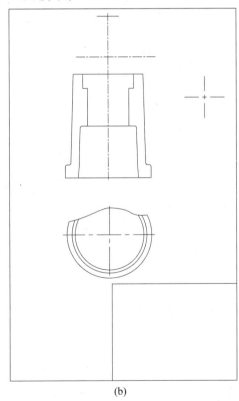
(b)

图 8-22　千斤顶装配图画图步骤

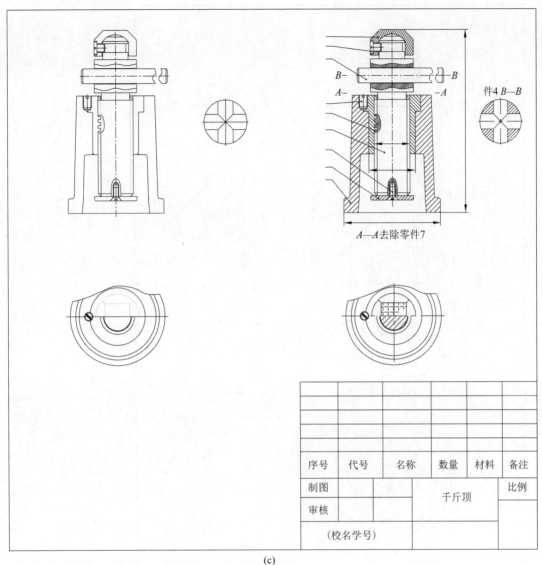

件4 B—B

A—A去除零件7

序号	代号	名称	数量	材料	备注
制图			千斤顶		比例
审核					
(校名学号)					

(c)

续图 8-22

（2）画底稿。

一般从主视图画起，几个视图配合进行。画每个视图时，应先画部件的主要零件及主要结构，再画出次要零件及局部结构，千斤顶的装配图可先画出底座、螺母的轮廓线［见图 8-22（b）］，再画出螺杆、顶垫、挡圈以及两个辅助视图的轮廓线，最后画出螺钉、孔、螺纹等局部结构［见图 8-22(c)］。

（3）检查、描深、完成全图。

检查底稿后，画剖面线，标注尺寸，编排零件序号。

（4）填写标题栏、明细栏和技术要求，最后将各类图线按规定描深。图 8-23 所示为千斤顶装配图。

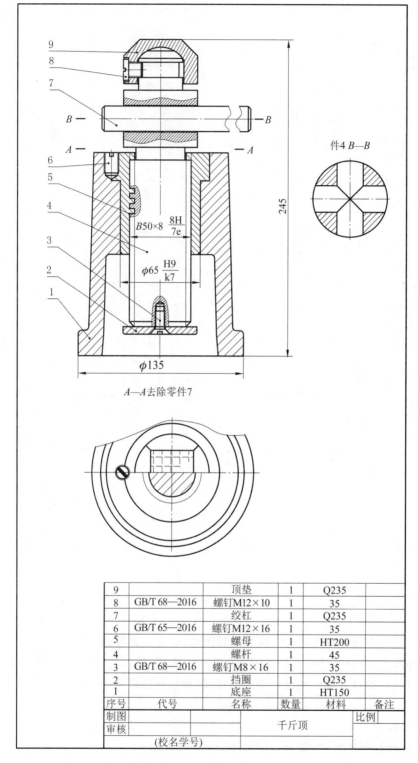

件4 *B—B*

$B50×8\dfrac{8H}{7e}$

$\phi65\dfrac{H9}{k7}$

245

$\phi135$

*A—A*去除零件7

9		顶垫	1	Q235	
8	GB/T 68—2016	螺钉M12×10	1	35	
7		绞杠	1	Q235	
6	GB/T 65—2016	螺钉M12×16	1	35	
5		螺母	1	HT200	
4		螺杆	1	45	
3	GB/T 68—2016	螺钉M8×16	1	35	
2		挡圈	1	Q235	
1		底座	1	HT150	
序号	代号	名称	数量	材料	备注
制图				比例	
审核			千斤顶		
	(校名学号)				

图 8-23　千斤顶装配图

微课：
利用AutoCAD
绘制装配图

任务 2 读铣刀头装配图和拆画零件图

【任务单】

任务名称	读铣刀头装配图和拆画轴的零件图
任务描述	读图 8-24 所示铣刀头装配图,看懂其工作原理、传动路线、零件间的装配关系和连接方式,以及主要零件的结构形状,完成 7 号件轴的零件图的拆画
任务分析	要完成该任务,必须搞清楚每个视图的表达重点,了解装配体的工作原理和零件种类,各零件之间的装配关系以及各零件的作用和结构,了解产品在装配、调试、安装、使用等过程中所必需的尺寸、技术要求等
任务提交	每位同学拆画轴的零件图

【知识储备】

8.2.1 读装配图和拆画零件图

一、读装配图的基本方法

在装配机器,维护和保养设备,从事技术改造的过程中,都需要读装配图。其目的是了解装配体的规格、性能、工作原理,各个零件之间的相互位置、装配关系、传动路线及各零件的主要结构形状等。例如在设计中,需要依据装配图来设计零件并画出零件图;在装配机器时,需根据装配图将零件组装成部件或机器;在设备维修时,需参照装配图进行拆卸和重新装配;在技术交流时,则要参阅有关装配图才能了解、研究相关工程、技术等有关问题。因此,工程技术人员必须具备读装配图的能力。

读装配图的一般要求如下:

(1) 概括了解。

在详细阅读装配图前,首先从标题栏中了解装配体的名称、大致用途及图的比例等。从零件编号及明细栏中了解零件的名称、数量及在装配体中的位置。

(2) 分析视图,了解工作原理。

分析装配体的工作原理,一般应从传动关系入手分析视图或者阅读机器的参考说明书。在读懂零件结构和装配关系的基础上,再进一步了解机器或部件的工作原理。

(3) 分析零件间的装配关系及装配体的结构。

这是读装配图进一步深入的阶段,需要把零件间的装配关系和装配体结构搞清楚。读图时,应以反映装配关系最明显的视图(一般为主视图)为主,配合其他视图,首先分析装配干线,再在装配图中区分出不同的零件,看懂零件形状和作用。

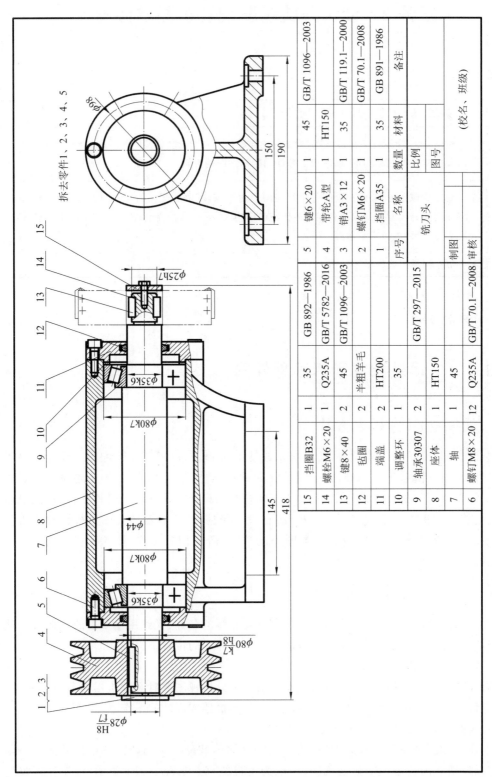

图 8-24　铣刀头装配图

15	挡圈B32	1	35	GB 892—1986		5	键6×20	1	45	GB/T 1096—2003
14	螺栓M6×20	1	Q235A	GB/T 5782—2016		4	带轮A型	1	HT150	
13	键8×40	2	45	GB/T 1096—2003		3	销A3×12	1	35	GB/T 119.1—2000
12	毡圈	2	半粗羊毛			2	螺钉M6×20	1		GB/T 70.1—2008
11	端盖	2	HT200			1	挡圈A35	1	35	GB 891—1986
10	调整环	1	35			序号	名称	数量	材料	备注
9	轴承30307	2		GB/T 297—2015			铣刀头		比例	
8	座体	1	HT150						图号	
7	轴	1	45			制图				（校名、班级）
6	螺钉M8×20	12	Q235A	GB/T 70.1—2008		审核				

（4）分析零件，看懂零件的结构形状。

（5）归纳总结。

二、由装配图拆画零件图

在设计新机器时，通常根据使用要求，先画出装配图，确定实现其工作性能的主要结构，然后依据装配图来设计零件并画出零件图。由装配图拆画零件图，不仅是机械设计中的一个重要环节，也是考核检查能否读懂装配图的重要手段。

根据装配图拆画零件图，不仅需要较强的读图、画图能力，而且需要有一定的设计和工艺知识。拆画零件图的方法和步骤以任务 2 为例讲解。

【任务实施】

任务实施方法和步骤如下。

1. 认真读懂装配图

（1）概括了解。

铣刀头是一种用于大件切削的机床附件，是铣床上的专用部件，装在铣床上进行铣削加工。从零件编号及明细栏中可知铣刀头共有 16 种，其中 9 种标准件 22 件，非标件 7 种 9 件，共 31 个零件装配而成。

（2）分析视图，了解工作原理。

在铣刀头视图中，主视图是通过轴的轴线全剖视图，把零件间的相互位置、主要装配关系和工作原理表达清楚。为进一步表达座体的形状及其与其他零件的安装情况，用左视图加以补充。

铣刀头工作原理：铣刀装在铣刀盘上，铣刀盘通过键 13 与轴 7 连接，当动力通过 V 带传给带轮 4，经键 5 传到轴 7，即可带动铣刀盘转动，对零件进行铣削加工。

（3）分析零件间的装配关系及装配体的结构。

装配关系：铣刀装在铣刀盘上，铣刀盘通过键 13 与轴 7 连接，当动力通过 V 带传给带轮 4，经键 5 传到轴 7，即可带动铣刀盘转动，对零件进行铣削加工。基础件座体 8，两端由圆锥滚子轴承 6 支撑轴，轴承外侧有端盖 11；左边带轮 4 为动力输入端，带轮 4 和轴 7 由键 5 连接，带轮的左侧由销 3、挡圈 1、螺钉 2 实现定位和紧固；轴的右边动力输出给铣刀盘，刀盘带动铣刀切削，轴与刀盘由键 13 连接，挡圈 14、垫圈 16、螺栓 15 把刀盘与轴紧固住。参看图 8-25 所示铣刀头装配轴测图。

装配与拆卸：将滚动轴承 6 装入在轴 7 的轴承颈处，以轴肩定位；将装好轴承的轴装入座体 8 中，先后装上有挡圈的左右两端盖并用螺钉 10 锁紧；在轴 7 上装上键 5，装上带轮 4，装挡圈 1、销 3，用螺钉将皮带轮锁紧（铣刀盘不属于铣刀头零件，工作时轴 7 右端装上双键 13，装入铣刀盘，先后装上挡圈 14、用螺栓 15 锁紧）。

2. 分析零件，掌握所拆画零件的轮廓和结构形状，拆画零件图

一般情况下，主要零件的结构形状在装配图上已表达清楚，而且主要零件的形状和尺寸

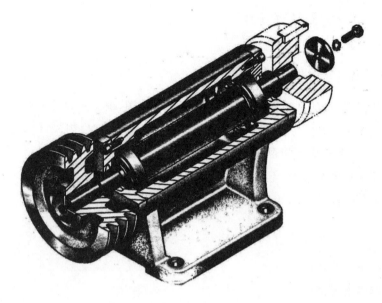

图 8-25 铣刀头装配轴测图

还会影响其他零件。因此,可以从拆画主要零件开始。对于一些标准零件,只需要确定其规定标记,可以不拆画零件图。下面以轴 7 为例拆画零件图。

(1)分离零件。

在装配图的主视图中,分离出轴 7 的投影,如图 8-26 所示(对于形状简单而轴向尺寸较长的部分常断开后缩短绘制)。

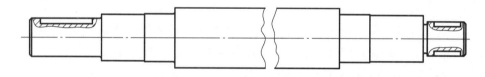

图 8-26 装配图中的轴 7

拆画零件时,先从各个视图上区分出零件。应当注意,在装配图中,由于零件间的相互遮掩或采用了简化画法、夸大画法等,零件的具体形状或某些形状不能完全表达清楚。这时,零件的某些不清楚部位应根据其作用和与相邻零件之间的装配关系进行分析,补充完善零件图。

(2)确定视图表达方案。

装配图的视图选择方案,主要是从表达装配体的装配关系和整个工作原理来考虑的;而零件图的视图选择,则主要是从表达零件的结构形状这一特点来考虑。由于表达的出发点和主要要求不同,所以在选择视图方案时,就不应强求与装配图一致,即零件图不能简单地照抄装配图上对于该零件的视图数量和表达方法,而应该结合该零件的形状结构特征、工作位置或加工位置等,按照零件图的视图选择原则重新考虑。

对于轴套类零件,一般只用一个完整的基本视图(即主视图)即可把轴套上各回转体的相对位置和主要形状表示清楚。对没有表达清楚的位置常用局部视图、局部剖视、断面图、局部放大图等补充表达主视图中尚未表达清楚的部分,如图 8-27 所示。

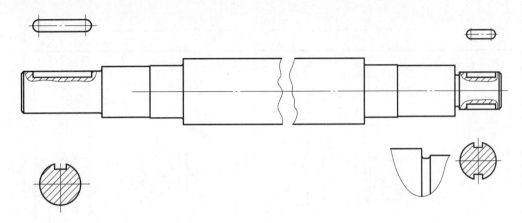

图 8-27 拆画轴

3. 合理、清晰、完整地标注尺寸

拆画零件时应按零件图的要求注全尺寸。

① 装配图已注的尺寸,在有关的零件图上应直接注出。对于配合尺寸,一般应注出尺寸的上、下偏差。

② 对于一些工艺结构,如圆角、倒角、退刀槽、砂轮越程槽、螺栓通孔等,应尽量选用标准结构,查阅有关标准尺寸标注。

③ 对于与标准件相连接的有关结构尺寸,如螺孔、销孔、键槽等尺寸,应查阅有关手册资料确定。

④ 有的零件的某些尺寸需要根据装配图所给的数据进行计算才能得到(如齿轮分度圆、齿顶圆直径等),需经计算确定。

⑤ 一般尺寸均按装配图的图形大小、图的比例,可从装配图中按比例直接量取,并将量得的尺寸数值圆整。

应该特别注意,各零件间有装配关系的尺寸,必须协调一致,配合零件的相关尺寸不可互相矛盾。相邻零件接触面的有关尺寸和连接件有关的定位尺寸必须一致,拆图时应一并将它们注在相关的零件图上。

4. 标注零件图上的技术要求

要根据零件在装配体中的作用和与其他零件的装配关系,以及工艺结构等要求,参考有关资料和同类产品,标注出该零件的表面粗糙度等方面的技术要求。有配合要求或有相对运动的表面,零件表面质量要求较高,如与轴承配合的轴表面 Ra 的上限值为 $1.6~\mu\mathrm{m}$。在标题栏中填写零件的材料时,应和明细栏中的一致。轴 7 的零件图如图 8-28 所示。

关于带轮和座体零件图的拆画,请读者自行操作。

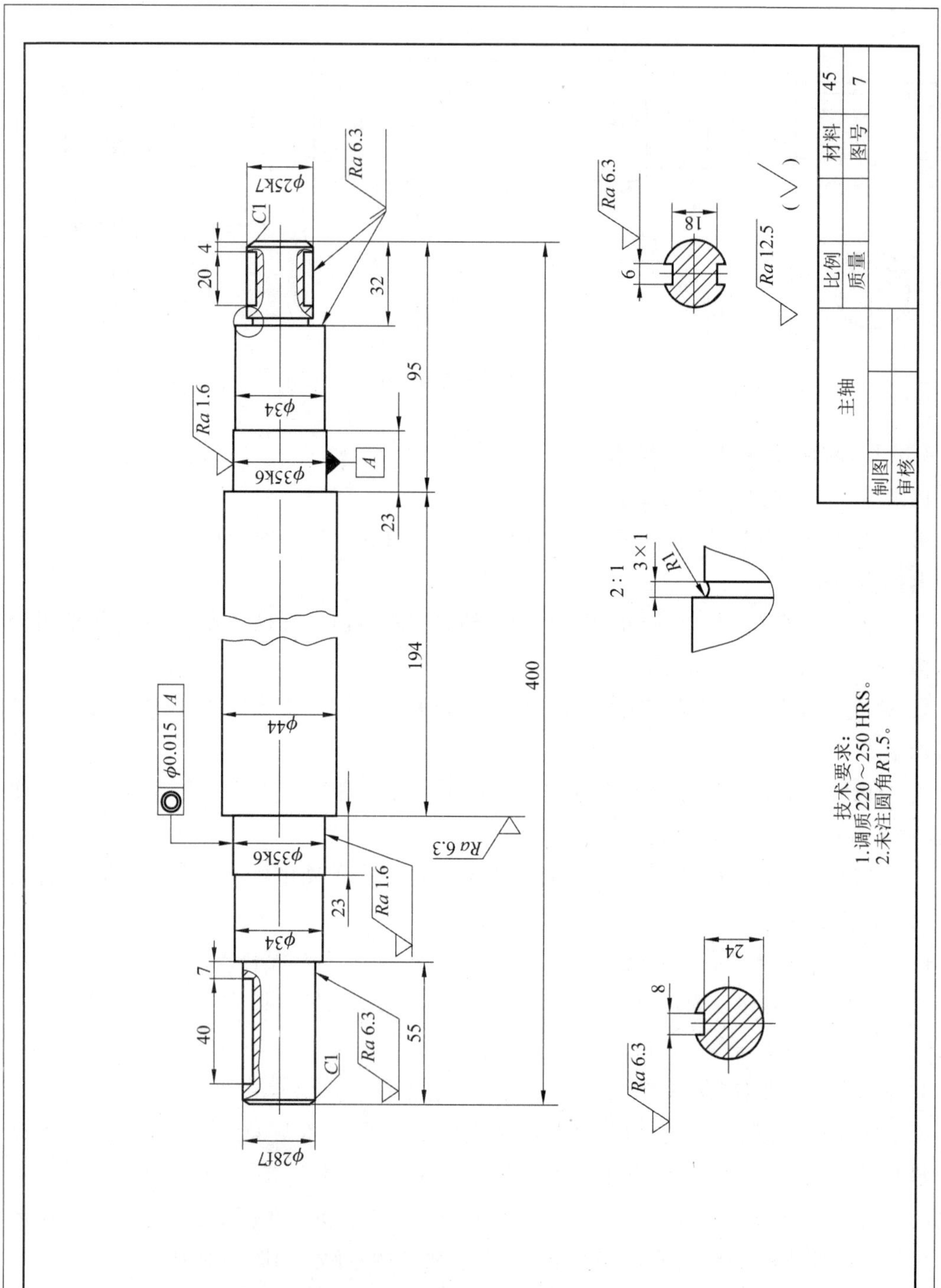

图 8-28 轴零件图

项目 9

零部件测绘

零部件测绘，就是根据已有的部件（或机器），进行测量、绘制，并整理画出装配图和零件图等全套图样的过程。在实际生产中，设计新产品或对现有产品进行技术改造时，需要测绘同类产品的部分或者全部零件，供设计时参考；机器或者设备维修时，如果某一零件损坏，在无备件又无图样的情况下，也需要测绘损坏的零件，画出图样以供修配时使用。因此，测绘技术是工程技术人员必须掌握的一项重要基本技能。

项目要求

（1）掌握零部件测绘的一般方法和步骤；
（2）熟悉常用测量工具的使用方法以及零件尺寸的测量方法；
（3）能够对常见的零部件进行测绘。

项目思政

团结协作

零部件测绘离不开小组成员的团结协作。古往今来，众多的事例都充分地证明了团结协作的重要性。如刘邦打败了曾经不可一世的项羽、三国时期的火烧赤壁、全国人民众志成城战胜"非典"和"新冠"等，都充分体现了团结协作的重要性。而从"三个和尚没水喝"和"三只蚂蚁来搬米"的小故事，可以看出"三个和尚"之所以"没水喝"，是因为互相推诿、不讲协作。"三只蚂蚁来搬米"之所以能"轻轻抬着进洞里"，正是团结协作的结果。

所以说，团结协作是一切事业成功的基础，是立于不败之地的重要保证。团结协作不只是一种解决问题的方法，而是一种道德品质。它体现了人们的集体智慧，是现代社会生活中不可缺少的一环。只有懂得团结协作的人，才能明白团结协作对自己、对别人、对整个企业团队的意义，才会把团结协作当成自己的一份责任。

任务 1 测绘机用虎钳主要零件

【任务单】

任务名称	测绘机用虎钳主要零件		
任务描述	测绘固定钳身	根据图 9-1 所示固定钳身的结构特点,正确选择合适表达方法,完成零件草图绘制 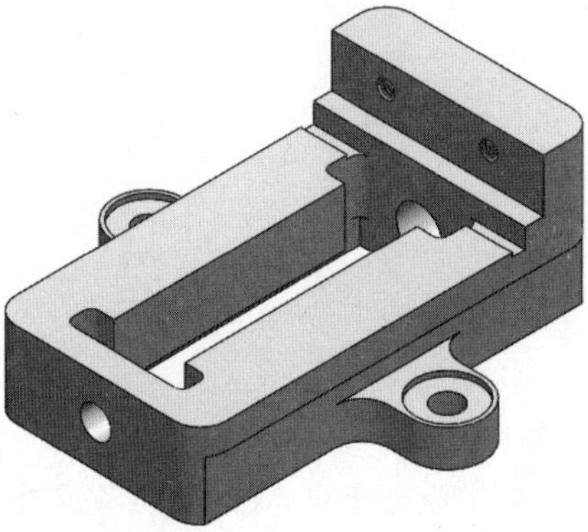 图 9-1 固定钳身	
	测绘活动钳身	根据图 9-2 所示活动钳身的结构特点,正确选择合适表达方法,完成零件草图绘制 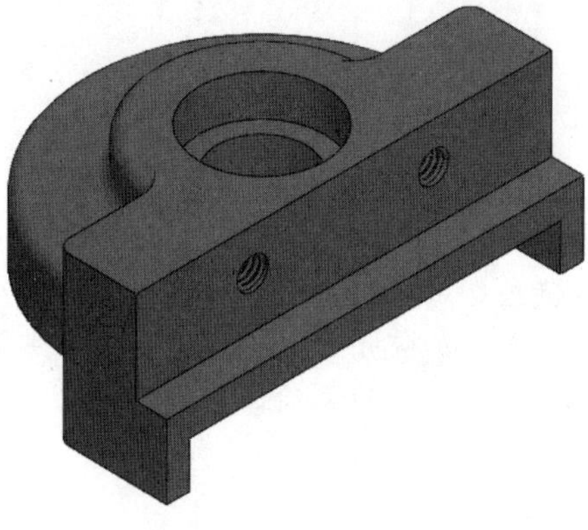 图 9-2 活动钳身	
	测绘螺杆	根据图 9-3 所示螺杆的结构特点,正确选择合适表达方法,完成零件草图绘制 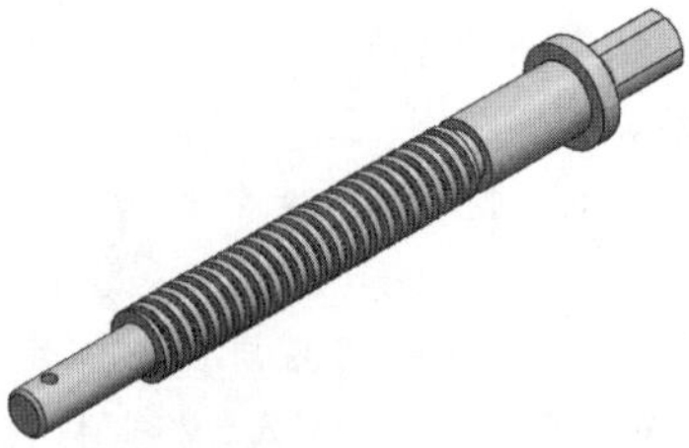 图 9-3 螺杆	

续表

任务描述	测绘螺母块	根据图 9-4 所示螺母块的结构特点,正确选择合适表达方法,完成零件草图绘制  图 9-4 螺母块
任务分析		要完成上述机用虎钳主要零件的测绘工作,首先要掌握零部件测绘的工作流程;其次,必须掌握草图的画法,熟悉常用量具的使用方法和零件尺寸的测量方法
任务提交		每位同学独立完成一套上述零件图

【知识储备】

零件测绘是对现有零件进行分析,目测尺寸,徒手绘制零件草图,测量并标注尺寸、技术要求,经整理画出零件图的过程。

9.1.1 零件测绘的方法和步骤

1. 了解和分析测绘对象

测绘零件,首先应了解它的名称、用途、材料以及它在机器或者部件中的位置和作用;其次应对零件的结构形状和加工方法进行分析,以便合理选择零件表达方案和标注尺寸。

2. 确定表达方法

先根据零件的形状特征、加工位置或者工作位置选择主视图投射方向,再按照零件内、外结构特点选择其他视图、剖视图、断面图等表达方法。

3. 画零件草图

目测比例、徒手画成的图形称为草图。零件草图是画装配图和零件工作图的重要依据,因此,它必须具备零件图应有的全部内容和要求。绘制草图的步骤如下:

(1)选择合适的绘图比例,确定适当的图幅,画出每个视图的中心线、轴线等基准线,确定各视图的位置;

(2)目测比例,徒手画每个视图;

(3)确定尺寸基准,画出全部尺寸的尺寸界线和尺寸线;

(4)按零件形状、加工顺序和便于测量等因素,逐一量取尺寸,填写尺寸数值;

(5)确定并注写技术要求;

(6)填写标题栏。

4. 整理零件图

检查图形、尺寸、技术要求等,调节各视图的位置、间距,使各视图间布局合适。

9.1.2　草图的画法

不用画图仪器和工具,通过目测零件各部分的尺寸、比例,徒手画出的图样称为草图。草图虽然是徒手画出的图,但绝不是潦草的图,仍应做到:图形正确、线性粗细分明、字体工整、图面整洁。徒手画图的基本技法如下。

1. 直线的画法

画直线时,握笔要稳而有力,视线紧盯所画线的前方或终点,手腕连续匀速移动画线。若画线段比较长,不便一笔画成时,可分几段画出,但切忌一小段一小段画出。应避免断续、歪斜和粗细不匀等弊病,如图 9-5 所示。

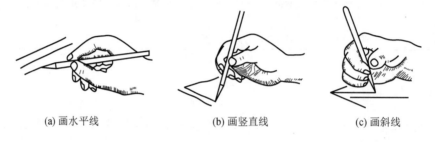

| (a) 画水平线 | (b) 画竖直线 | (c) 画斜线 |

图 9-5　徒手画直线

2. 圆的画法

画直径较小的圆时,先画水平和垂直的两条中心线以确定圆心,再以半径目测确定中心线上的四个点,然后徒手将各点连成圆,如图 9-6(a)所示。画较大圆时,只取中心线上四个点不易准确作圆,可通过圆心再画两条斜线,并在斜线上也目测定出四个点,通过八个点画圆,如图 9-6(b)所示。

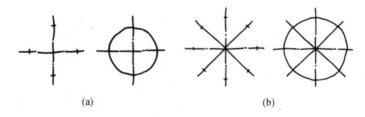

(a)　　　　　　　　　　　　(b)

图 9-6　徒手画圆

3. 椭圆的画法

画椭圆时,先在中心线上定出长、短轴的端点,过端点作一矩形,并画出其对角线。按目测把对角线分成六等份,以光滑曲线连接长、短轴端点和对角线上接近四个角的等分点(稍外一点),如图 9-7 所示。

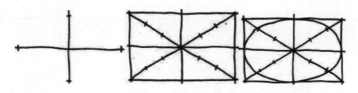

图 9-7　徒手画椭圆

9.1.3　常用测绘工具和测量方法

尺寸测量是零件测绘过程中的重要环节,常用的测量工具有:钢直尺、外卡钳、内卡钳、游标卡尺、千分尺等。

零件常用测量方法见表 9-1。

表 9-1　零件常用测量方法

尺寸类型	测量方法	说　明
线性尺寸	94 (L_1) 1 2 3 4 5 6 7 8 9 10 11 12 13 14 15 1 2 3 4 5 6 7 8 9 10 13 (L_2) 28 (L_3)	长度尺寸一般可以直接用钢直尺测量读数
螺纹的螺距		用螺纹规测螺距,如左图外螺纹的螺距为 1.5 mm
		压痕法测螺距:若没有螺纹规,可用一张白纸放在被测螺纹下,压出螺距印痕,用钢直尺量出若干个螺纹的长度,即可算出螺距 $p=\dfrac{L}{n}$

尺寸类型	测 量 方 法	说 明
孔间距	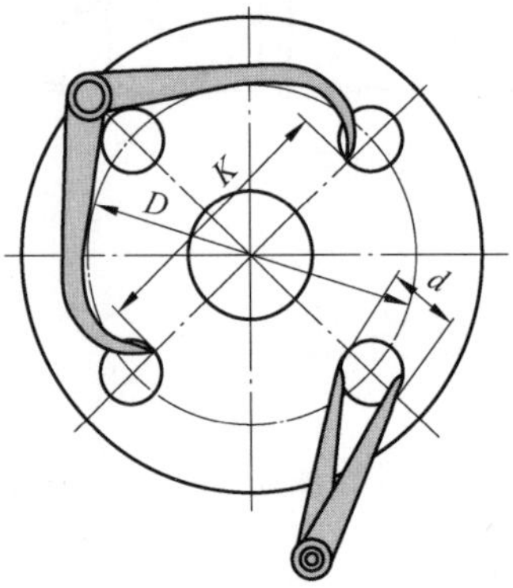	用内、外卡钳或者游标卡尺结合钢直尺可测孔间距,如左图中 $D = K+d$
直径	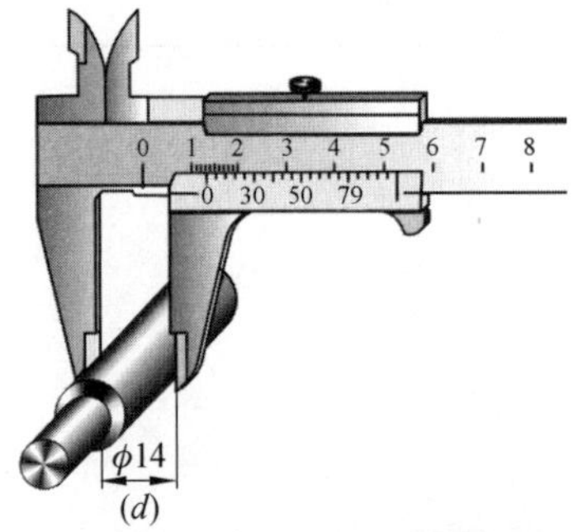 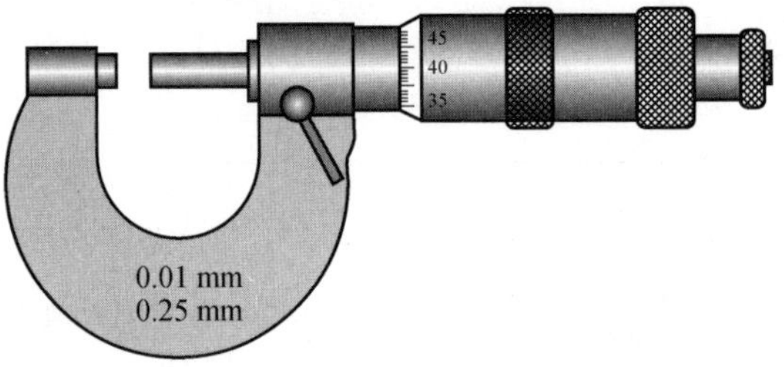	直径尺寸可以利用游标卡尺或者千分尺直接测量读数
壁厚尺寸	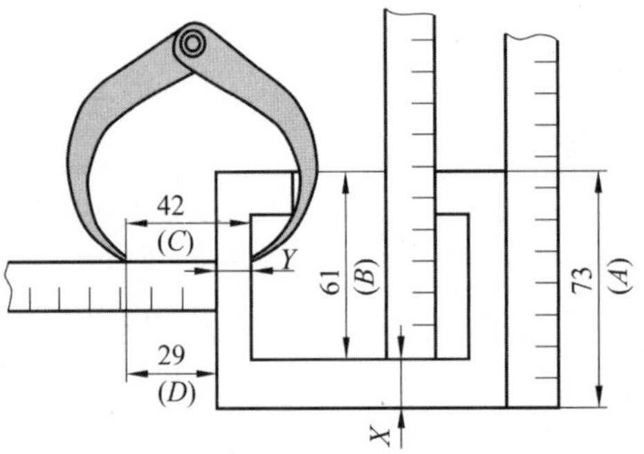	壁厚尺寸可以用钢直尺测量,如左图中 $X=A-B$;或者用卡钳和钢直尺测量,如左图中 $Y=C-D$

尺寸类型	测 量 方 法	说　　　明
中心高	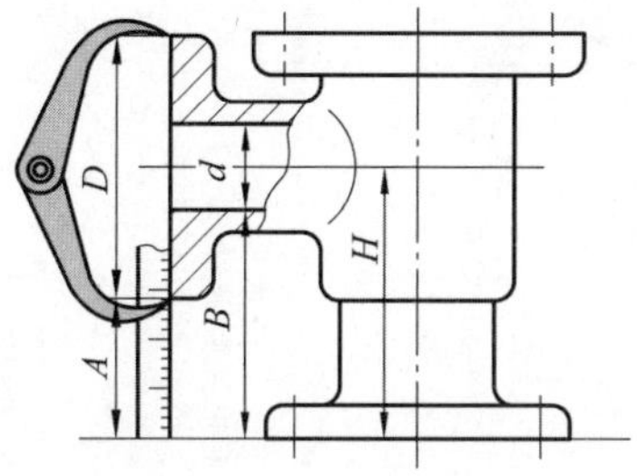	中心高可以用钢直尺和卡钳或者游标卡尺测出,如左图中 $H=A+\dfrac{D}{2}=B+\dfrac{d}{2}$

9.1.4　零件测绘应注意的问题

画零件图不是简单地对零件草图进行抄画,而是根据零件在装配体中的位置和作用,以零件草图为基础,对零件草图中的视图表达、尺寸标注等不合理或者不够完善之处,在绘制零件工作图时予以必要的修正。

测绘零件时应注意以下问题:

(1) 为了不损坏机件,应先研究装拆顺序后再动手拆装。零件拆撒后,按顺序将零件编号,并妥善保管以防丢失。

(2) 对零件上的制造缺陷,如砂眼、裂纹、磨损等,在绘制草图时不应画出。对于零件上的工艺结构,如倒角、退刀槽、越程槽等,应查有关标准确定。

(3) 测量尺寸时要根据零件的精度要求选用相应的量具。对于非主要尺寸,测量后应加以圆整。对于两零件有配合和相互联系的尺寸,应在测量后同时填入相应零件的草图中,以避免错漏。

(4) 零件的技术要求,如表面粗糙度、尺寸公差、几何公差等,可根据零件的作用、工作要求等,参照同类产品的图样和资料类比确定。

【任务实施】

机用虎钳各相关主体零件测绘步骤具体如下:

(1) 分析结构,确定表达方法。

(2) 徒手绘制零件草图。

(3) 确定尺寸基准,画出零件全部尺寸的尺寸界限、尺寸线、箭头,测量零件尺寸,逐一标注在零件草图上。

(4) 分析零件技术要求,并标注技术要求,如图 9-8 所示。

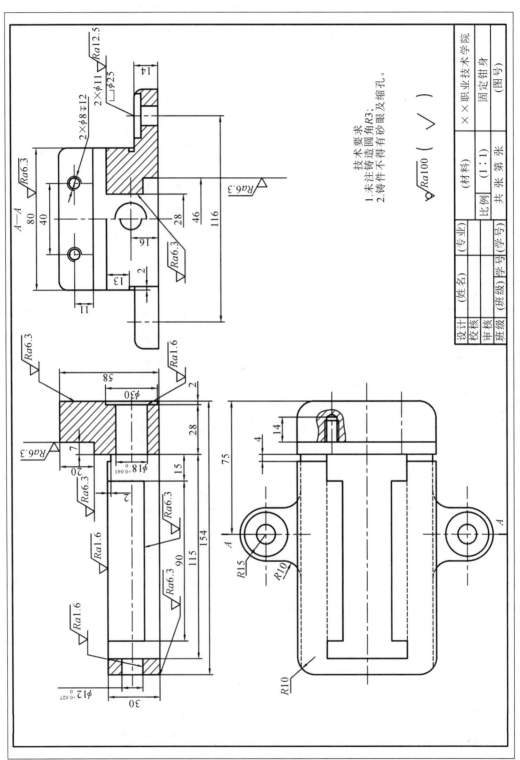

（a）固定钳身主要零件的零件图

图9-8 机用虎钳身零件图

技术要求
1. 未注铸造圆角R3；
2. 铸件不得有砂眼及缩孔。

机械制图及计算机绘图

298

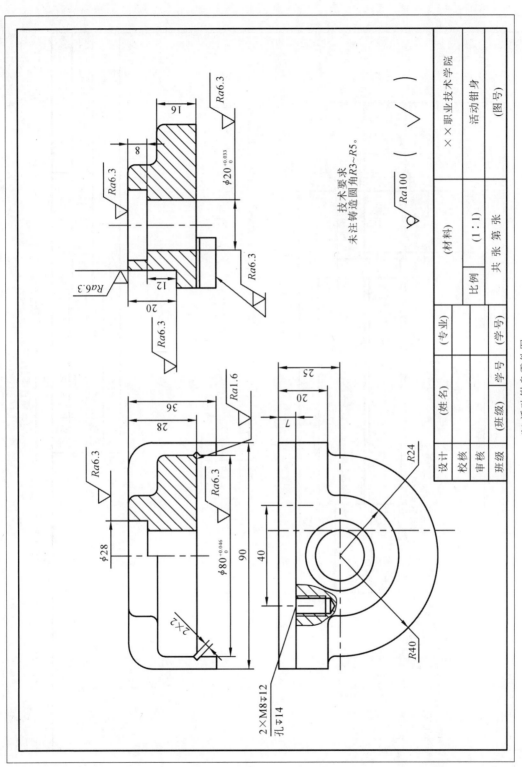

(b) 活动钳身零件图

续图9-8

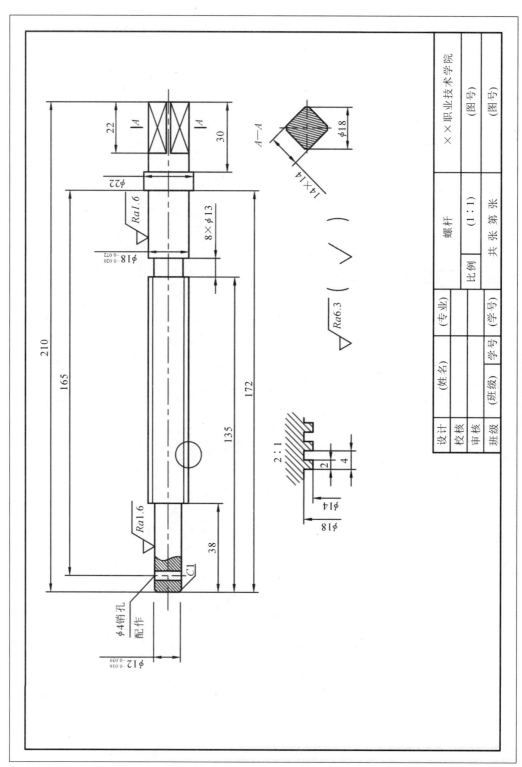

(c) 螺杆零件图
续图9-8

(d) 螺母块零件图

续图9-8

任务2 测绘机用虎钳装配体

【任务单】

任务名称	测绘机用虎钳装配体
任务描述	根据图 9-9 所示机用虎钳轴测图和图 9-10 所示机用虎钳分解轴测图,选择合适的表达方法,绘制机用虎钳装配图  图 9-9 机用虎钳轴测图 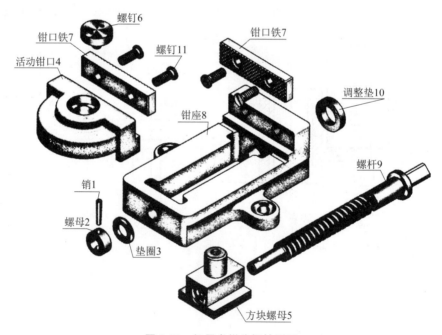 图 9-10 机用虎钳分解轴测图
任务分析	要完成机用虎钳装配体的测绘工作,首先要全面了解装配体、熟悉装配体的工作原理以及主要零件的结构特点;其次,必须合理选择装配体的表达方法,熟悉并掌握装配图的画法
任务提交	每位同学独立完成一张装配图

【任务实施】

一、了解装配体

测绘前,要对被测绘的装配体进行必要的研究。一般可通过观察、分析该装配体的结构和工作情况,查阅有关该装配体的说明书及资料,搞清该装配体的用途、性能、工作原理、结构及零件间的装配关系等。

通过观察实物,了解部件的用途、性能、工作原理、装配关系和结构特点等。

图 9-9 所示机用虎钳是安装在机床工作台上,用于夹紧工件以便切削加工的一种通用工具。图 9-10 是虎钳的轴测分解图,它由 11 种零件组成,其中螺钉和圆柱销是标准件。对照机用虎钳的轴测装配图和轴测分解图,初步了解主要零件之间的装配关系:方块螺母 5 从固定钳座 8 的下方空腔装入工字形槽内,再装入螺杆 9,并用调整垫 10、垫圈 3 以及螺母 2、圆柱销 1 将螺杆轴向固定;通过螺钉 6 将活动钳口 4 与方块螺母 5 连接;最后用螺钉 11 将两块钳口铁 7 分别与固定钳座和活动钳口连接。

机用虎钳的工作原理:旋转螺杆 9 使方块螺母 5 带动活动钳口 4 作水平方向左右移动,夹紧工件进行切削加工。

二、拆卸装配体,画装配示意图

为了便于装配体被拆开后仍能顺利装配复原,对于较复杂的装配体,拆卸过程中应做好记录。最常用的方法是绘制出装配示意图,用以记录各种零件的名称、数量及其在装配体中的相对位置及装配连接关系,同时也为绘制正式的装配图做好资料准备。条件允许,还可以用照相或录像等手段做记录。

装配示意图是将装配体看作透明体来画的,在画出外形轮廓的同时,又画出其内部结构,如图 9-11 所示为机用虎钳装配示意图。

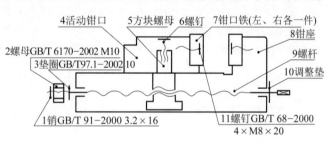

图 9-11　机用虎钳装配示意图

装配示意图可参照国家标准《机械制图 机构运动简图用图形符号》(GB/T 4460—2013)绘制。对于国家标准中没有规定符号的零件,可用简单线条勾出大致轮廓。

三、画零件草图

零件草图的绘制是部件装配图和零件工作图的重要依据,装配体中的所有非标准件都应画出零件草图。零件草图与零件工作图的主要区别在于草图是目测尺寸徒手完成的,而工作图是按照尺寸用绘图仪或者计算机绘制的。草图的画法参见项目 9 任务 1。

四、画装配图

1. 确定表达方法

从装配示意图上看,机用虎钳内含有两条装配干线,即水平方向:螺母、垫圈、销、螺杆、方块螺母、调整垫等零件;垂直方向:方块螺母、活动钳口、螺钉、钳口铁等零件。为了能够将这两条装配干线表达出来,主视图可以此方向作全剖视图。俯视图可表达钳座、活动钳口的主体形状,同时将钳口铁与活动钳口、钳座的关系进一步表达清楚。左视图采用全剖视图,并将钳口铁、活动钳口等零件拆除,可进一步将方块螺母与螺杆、钳座之间的装配关系表达清楚,同时将连接钳口铁和钳座的螺孔数量、位置表达出来。

2. 画机用虎钳装配图

(1)根据所选的视图方案,确定图形比例和图幅大小,留出标注尺寸及明细栏、标题栏及注写技术条件的位置。

(2)首先画出各视图主要装配干线、对称中心以及主要零件的基准线。先从主视图开始,配合其他视图,画出钳座的外部轮廓。按装配干线的顺序一件一件地将零件画入,因螺杆的位置在钳座中是左右固定的,因此可从螺杆开始画,螺杆画出后接着画与螺杆螺纹连接的方块螺母,方块螺母的位置一旦定出,即可画活动钳口,进而画钳口铁等。画图时应先画底稿,零件内部被遮挡的不必要轮廓线应擦去。

(3)完成底稿后,经校核加深、画剖面线、注尺寸、注写技术条件、零件编号,最后填写明细栏及标题栏,即完成装配图,如图 9-12 所示。

机用虎钳装配体绘制步骤如表 9-2 所示。

表 9-2　机用虎钳装配体绘制步骤

方 法 步 骤	图　　示
① 画出各视图的主要轴线、对称中心线及作图基准线	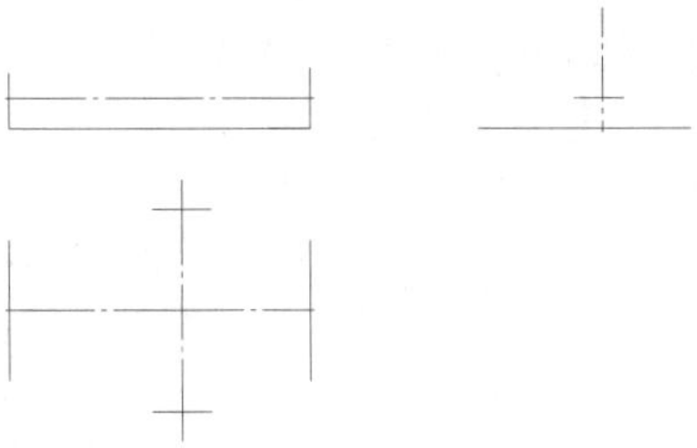
② 将三个视图联系起来,先画主要零件钳座的轮廓线	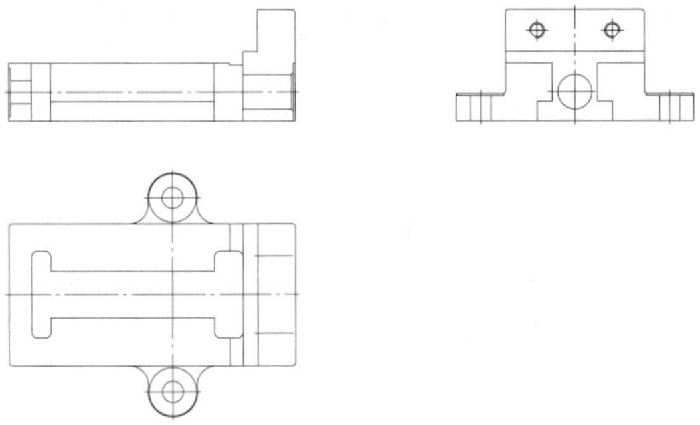
③ 根据螺杆和其上的调整垫相对于钳座的轴向以及径向定位,画出螺杆和调整垫的投影轮廓,钳座被螺杆和调整垫挡住的轮廓线应擦去	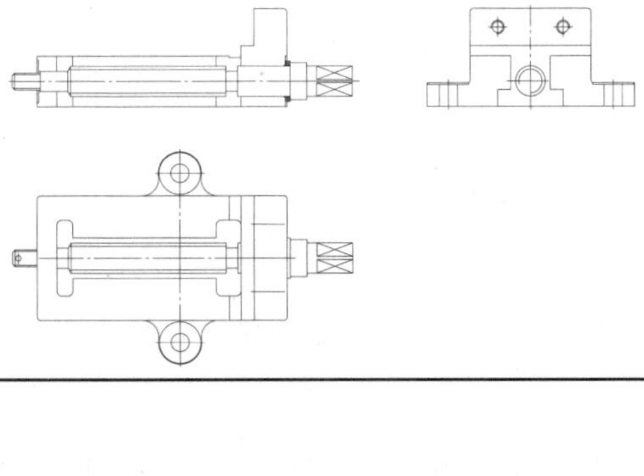

方 法 步 骤	图 示

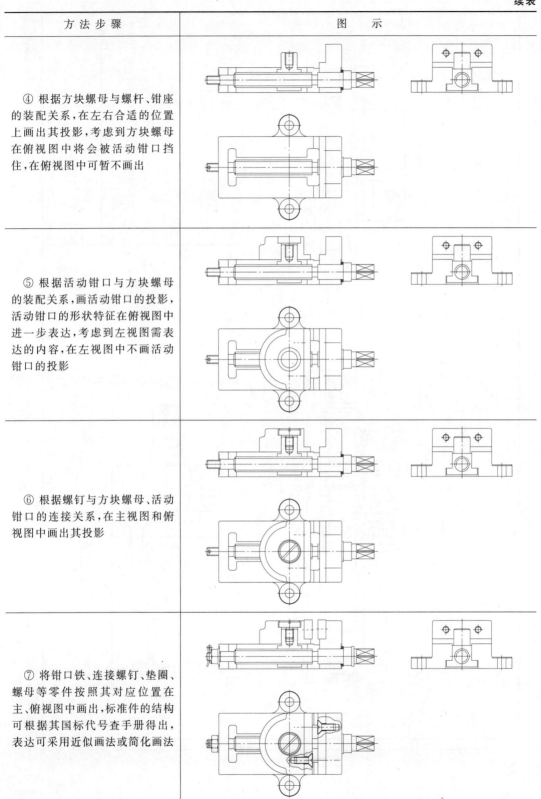

④ 根据方块螺母与螺杆、钳座的装配关系，在左右合适的位置上画出其投影，考虑到方块螺母在俯视图中将会被活动钳口挡住，在俯视图中可暂不画出

⑤ 根据活动钳口与方块螺母的装配关系，画活动钳口的投影，活动钳口的形状特征在俯视图中进一步表达，考虑到左视图需表达的内容，在左视图中不画活动钳口的投影

⑥ 根据螺钉与方块螺母、活动钳口的连接关系，在主视图和俯视图中画出其投影

⑦ 将钳口铁、连接螺钉、垫圈、螺母等零件按照其对应位置在主、俯视图中画出，标准件的结构可根据其国标代号查手册得出，表达可采用近似画法或简化画法

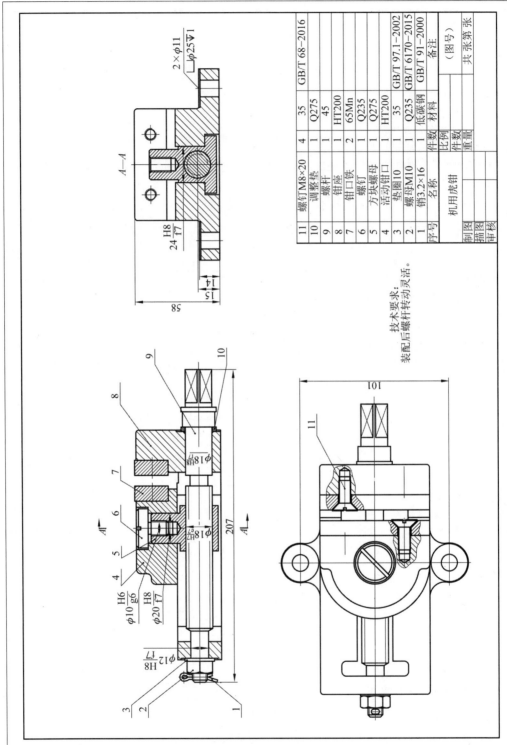

11	螺钉M8×20	4	35	GB/T 68-2016
10	调整垫	1	Q275	
9	螺杆	1	45	
8	钳座	1	HT200	
7	钳口铁	2	HT200	
6	螺钉	1	Q235	
5	方块螺母	1	Q275	
4	活动钳口	1	HT200	
3	垫圈10	1	35	GB/T 97.1-2002
2	螺母M10	1	Q235	GB/T 6170-2015
1	销3.2×16	1	低碳钢	GB/T 91-2000
序号	名称	件数	材料	备注
	机用虎钳	比例		(图号)
		件数		
		重量		共 张 第 张
制图				
描图				
审核				

技术要求:
装配后螺杆转动灵活。

图9-12 机用虎钳装配图

五、绘制零件图

按照测绘的工作流程,在装配图绘制完成后,应根据装配图和零件草图绘制标准件以外的全部零件图。画零件图不是对零件草图的简单抄画,而是根据装配图,以零件草图为基础,对零件草图中的视图表达、尺寸标注等不合理或者不完善之处,在绘制零件图时予以修正完善。机用虎钳主要零件图参见项目 9 任务 1,其他零件的零件图如表 9-3 所示。

表 9-3　机用虎钳其他零件的零件图

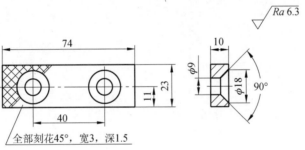

| 名称 | 螺钉 | 数量 | 1 | 材料 | Q235 |

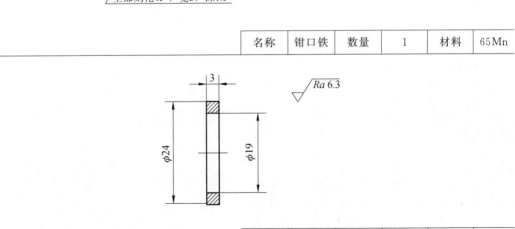

| 名称 | 钳口铁 | 数量 | 1 | 材料 | 65Mn |

| 名称 | 调整垫 | 数量 | 1 | 材料 | Q275 |

参考文献 CANKAOWENXIAN ▶

［1］钱可强.机械制图［M］.北京:高等教育出版社,2021.

［2］邵娟琴.机械制图与计算机绘图［M］.北京:北京邮电大学出版社,2021.

［3］郭艳艳,邢月先,王鋆辉.中文版 AutoCAD2018 机械制图实例教程［M］.哈尔滨:哈尔滨工程大学出版社,2020.

［4］郭艳艳.AutoCAD 计算机绘图实训教程［M］.北京:清华大学出版社,2010.

［5］郭艳艳.机械制图及计算机绘图技能实训［M］.北京:人民邮电出版社,2007.